시장으로 여행가자

꼭 가보고 싶은 경남 전통시장 20선

하동공설시장 · 함양중앙상설시장 · 밀양전통시장 · 거창전통시장
함안 가야시장 · 의령시장 · 산청시장 · 합천시장 · 창녕시장
남해전통시장 · 진해중앙시장 · 고성공룡시장 · 거제 고현종합시장
진주중앙유등시장 · 마산어시장 · 통영 서호전통시장 · 김해전통시장
창원 명서시장 · 양산 남부시장 · 삼천포 용궁수산시장

권영란 지음

초판 1쇄 발행 2014년 12월 10일

지은이 권영란
펴낸이 구주모

편집책임 김주완
표지·편집 서정인

펴낸곳 **도서출판 피플파워**
주소 (우)630-811 경상남도 창원시 마산회원구 삼호로38(양덕동)
전화 (055)250-0190
홈페이지 www.idomin.com
블로그 peoplesbooks.tistory.com
페이스북 www.facebook.com/pepobooks

ISBN 979-11-950969-8-5

이 도서의 국립중앙도서관 출판예정도서목록(CIP)은 서지정보유통지원시스템 홈페이지(http://seoji.nl.go.kr)와
국가자료공동목록시스템(http://www.nl.go.kr/kolisnet)에서 이용하실 수 있습니다. (CIP제어번호: CIP2014035074)

시장으로 여행가자

꼭 가보고 싶은 경남 전통시장 20선

차례

머리말

전통시장에는 우리네 삶이 담겨 있었다

"시장에 갔다 오면 나도 모르게 힘이 나요."
"매일 아침 시장에 다니면서 우울증이 나았어요."
"시장에 오면 사람 사는 것 같잖아요. 구경거리가 많고 추억거리도 많고…."
사람들이 시장을 찾는 이유 중에 가장 많이 나오는 대답입니다. 그렇다면 전통시장은 현재 우리 일상생활에서 어떤 의미일까를 생각합니다. 대형마트를 이용하는 게 더 편하지만 전통시장을 찾는 이유가 무엇일까, 어떤 것을 기대할까를 생각해봅니다.

2000년대 들어 '전통시장의 위기'라는 말이 등장했습니다. 소비자가 전통시장을 이용하지 않고, 상인들로서는 장사가 안 돼 먹고 살기 힘들다는 말이 되겠습니다. 생계에 위협을 받는다지만 상인들로서는 당장에 장사를 접을 수도 없는 터라 이러지도 저러지도 못하는 실정입니다. 전통시장 내 상업기반 시설들은 노후화되고 빈 점포는 계속 늘어나고 있습니다. 상인들은 고령화했고 시장 안에서 젊은 상인을 만나기가 힘들어졌습니다.

전통시장은 '인정과 덤' '사람 냄새' '전통'을 내세워 소비자의 마음을 잡으려고 애썼지만, 소비자가 생각하기에 인정과 덤은 불확실한 기대치이고 자신이 부대껴야 할 장보기 불편 사항은 확실해 보였습니다. 여기에다 대기업과 자본은 소비자의 마음을 순식간에 사로잡았습니다. 대형마트에다 소비자들이 원하는 입맛대로 '시장 만들기'를 했습니다. 급기야 자신들이 만들어놓은 시스템에 맞춰 소비할 수 있도록 소비자를 길들이기도 했습니다. 주부가 장바구니를 들고 의식주 일상용품을 구입하기 위해 아침저녁 전통시장으로 가던 행위는 이제는 주말이면 온 가족이 자동차를 타고 대형마트에 가서 카트를 끌며 장을 보고 있습니다. 대형마트는 일상생활을 같이 할 시간이 적은 가족들이 장보기를 하면서 먹고 마시고 즐길 수 있는 원스톱 소비 시스템을 갖추고 소비자의 발길을 끌어 잡습니다. 장보기가 주부만의 노동이 아니라 가족 구성원의 여가 활동이 되기도 했습니다.
소비자가 달라졌습니다. 아니 좀 더 정확히 말하자면 소비 형태가 달라졌습니다. 혹자는 냉장고와 자동차 때문에 소비 형태가 달라졌다고 말합니다. 소비자는 종류대로 다양하게 오랫동안 저장할 수 있게 됐고, 먼 거리도 주저하지 않고 달려갈 수 있게 됐기 때문입니다. 소비자는 대형마트에서 편의시설은 물론 문화·복지 등을 다양하게 누릴 수 있는 복합공간으로서의 시장을 갖게 됐습니다.

정부는 잇달아 전통시장 활성화 정책을 쏟아내었습니다. 전통시장 및 상점가 육성을 위한 특별법이 제정되고, 지역 활성화를 위한 전통시장 육성 방안이 적극 논의됐습니다. 중소기업진흥공단에서는 시설현대화사업, 시장경영혁신사업, 소상공인 협동조합 지원, 문화관광형 시장 육성사업 등의 정책이 나오고, 문화체육관광부는 문화를 통한 전통시장 활성화를 시도하면서 '문전성시' 등을 내놓았습니다.
시장의 용어도 몇 번에 걸쳐 다시 정리했습니다. 시장은 상가의 한 형태를 말하며, 현재 지역 내 오랫동안 자리 잡고 있는 시설 또는 공간을 말합니다. 하지만 최근 10년 사이 시장은 재래시장, 전통시장이라는 용어로 혼선을 빚어왔습니다. 정부는 2004년 10월 재래시장육성을 위한 특별법을 제정했는데 이는 시설 현대화, 시장정비사업 등을 통해 시장 활성화 종합계획을 세우고자 함이라고 발표했습니다. 그런데 2010년 3월 또 다른 정부가 들어서자 이때 사용한 재래시장이란 용어가 오히려 비위생적이고 낙후된 이미지를 갖고 있다 하여 전통시장 및 상점가 육성을 위한 특별법으로 바꿔 부르게 된 것입니다. 현재 정부에서는 전통시장 용어 사용을 적극 권장하고 있습니다.

지난 2년 가까이 매달 한 지역의 대표 전통시장을 취재, 시장의 특색과 그 시장만의 이야기, 시장 상인들의 목소리를 듣고 경남도민일보가 발행하는 월간 〈피플파워〉에 연재해 왔었습니다.
경남에는 18개 시·군에 걸쳐 189곳의 전통시장이 있습니다. 등록시장과 인정시장을 합한 것입니다. 최근 아파트 지역이나 신흥주택가에 자연스럽게 생겨난 요일시장과 번개시장까지 합하면 더 많은 숫자일 겁니다. 이들 중에 각 시·군을 대표하는 전통시장은 상설시장으로, 오랫동안 그 지역 경제의 중심 역할을 해왔던 곳입니다. 그러다보니 각 지역의 가장 중심지에 있는 전통시장이 대부분 이에 해당되었습니다. 18개 시·군에다 옛 진해와 마산을 더해 각각 1곳씩을 뽑아 20곳이 된 셈입니다.

시장 스토리텔링 중심에는 사람이 있었다.

경남지역의 전통시장을 취재하면서 나름대로 몇 가지 원칙이 있었습니다. 그곳 사람들의 삶을 자연스럽게 담아내기 위한 원칙이었습니다.

되도록 다양한 많은 사람들을 만나자.
정말 많은 사람들을 만났습니다. 하루 종일 말을 건네고 이야기를 들었습니다. 한 곳에 가면 적어도 20여 명 이상 만났습니다. 퇴짜도 많이 당했습니다. 실컷 이야기를 나눈 뒤였는데 마지막에는 그래도 쓰지는 말라고 당부할 때도 있었습니다. "자식들 우싸시킬까 봐…"라는 말을 들으면 그 마음이 헤아려져 손만 잡고 돌아섰습니다.

시장에서 만나는 사람들이 사용하는 경상도 입말, 토박이말을 살려 써보자.
시장 상인들은 대부분 고령에다 입말에다 토박이말을 많이 사용합니다. 고운 말 쓰기 등 표준어 교육 세대인 기자는 그 말을 받아쓰기하는 게 힘들었습니다. 그래도 할 수 있는 한 입말과 토박이말을 살려 써보고 싶었습니다.

각 지역의 브랜드가 될 수 있는 특색을 찾아보자.
전통시장에도 브랜드 마케팅이 필요하다고 생각했습니다. 각 지역 전통시장에는 무엇보다 스타상점이 있어야 하고, 맛집이 있어야 했습니다. 몇 개의 소문난 집이 시장에 활기를 불어넣고 소비자를 끌어들이는 것은 분명합니다. 그곳에서만 살 수 있는 게 계절별로 있어야 하고, 그 지역을 대표하는 상품이 있어야 하고, 그것이 문화가 되면 더욱 좋을 것 같았습니다.

책으로 엮으면서 전체 6부로 나누었습니다. 제1부는 하동공설시장과 함양중앙상설시장입니다. 하동과 함양, 두 지역은 전라도와 경계를 이루고 있습니다. 얼핏 생각하기로 서로 이웃한 지역이지만 오랜 지역감정으로 왕래가 없을 줄 알았습니다. 그런데 그게 아닙니다. 경계를 넘나드는 게 아주 자연스럽습니다. 하물며 전라도 경상도 사돈끼리 장날 시장 골목에서 약속도 없이 마주치는 건 예사입니다. 제2부는 밀양·거창전통시장과 함안 가야시장입니다. 그저 여행하듯이 이곳 시장에 들렀을 때 국밥 한 그릇을 먹어도 금세 편안해져 노랫가락이 나올만한 곳입니다. 제3부는 산이나 작은 논밭을 의지해서 사는 의령·산청·합천·창녕시장입니다. 아무 생각 없이 그저 편안해지는 '내 어머니 품' 같은 곳이 이들 시장입니다. 봄이면 산과 들에 가장 먼저 나는 것을 이고 지고 와서 장터에 부려놓습니다. 보따리마다 정겹습니다. 제4부는 바다를 끼고 바다에 의지해서 사는 남해전통시장, 진해중앙시장, 고성 공룡시장, 거제 고현종합시장입니다. 이들 시장은 머리칼이 희끗희끗하지만 아직 젊다고 큰소리치는 '내 아버지' 같은 곳입니다. 골목골목에는 투박하지만 꿈틀대는 기운이 전해집니다. 제5부는 경남에서 오랫동안 대표적인 시장으로 자리잡고 있는 진주중앙유등시장과 마산어시장, 그리고 남다른 이야기로 입소문이 자자한 통영 서호전통시장입니다. 제6부는 지역 환경에 따라 새로이 변화하고 있는 전통시장입니다. 김해전통시장, 창원 명서시장, 양산 남부시장, 삼천포 용궁수산시장이 이에 해당되는 것 같습니다. 이곳에서는 예상치 못한 모습을 발견하게 됩니다. 전통시장의 새로운 역사입니다.

현재 전통시장은 변화하고 있습니다. 좀 더 편리한 시설을 갖추고, 좀 더 나은 서비스를 하려고 애쓰고 있습니다. 시장 지붕(아케이드)을 얹은 것도 그렇고, 가게마다 간판 정비를 히고 원산지 표시제를 지키려고 한 것도 그렇고, 온누리

상품권 사용, 주차시설 확보, 카트기와 배달제를 도입했습니다. 시설 현대화를 통해 장보기의 최적효율을 꾀함과 동시에 소비자가 원하는 것이 무엇인지 고민하고 지역 주민과 함께하는 공동체의식을 강화해나가고자 합니다. 또 생활 속 시장을 넘어서서 지역 역사와 전통을 담은 문화관광지로서의 기능을 살리고자 합니다. 지역 내에서 소통과 경제 활동이 이뤄지는 공동체 중심지로서 전통시장의 기능을 되찾기 위한 노력이라 할 수 있습니다. 상인들로서는 살 길을 찾기 위한 것이고 전통시장으로서는 역사 속으로 사라지지 않기 위함입니다.

하지만 여전히 사람들은 어쩌다 한 번 전통시장에 들렀다 가는 '시장이 옛날 같지 않네'라며 쉽게 등을 돌리고 있습니다. 지금의 시장 모습이 어쩐지 와 닿지가 않기 때문입니다. 자신의 기억 속에 남아있는 전통시장 풍경과는 다르다고 생각하기 때문입니다. 정기적으로 대형마트에서 장보기를 하면서도 전통시장이 예전 같지 않다며 외면합니다. 이것이 현재 우리의 지점입니다.

소박하게나마 2012년 8월부터 2014년 5월까지의 경남지역 전통시장의 변화와 현재를 담아냅니다. 전통시장을 터전으로 일궈가는 사람들의 삶과 이야기를 더듬더듬 기록한 견문록이라 할 수 있겠습니다. 이들의 이야기에서 새롭게 변화하는 전통시장의 모습을 엿봤습니다. 또 지역 곳곳에 자리 잡은 전통시장의 가치와 현재를 확인하기도 했습니다.
그리고 다시 원점으로 돌아가 사람들이 전통시장에서 찾는 것은, 기대하는 것은 어떤 것일까를 곰곰이 생각합니다.

2014년 12월
권영란

시장으로 여행가자

꼭 가보고 싶은 경남 전통시장 20선

제1부 장터 마당에서 전라도 경상도 사돈이 마주치면

- 하동공설시장
  전라도·경상도 사돈끼리 장터에서 마주치면…
- 함양중앙상설시장
  맴에 드는 거 사모는 "심봤다" 3번 외쳐?

전라도·경상도 사돈끼리 장터에서 마주치면…

하동공설시장

하동공설시장은 지금도 장날이면 다리 건너 전라도 광양 쪽 사람들이 물건을 사고팔러 온다. 장에서 마주친 전라도·경상도 바깥사돈들은 짐짓 예의를 차리며 한 잔 하다가 거나해지면 허물없는 동무인 양 되기도 한다.

경상남도 하동군은 한반도에서 봄이 가장 먼저 오는 지역이다. 3월 초 매화꽃이 필 때부터 4월 벚꽃 피고, 5월 배꽃 피면서 녹차 잎 따는 시기까지 봄맞이 관광객으로 발 디딜 곳이 없는 곳이라는 건 이미 다 알려져 있는 사실이다.
지리적으로는 북동쪽으로 지리산이 있고 그 지리산을 옆구리에 끼고 섬진강 물길이 남해 바다까지 이어지고 있어 그 물길을 따라 화개, 범포, 해량, 광평 등 여러 시장들이 형성됐다. 이들 시장은 옛적부터 인근 지역의 산, 바다, 강, 들판에서 나는 모든 산물들이 모이는 곳이었다. 지금 남아 있는 건 화개장과 하동공설시장이다. 화개장은 가수 조용남의 '화개장터'로 이미 이름난 관광지가 되었고, 하동공설시장은 여느 시장과 마찬가지로 근처의 대형마트들 사이에서 자구책을 찾고 있는 실정이다.
시장 경기가 예전 같지 않다고 하지만 여전히 하동군의 모든 산물을 한눈에 둘러보고 직접 살 수 있는 곳은 하동공설시장이다. 가까이 있는 남해 바다와 섬진강에서 나는 수산물 등을 쉽게 구경하고 맛볼 수 있고, 화개나 악양 깊은 골짜기에서 캐서 찌고 말리고 공들인 산나물이나 약재들을 쉽게 구입할 수 있는 곳도 역시 이곳 시장이다. 무엇보다 이곳에는 2대째 3대째 이어온 가게들이 고스란히 남아 있고 시장을 터전으로 40년, 50년 살아온 사람들의 이야기가 있다.

지역 갈등이 머꼬?

"귀한 아들딸도 나누어 가지는데 서로 쌈박질할 일이 어딨남? 다리가 없던 60년대, 70년대에도 하동장에 오면 장 보러 온 사돈끼리 마주치는 건 예사였제. 물건 싸게 흥정하려고 쫓아갔다가 얼굴 보니 사돈네라 암말도 못하고 값 그대로 다 쳐주기도 하고, 딸자식 잘 봐달라고 돈도 안 받고 고스란히 다 주기도 하고 그런 일이야 많았제."

하동공설시장 주차장에서 만난 백발 노신사가 들려준 이야기다. 그는 풍운아처럼 살아와서 이름은 못 밝히겠다고 말했다. 광양 망월포구에서 하동군청에 볼일 보러 가다가 살 게 있어 하동장에 왔다 했다.

하동공설시장에서는 근현대사 속 영호남의 단절이니 하는 말이 그저 무색할 뿐이다. 이들에겐 서로가 그저 장터에서 만나는 이웃 마을 사람이고 장꾼들이었을 뿐.

2003년 화개면 입구에 섬진강을 가로질러 남도대교가 생기면서 영호남 화합의 다리라는 등 언론에서는 상징성을 자꾸 부여했지만, 섬진강을 가운데 두고 대대로 생활을 일구어 온 하동군과 광양 쪽 사람들에겐 생뚱맞기만 할 뿐이다.

하동문화원 '추억의 하동사진집' 속 하동시장 옛 모습.

섬진강과 가까운 광양시의 진월, 다압, 진상, 옥곡 사람들은 예전부터 강 저쪽 다압 나루에서 배로 섬진강을 건너 이쪽 하동장에 왔다. 하동읍 근처의 광평나루, 해량포구는 늘 경상도, 전라도 사람 할 것 없이 홍성거렸고, 그들이 가져온 물자들로 발 디딜 틈이 없었다. 장날 새벽이면 아낙들은 강바닥에서 캔 재첩을 함지에 이고, 장정들은 나뭇짐을 지게에 지고 하동장터에 와서 팔았다.

이곳은 조선 말 진주중앙시장·김천시장과 함께 영남의 3대 시장으로 꼽혔다. 〈하동군사河東郡史〉에 따르면, 하동공설시장은 1703년에 두치진현 하동군 하동읍 광평리에 세워졌다. 광평리는 지금 하동 송림숲 옆에 있는 마을이다. 섬진강을 따라 남해안 바다까지 이어지는 수로의 발달로 자연스럽게 섬진강 물길을 따라 시장이 군데군데 형성됐다. 지금은 사라진 해량진시장이나 범포나루시장이 그 예이다.

하지만 육로가 발달하면서 섬진강변 시장들은 하나 둘 없어지거나 통합돼, 지금 남아 있는 게 하동공설시장과 화개장인 것이다. 기록에 따르면 하동읍 읍내리 249번지 현 시장 위치에서 자리 잡은 것은 1951년이다. 이때까지는 난전 형태였으며, 2일과 7일에 서는 오일장이었다. 그러다가 여름이면 섬진강의 범람으로 해마다 피해가 반복되자 이를 줄이기 위해 1976년 하동시장을 공설시장으로 등록하고 지금의 현대식 시장으로 규모를 갖추어나가게 되었다.

하동군과 광양 다압을 잇는 섬진교가 개통된 이후에는 훨씬 많은 사람들이 장터로 몰려왔다. 하지만 섬진교는 6·25전쟁 당시 남하하는 인민군을 막기 위해 폭파를 해야 했고, 지금의 섬진교는 1986년에 다시 놓인 것이다.

하동공설시장은 지금도 장날이면 다리 건너 전라도 광양 쪽 사람들이 물건을 사고팔러 온다. 장에서 마주친 전라도·경상도 바깥사돈들은 짐짓 예의를 차리며 한 잔 하다가 거나해지면 허물없는 동무인 양 되기도 한다. 배를 타고 강을 건너던 시절이나 다리를 건너오는 지금이나 사람들은 그저 하동공설시장에서 장 구경하며 사고팔면서 세상 사는 이야기를 나눌 뿐이다.

지역민만이 아니라 관광객 유입을 위해 '소설 토지 하동읍내시장'으로 간판을 새로이 정비해 놓은 게 눈길을 끈다.

재정비한 시장 골목 내부.

살길 찾는 시장, 변하고 있지만

하동경찰서 쪽 입구와 농협 쪽 입구에 내건 '소설토지 하동읍내시장' 간판이 눈에 확 들어온다. 서희가 진주에 가다가 중간에 들른 곳도 하동장이었고, 용이가 월천댁과 마주친 곳도 하동장터였던가. 박경리 소설 〈토지〉의 줄거리가 아슴아슴 떠올랐지만 기억이 분명치 않았다. 하지만 이곳 시장이 활성화 방안으로 소설 〈토지〉를 적극적으로 끌어들이고 있는 것은 분명하게 읽혔다.

하동공설시장은 주차장 입구에서부터 다양한 가게들이 늘어서 있다. 시장 안으로 들어서니 재정비사업을 한 지 그리 오래되지 않았는지 골목골목이 깨끗했다. 동네부엌, 여울목식당, 통일상회, 평화상회, 화개청과, 태성침장, 파랑새, 하동순대, 꼬마친구, 호야상회, 꼬까방, 다래탕제원, 덕성미곡상회…. 동그란 간판에 아기자기하고 순한 이름들이 정겹다. 뒤쪽으로 난 시장 골목길을 따라 이리저리 발길을 두니 어시장이 나오고 식료품 가게, 그릇 가게, 음식점, 반찬 가게, 수산물 센터 등이 나온다.

이곳의 면적은 1만 3625m^2이며, 연면적은 4,781m^2이다. 꽤 넓은 시장이다. 2010년 통계자료에 따르면 점포는 47동에 471칸, 63m^2 크기의 화장실 3개 동이 있다. 외곽에는 농협, 읍내파출소, 우체국, 산림조합, 병원, 터미널 등의 공공 기관과 다양한 편의 시설들이 늘어서 있다. 시장을 보러 온 사람들이 여러 가지 일들을 한꺼번에 볼 수 있도록 되어 있는 구조다.

하동공설시장은 2일과 7일이 장날. 때마침 장날이었다. 시장 입구 도로변에서부터 북적북적거리는 게 생동감이 느껴졌다.

"장날이라 사람이 에북 마이 왔구만. 딴 때는 이거 반이나 될랑가. 1960, 70년대 후반까지만 해도 정말 좋았다데예. 열차를 타고, 관광버스를 타고 하동장에 왔습니더. 인근에서 가장 큰 시장인 데다가 송림과 섬진강 백사장이 워낙 유명한 관광지 아입니꺼. 근데 이제는 안 옵니더. 읍내 한 가운데 도로를 외곽으로 내고 나니 전부 휙 돌아 악양으로, 화개로 갓삐지예. 쌩쌩 달아나버린다아입니꺼. 읍내로 들어올 일이 없습니더. 시장 찾는 사람들이 팍 줄었어예."

하동수산 최봉길 씨나 상인들은 무척 갑갑해했다. 이런 취재가 뭔 소용이 있는가 싶으면서도 하고 싶은 말 좀 하자는 심정인 듯했다.

"시장경영진흥원 '2012년 공동마케팅 지원사업'에 선정돼 인제대학교 통기타·댄스

시장경영진흥원 '2012년 공동마케팅 지원사업'에 선정돼 시장 안에 문화광장을 열기도 했다.

깨끗하게 정비한 점포들.

등 대학생 동아리를 초빙해 1년에 7회 공연을 했었지예. 통기타 반주에 맞춰 7080, 추억의 가요 같은 인기가요가 시장통을 메우고 10여 명이 브레이크·힙합 댄스 공연을 했는데 우짜든지 젊은 층과 관광객을 시장으로 끌어오기 위한 기획이었지예."

시장 관계자의 말에 따르면 하동공설시장은 2011년부터 2년 동안 '5일장을 문화광장으로'라는 슬로건으로 시장 활성화 방안을 다양하게 시도하기도 했다.

"시장 활성화를 다각적으로 모색하고 있는데, 상인들의 요구 방안과 행정이 내놓는 방안이 다르지예. 문광부의 '문전성시'와 중기청 시설현대화 사업을 보더라도 서로 마인드가 다르고예. 이해가 되기도 합니다. 중기청과 문광부의 역할이 다른 거니까예. 하지만 서로 다른 입장에서 내놓는 방안이 서로 충돌되지 않도록 좀 더 긴밀한 협력 속에서 조화롭게 나왔으면 좋겠습니더."

하동군 관계자의 이야기에는 시장 활성화 사업을 추진하면서 현장에서 갖는 나름대로의 고충과 고민이 엿보인다.

"시장을 움직이는 '보이지 않는 손'은 다른 기 아이고 상인들의 덤과 인정이라예. 소비자들은 그걸 찾으러 시장에 옵니다. 365일 생활 밀착형이 먼저지예. 주민들이 시장에서 물건 사서 속거나 실망하는 일은 없어야 하고예. 지금의 소비자들이 원하는 방향으로 시장이 형성돼야 합니다."

이 관계자는 결국 시장은 소비자, 지역 주민과 함께 변화해야 한다고 강조했다.

시장을 나오면서 마지막으로 외곽을 한 바퀴 돌아보았다. 경기 침체를 벗어나 옛 명성을 찾고 다시 하동군의 경제동력이 되기 위한 노력들이 군데군데 느껴졌다.

그런데 도로 하나를 사이에 두고 사방에 마트가 들어서 있다. 네 개의 마트 한가운데 시장이 있는 셈이다. 이걸 우짜노 싶다. 대형마트 영업 시간 규제, 지역농산물 우선 구매 등도 좋지만 시장 활성화 정책 시행에 좀 더 폭넓은 안목이 절실하다.

하동공설시장 경상남도 하동군 하동읍 읍내리 249

시장에서 보물찾기

'하동'하면 예전부터 재첩이고, 김이고, 하동배로 유명하다. 1960~1970년대를 풍미했다던 '하동김'은 갈사만의 개발 탓인지 지금은 명맥만 유지하고 있다 한다. 1990년대 이후 하동군은 녹차로 유명한 지역으로 알려졌지만 녹차를 하동공설시장에서 사고파는 일은 드물었다. 녹차는 고급 브랜드화되고 있어 그런가 이해는 되었지만 이 또한 아쉬운 일이었다. 수 년 전부터는 매실과 대봉감이 지역 특산품으로 선정, 명성을 쌓고 있다.

해마다 4월이면 섬진강 물길 따라 이어진 19번 도로 너머로 새 순 돋는 푸른 차밭 물결은 장관이다. 거기에다 그 위로 흰 배꽃 잎들이 분분히 날리면 많은 사람들이 하동으로 달려가는 이유이기도 하다.

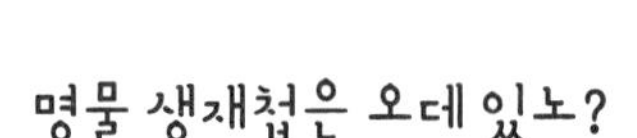

하동 재첩은 섬진강이 더 많이 알려질수록 더 귀해졌다.

"와 시장에 재첩은 안 보이노예?"

시장 안 어디에서도 쉬이 눈에 띄지 않았다.

"재첩 묵을려면 식당 가야제."

하동공설시장이라 해서 재첩을 대야에다 놓고 되로 팔고 있는 모습을 생각했다. 하지만 시장에서 생재첩을 구경할 수는 없었다. 식당에 가야 겨우 재첩국이나 회로 먹을 수 있고, 포장팩으로 가공된 것을 주문해서 받아먹을 수 있었다.

이곳 시장에서 생재첩을 살 수 없다는 건 아쉬운 일이었다. 1980년대 초반까지만 해도 섬진강에서 채취한 재첩을 시장에서 쌀이나 돈으로 바꾸는 사람들이 대부분이고, 양철통에 재첩국을 끓여 하동역이나 멀리 진주·마산역까지 경전선 비둘기호를 타고 가서 승객들에게 보얀 재첩국을 파는 재첩국아지매도 더러 남아 있었다.

이기 무신 말이라예?

●● 세장딴

이곳 시장 난전에는 '세장딴'이라는 말이 있다.

난전 자리는 일찍 와서 차지하는 사람이 임자인 것 같지만 자리 주인이 다 있다.

"몇 날 며칠을 비우면 자리 주인이 바뀔 수 있다아이가. 맨날 내 자리였는데 몇 번 빠지면 고마 내 자리가 없어진다아이가. 그래서 한 달 정도 비우면 난전 상인들은 옆자리 상인들이나 친한 사람에게 자리를 맡겨두고 간다아이가. 임자 있는 자리니 지키라는 거제."

점포가 없는 난전 상인들에게는 시장에서 물건을 팔기 위한 최소한의 자기 자리가 필요하다. 또 자리를 확보하면 고정석으로 지켜내어야 한다. 이를 두고 '세장딴'이라 했다. 하동공설시장에 가면 '세장딴'을 물어보는 것도 재미있을 것 같다.

●● 배다구

어물전에는 활어보다 소금에 절인 생선들이 그득하다.

"배다구 몇 마리 사가이소."

어리둥절해진다. 배다구라니?

"요기 있는 것들이 배에서 잡자마자 바로 소금에 팍팍 절여 가져오는 거라예. 꾸득꾸득 말려서 장에 가져오는데 요기서는 배다구라 안캅니꺼."

이곳에서는 숭어, 민어 등 소금에 절여 말린 '배다구'를 살 수 있다. 짭조름하니 쫀득한 생선살이 입맛을 돋운다. 게장을 두고 밥도둑이라는데 이곳 사람들은 '배다구'만 한 밥도둑도 없다고 입을 모은다.

할매 자매의 손맛 '팥국시'를 아십니까?

별미죽집

하동공설시장 공용화장실 근처에 '팥국시집'이 있다. 20년도 더 된 집이다. 하지만 간판도 없다. 하동군의 시장 현대화 사업에 맞추어 시장 안 점포들이 알록달록, 아기자기한 간판으로 바뀌었지만 이 집은 여전히 간판도 없는 집이다. 더러는 '별미죽집'이라 부른다.

"간판이 먼 필요야? 다 알고 찾아오는데…. 더 마이 찾아와도 큰일 나고."

주인 유순희(80) 할머니의 첫 마디다.

하동공설시장 팥칼국수집은 유명하다. 하동 주민들보다 외지에서 들어온 사람들과 인터넷에서 더 유명하다. 관광객이나 블로거들이 올린 하동 할매팥국시집은 마치 구전으로 내려온 전설 같다.

순희 할머니는 60살에 국시집을 시작했다. 동생네 점포인 이 가게에 세든 사람이 나가고 난 뒤 새 세입자가 나서질 않자, 할머니는 동생 유숙자(72) 할머니와 둘이서 국시집을 시작했단다. 처음부터 큰 벌이를 기대하지는 않았다. 그런데 사람들이 밀려들고 장날이면 앉을 자리가 없어 사람들은 가게 밖에 쪼그리고 앉아 먹어야 했다. 쉬엄쉬엄 하던 일이 20년이나 되었다며 순희 할머니 목소리가 커진다.

"팥국시가 제일로 하는 기고, 겨울엔 팥죽 하고 여름엔 우무, 콩국수를 하제."

유순희 할머니와 유숙자 할머니.

채로 썬 우무가 들어간 콩국.

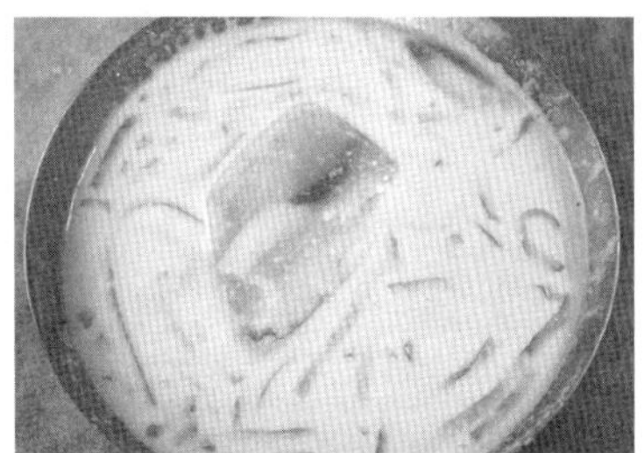

팥은 깨끗이 갈아서 팥물을 끓인 후 직접 만든 밀가루 반죽을 할머니 기분대로 납작납작 썰어서 큰 양푼에 펄펄 끓여내는 것이다. 할머니 기분만큼 한 국자 덤으로 퍼서 그릇이 넘칠 정도로 담는다.

숙자 할머니는 팥은 수확하는 철이 되면 미리 그 다음 해 것을 얘기해놓는다고 했다. 콩은 보관이 어렵지 않아 수시로 살 수도 있지만, 팥은 냉동보관을 해야 한다고.

"한 달에 팥을 3가마니 쓰는데, 일 년이면 40가마는 되것제. 우리가 내년에 얼마 필요하다고 미곡상회에 얘기해두면 지들이 다 알아서 냉동보관 해주는 기라. 우리 집에서 쓰는 건 다 국산이여. 필요한 만큼 그때그때 얘기하는 거제."

가게 밖에는 큰 덩어리 통째로, 또는 커다란 모두부 모양 썰어놓은 우무가 큰 고무 대야를 차지하고 있다. 젊은 새댁이 순희 할머니를 부른다. 집에서 먹게 우무를 갈아달라 한다.

"우뭇가사리를 4시간 이상 고아서 만든 거제. 팥도 콩도 전부 삶아 끓여야 하는 거니 이 더위에 보통 일이 아녀. 덥다고 그냥 허투루 할 일도 아이고…"

팥은 깨끗이 갈아서 팥물을 끓인 후 직접 만든 밀가루 반죽을 할머니 기분대로 납작납작 썰어서 큰 양푼에 펄펄 끓여내는 것이다. 할머니 기분만큼 한 국자 덤으로 퍼서 그릇이 넘칠 정도로 담는다. 그리고는 그 뜨거운 것을 맨손으로 들고 간다. 옆에서 보는 사람이 '앗, 뜨거' 소리가 절로 날 지경이다.

굵은 국수 가락에는 고운 팥물이 듬뿍 배어 쫄깃한 면발을 씹고 있으면 뒷맛이 고소한 것이 은근히 달착지근하기도 하다.

"아이고, 힘들어서 인자 못하것다."

"하동시장에서 제일로 잘나가는 집을 안 하면 우짭니꺼?"

"우리가 잘 되니까 젊은 아지매가 저기 앞에서 국시집을 낸 적이 있었제. 근데 몇 해 못하고 관두더라고."

"할매보다 맛이 없었것제예. 근데 이걸 할매가 안 하면 누가 하고로예?"

"인자 내 동생이 해야제."

몸도 재고 목소리도 큰 순희 할머니와는 달리 동생 숙자 할머니는 조용조용 자기 할 일만 했다. 그러다가 언니인 순희 할머니의 이야기에 더러 슬며시 웃었다. 그뿐 절대 큰 소리를 내지 않을 것 같았다.

순희 할머니는 처음엔 취재에 잘 응하지 않았다. 뭔 소용이 있냐며 다 싫다고 했다. 그래도 옆에 달라붙어 이것저것 물으며 할머니 얘기를 듣고 있으니 금방 마음을 내어주었다. 이 더위에 네가 고생이다는 인정과 할머니 여린 마음 덕이었다.

급기야 일어서서 나올 때 순희 할머니는 기자가 먹은 팥칼국시와 우무 한 그릇 값을 한사코 받지 않았다.

하동공설시장에는 유난스레 정 많은 할매 자매가 하는 팥칼국시집이 있다.

“저 집이 에나로 진짜배기지”

읍내 사람들이 추천하는 재첩국집

한다사재첩식당

“시장 근처에서 재첩국 제일 잘 하는 데가 어딥니꺼?”

하동공설시장으로 들어서는 길목에서 무턱대고 길 가는 두어 사람을 붙잡고 물어보았다. 당연히 이미 알려진 식당 이름들이 나올 거라 생각했다. 하지만 돌아온 대답은 사전 조사에서 전혀 나오지 않은 이름이었다.

“한다사식당 아이가.”

“한다사라고예?”

‘한다사’는 하동군의 옛 이름이었다. 넓디넓은 섬진강 백사장을 생각하면 된다.

“그 어딘데예?”

물어물어 찾아간 한다사재첩식당은 시장 축협 뒤 골목길에 있었다. 외지인이나 관광객이 단번에 찾을 수 있는 곳은 아니었다. ‘섬진강재첩만 팝니다. 아니면 벌금 500배’라는 문구가 출입문 앞에 떡하니 붙어 있다. 안에 들어서니 탁자는 2개뿐이다. 주인 이삼임(67) 아지매는 다 저녁때에 찾아온 손님을 난처하다는 듯이 웃으며 바라보았다.

“재첩국 먹을라꼬예. 지금 되지예?”

"한 번 끓일 때 두 솥을 항꾸내 끓이는데 한참 되지예. 껍데기에 알이 안 붙어 있으면 다 된 기라예."-이삼임 아지매.

"저녁에는 안 하는데 찾아온 손님이니 할 수 없지예."

"사람들이 이리로 가라던데, 그라모는 아침 점심에만 합니꺼?"

"요즘은 택배나 사러 오는 사람들을 많이 받꼬 아침부터 그냥 되는 대로 받아예."

이삼임 아지매는 식당을 한 지 32년여 된다. 처음엔 화개에서 8년, 그 다음 시장 안에서 12년. 시장 안쪽에 있다가 지금 이곳으로 옮긴 지가 12년 정도 된다. 60살 되어서는 안 하다가 노는 것도 재미없어 다시 일하고 있다. 얘기를 나누는데 한 아주머니가 들어선다.

"오늘 좀 부쳐주이소. 2되짜리는 우찌 부쳐줍니꺼."

한 되에 1만 5000원, 두 되에 3만 원이고 택배비를 따로 받는단다.

"지금은 1말 7만 5000원인데 작년에는 13만~14만 원이나 했어예. 비가 너무 마이 와서 다 떠내려가 최저 생산이었고 올해는 가장 많이 난다데."

주문을 받은 이삼임 아지매는 주소를 받아 적고 택배 부칠 준비를 서두른다. 뒤에다 대고 요즘 중국 재첩이 많이 들어온다는데 어떻게 섬진강재첩인 줄 아냐고 물어보았다.

"다 알지예. 근데 안 삶았을 때는 아는데 삶으면 모린다예. 거다주는 사람 있고, 잡는 사람 다 따로 있어예. 동네별로 다 있는데 하동 사람이라고 하동재첩 잡을 수 없지예. 검은 색깔에 노릿한 빛이 나는 게 맛있는데 민물 것은 노릿한 빛이 많이 나예. 중국 것은 줄이 가고 색깔도 흐릿하고예. 민물 것보다 약간 바닷물에 있는 게 더 맛있어. 그래서 섬진강재첩 캐삿는 거라예."

아지매의 이야기는 끊어질 듯 계속 이어졌다. 한 평생 해 온 일에 할 말은 얼마나 많을까 싶다.

"팔팔 끓일 때 한참에 12말씩 끓인다예. 한 번 끓일 때 두 솥을 항꾸내 끓이는데 한참 되지예. 끓으면 물 붓고, 다시 젓고 그렇게 계속 해예. 껍데기에 알이 안 붙어 있으면 다 된 기라예. 철 되면 자기 집 것 딱 주문하는 사람이 있어예. 팩으로도 파는데 1팩(2인용)이 4000원이라예."

한다사재첩식당은 섬진교에서 목도마을 사이에서 나는 재첩만 사고 그걸로 끓인다.

"그 사이 것이 젤로 맛나. 누가 어디서 재첩 캐는지 다 알지. 보면 딱 알제. 4월부터 6월, 9월부터 11월 재첩 삶는데, 삶을 때는 아들네는 물론이고 놉을 대지."

한다사 재첩국을 두고 왜 하동에 사는 사람들이 '진짜배기'라는지 알 것도 같았다. 이삼임 아지매는 실제로 진짜배기만 쓰고 있으니 말이다.

"진짜배기에다 맛있는 재첩을 살라쿠모는 이쪽으로 와야지라며 운전기사들이 여게 보내버리거등. 송림 놀러 갔다가 근처 식당 가서 먹었는데, 아침에 일어나니 요게로 가라더라며 빵빵 찾아오는 기라. 주차장 기사들, 상인들이 다 우리 집에 가란다쿠면서. 그 사람들한테 난 아무 말 안 했지. 인자는 주문도 많고 아침 장사만 해예. 팜서 끓임서롱…. 사 가는 건 사가는 기고."

하동공설시장

우리가 시장 간판스타!

"장 보러 와서 구갱할 기 있으모는 좋지예"

소비자만이 아니라 상인들 수도 점점 줄어…

"시장 상인들은 2대, 3대째 하는 사람 많습니더. 풍년상회(과일가게), 신동참기름집(참기름) 등등…. 상인들 인원이 점점 줄어들고 있는 게 문제라모는 문제입니더. 제가 부친 때부터 하동수산을 해오고 있는데, 우리 집에서 생선 공급받는 할매들 중에 평균적으로 1년에 1.5명 정도 유명을 달리합니더. 다행히 대를 잇거나 새로운 사람이 들어오면 되지만 시장 경기가 워낙 안 좋으니까 새로 들어오는 사람이 그만큼 안 되는기라예." / 최봉길 아재·하동수산

"목조건물 뜯어삐고 새로 맹글던 것도 알고 있제"

형제상회는 시장 안 골목길에 있는 그릇상회이다. 처음에는 고무신 가게로 시작했다. 김용인(79) 아재는 에어컨을 틀고 시원한 옷차림으로 평상 아래 빈 병을 정리하고 있었다. 처음엔 불쑥 들이닥친 불청객들이 짐짓 못마땅한 듯했으나 잠시 후 그냥 허허 웃고 말았다. 몇 년 됐냐 물으니 이리저리 꼽아보고는 50년이나 되었다고 스스로 놀라워했다.

"2번이나 시장 바뀌고 목조 건물에서 시멘트로 다시 짓는 거까지 다 알고 있제."

간판에 적힌 형제상회보다는 '덕성상회'라고 하랬다.

"에이, 지금은 형제상회라 되었는데?" 옆에 있던 번영회 사무장이 사람 좋은 웃음으로 말을 건네자 "아, 알았다"며 또 그냥 웃고 말았다. 가게 이름엔 사연이 있는 듯했지만 시시콜콜 묻는 것에 손을 내저었다. / 김용인 아재·형제상회

아버지 도와 스무살에 시작했다

풍년상회는 시장 안 큰 길에 있는 과일상회다. 가게에 딸린 방에서는 두어 명의 여자들이 수다를 떨고 있었다. 주인인가 싶은 여자가 웃으며 몸을 일으켜 나왔다. 순간 놀랐다. 아주 예쁜 아지매였다. 풍년상회는 박희경(44) 아지매 아버지 박순생 어른이 시작해 50여 년 된 가게였다.

"하동에서 나는 배, 대봉, 매실은 우리 집 판매 1위 상품들이라예."

풍년상회 진열대엔 여러 종류의 여름 과일이 놓여 있었지만 희경 아지매는 하동에서 나는 대표적인 과일들을 먼저 들먹였다.

"20살 때 시작했으니 벌써 24년 됐네예."

여전히 희경 아지매는 꽃다운 20살로 웃고 있었다. 하동배를 연신 들먹이던 희경 아지매는 자두 몇 알을 집어 가방에 넣어준다. / 박희경 아지매·풍년상회

65년째 장사하는 '최고참' 할매

배덕심(87) 할머니는 이곳 시장에서 65년째 장사를 하고 있다. 전남 고흥군 동강면에서 18살에 시집와 생선장사를 하며 8남매를 키웠다. 더위 속에 늦은 점심을 먹고 있을 때 불쑥 들어갔는데도 반겨주었다. 할머니는 더위에 조금 지쳐 있었지만 할 말이 있었다.

"나라에서 배급도 다 안준다 한다아이가. 인자 나이도 너무 마이 묵었다고 그러나. 내가 재산세는 조금 내고 있지만 자식들도 떨어져 있고, 혼자 살고 있는데…. 우째 그리 되는가 몰라."

할머니는 조금 화가 나 있었고 조금 서러워했다. 잠시 들어보니 얼마 전 기초생활수급자에서 제외됐다는 말씀인 듯했다. 노인들은 자식이 있어도 실질적인 부양을 받지 못하고 자식들은 실업과 생활고에 시달려 부양하지 못하고….

"날 더워서 가져올 생선도 팔 생선도 없다아이가. 그래도 우짜노? 나와야제."

빈 어물전을 지키고 있는 덕심 할매의 푸념은 길게 이어졌다. 속내는 한여름 더위만큼 후텁지근하고 힘들었다. 풍년상회 희경 씨가 건네준 자두 몇 알을 할머니에게 건네주었다. / 65년째 생선 파는 배덕심 할매

큰딸, 둘째딸, 셋째딸 이어가던 옷가게

이름이 재미있었다. '할매팥칼국시집' 앞에 있는 옷가게다. '처녀상회'라, 때마침 주인은 없고 문은 닫혀 있었다. 상인들을 인터뷰할 때 이리저리 시장 안을 헤매며 소개해준 이는 번영회 사무장인 김옥금(55) 아지매였다. 알고 보니 처녀상회는 김옥금 아지매와 관계가 깊었다.

"처음에는 아버지가 했지. 그때는 '일성상회'였어. 그 뒤에 언니가 하면서 처녀상회라 바꿨지. 언니가 하다가 시집간 뒤 내가 하고, 내가 그만둘 때 다시 내 동생이 하고. 지금은 올케가 하고 있지. '올케상회'로 바꿔야 하나. 하하." / 김옥금 아지매·처녀상회

"시장 근처 태어나 평생 살고 있는데…"

다른 지역의 시장에 가면 그곳에서 많이 나는 토속품을 구경하고 싶다. 여기 어디쯤이면 그런 게 있지 않을까 싶은 기대는 다행히도 맞아 떨어졌다. 하동우체국에서 시장으로 이어지는 중간쯤에서 점포 앞에 내어놓은 삿갓, 짚신꾸러미 등을 만났다. 하동불교사. 홍보 간판에는 불상, 범종, 개금, 탱화, 농악기, 기타 불교용품 일체 등

을 팔고 있다고 적혀 있다.
"토속품에다 인자는 관광상품을 더 많이 내놓고 있지예. 예전에는 불교용품이나 제에 쓰이는 용품들을 많이 팔았는데, 지금은 시장을 찾는 관광객들도 많아져서 관광용품도 파는 거라예. 아무래도 저기 아래 화개장터만큼 관광객이 오는 것은 아이지만…."
김타순(52) 아지매는 하동읍이 고향이고 여기서 초중고를 다니고 지금까지 하동공설시장 근처를 떠난 적이 없다고 했다.
"남편은 강 건너 전라도 진월 사람이고, 여기서 가게를 시작한 건 벌써 십수 년이 되었어예."
타순 아지매는 모처럼 아들이 와서 점심 먹여 보낸다고 마음이 바쁘다고 했다. 시장에서는 하동불교사 타순 아지매처럼 전라도에서 시집온 사람, 장가온 사람들을 제법 만날 수 있었다. 하동 장날이면 장터에서 우연히 만난 전라도 경상도 사돈끼리 술잔 기울이고 노래 한 가락 불러 젖히는 건 예사였다는 건 그저 나온 이야기가 아닌가 보다. / 김타순 아지매 · 하동불교사

웃음에도 참기름 냄새가 고소하다

신동참기름은 문을 연 지 32년 정도 된다. 시아버지 때부터 하던 가게다. 곡물을 취급하다가 참기름집으로 바꿨다. 이혜경(54) 아지매는 시집와서부터 21년째 참깨를 볶아 기름을 짜고 있었다.
"아유, 이래가지고 사진을 찍어도 되나 몰라예."
이혜경 아지매는 기름을 짤 때 열기로 얼굴이 온통 땀에 젖어 있었다. 수줍어했다. 어둔 가게 안에서 나오는데 갓 시집온 새댁처럼 웃고 있었다. 이 집 참기름은 혜경 아지매 얼굴만큼 맑을 거라는 생각을 잠시 했다.
사진을 찍고 있는데 남편 강동환(60) 아재가 들어왔다. 강 씨 아재도 시장번영회 일을 맡아서 척척 하고 나이보다 훨씬 젊게 보였다. 동안 비결은 역시 참기름인가 싶다. / 이혜경 아지매 · 신동참기름

하동 가자!

하동읍 즐기는 법

시장이 있는 읍내리는 하동읍의 가장 중심지이다. 광평리는 전라도와 경상도의 경계이며, 하동송림과 섬호정, 하동공원이 있다. 하동에서 가장 넓은 평야인 비파리 너뱅이들이 있다. 신기리는 '재첩 잡는 마을'이다. 목도리에는 하동포구공원과 갯벌 산책로가 있다. 하동읍의 새로운 휴식공원으로 자리 잡고 있다. 흥룡리의 먹점마을과 미점리는 봄이 되면 온 마을이 매화꽃 천지다. 하동군에서 매화꽃을 구경하기 가장 좋은 곳이다. 화심리는 국도 19호선을 따라 마을이 분포되어 있으며, 국도 19호선은 벚꽃이 지고나면 하얀 배꽃이 장식된다.

하동송림

하동송림에 들르면 왜 하동을 '백사청송白沙青松', '백사청죽白沙青竹'의 고장이라 부르는지 단번에 알 수 있다. 하동송림은 조선조 영조 21년(1745년) 당시 도호부사 전천상田天祥이 조성한 것으로 알려져 있다. 광양만의 해풍과 섬진강의 모래바람을 막아 하동읍(당시 淸河邑)을 보호할 목적으로 조성됐다. 조성 당시에는 1500여 그루의 소나무를 심었으나 현재는 900여 그루가 남아있다.
하동송림은 1970년대~1990년대까지 인근 지역에서 경전선을 타고 나

들이하기 좋은 곳으로 널리 알려져 있었다. 바닷물이 들어오는 넓은 백사장은 주민들은 물론 관광객들의 피서지로 각광받아왔다. 휠씬 더 이전에는 하동읍 아낙네들이 모여 화전놀이를 벌이던 장소였다.

하동송림은 섬진강 주변 아름다운 경치와 숲이 조성된 배경과 역사적 가치가 인정되어 2005년 국가지정 천연기념물 제445호로 지정됐다.

하동공설시장에 가면 이곳에서 걸어서 10분 거리에 있는 하동송림에 가보자. 해풍을 맞고 선 노송과 흰 백사장 위를 아무 생각 없이 천천히 걷기를 권한다.

위치 경상남도 하동군 하동읍 광평리 443-10 (섬진강대로 2107-8)

맴에 드는 거 사모는 "심봤다!" 3번 외쳐?

함양중앙상설시장

함양중앙상설시장은 전해오는 말에 따르면 약 70년 전 개평에 사는 정 부자가 지역 경제 발전을 위해 시장 부지를 헌납했다고 한다.

"이것 보래이, 송이 첫물이다아이이가. 아즉은 마이 안 나오는 귀한 거제. 이거는 더덕맹키로 생겼지만 산도라지라는 기다. 껍질 안 베끼모는 요새 사람들이 사 가지도 않는다아이이가."

시장 골목 한 구석을 차지하고 앉은 할매는 딱지칼로 붉은 대야 가득한 산도라지 시커먼 껍질을 벗기고 있었다. 할머니 손은 굵고 뻣뻣했지만 칼질은 날렵했다. 마디 굵은 손가락에는 절대로 빠지지 않을 것 같은 싯누런 금가락지가 훈장처럼 빛났다.

개발이 더뎠던 만큼 자연 그대로

장날이다. 2일과 7일이 장날인지라 시장 안은 평소보다 훨씬 활기찼다. 닫혀 있던 점포들은 문을 열고 노점에는 물건을 파는 사람으로 빼곡했다. 사러 온 사람들은 그 사이를 비집고 구경하랴 흥정하랴 우연히 마주친 사람들과 인사 나누랴 부산스러웠다.

함양군은 국립공원을 2개나 끼고 있다. 제1호인 지리산과 제10호인 덕유산 계곡 사이에 위치해 약초나 산나물의 보고이다. 함양군은 전체가 '옴폭하니 들어앉아 있는' 지형이다. 북으로는 금원산, 서로는 백운산, 남쪽으로는 산청 왕산으로 둘러싸여 있다. 큰 도로가 나기 전에는 '상구 골째기동네'라 불리었다. 그래서 다른 지역으로 드나드는 것보다 지역 안에서 자력으로 해결하는 것이 더 수월했을 법하다.

이런 지리적 여건 탓일까? 개발 바람은 늦게 들이닥쳤고 물질적인 풍요는 누리지 못했다. 하지만 최근 들어 오히려 자연 보존이 잘 되어 있다, 친환경적이고 생태적이다 등 인지도가 껑충 뛰는 곳도 이곳 함양이다.

함양군 관계자에 따르면 함양은 1000미터가 넘는 봉우리가 15개 이상, 토양에는 게르마늄이 많아 청정 농산물이 잘 되는 곳이다. 관계자는 "상림공원에만 연간 200만 명이 온다"며 "서울·경기지방 사람들이 예전에는 함양을 함안, 함평과 헷갈려했는데, 지금은 절대 그런 일이 없다"고 말했다. 또 그는 "특히 함양은 경상남도 서북부에 위치하고 영호남과 연결88고속도로, 국도 2개선되는 교통의 중심지"라며 "2001년 말 대전~통영 간 고속도로 개통 이후에는 수도권과 3시간대로 좁혀져 1일 생활권에 포함되는 '자연 그대로' 지역"이라며 함양 토박이로서의 자부심을 한껏 드러냈다.
함양읍에서 만난 주민들도 "요기서 나는 물건은 머시든지 믿을 수 있제. 싸고…. 질이 확실하다니까"라고 손가락을 치켜세우기도 했다. 그 자랑의 중심에 함양중앙상설시장이 있었다.

지역감정 따위는 없다…"고마 이웃이라"

함양중앙상설시장은 함양읍 중심가 용평리에 위치한 함양의 대표 시장이다. 전해오는 말에 따르면 약 70년 전 개평에 사는 정 부자가 지역 경제 발전을 위해 시장부지를 헌납했다고 한다. 1983년에 형성되어 187개 점포가 운영되고 있으며 이 중 50여개가 싸전이다.
장날이 되면 인근 지역 곳곳의 온갖 생산물이 이곳으로 쏟아진다. 이곳에 오는 사람들은 백전, 병곡, 서상 등 11개 면만이 아니다. 인근 전라도 남원의 운봉, 인월, 산청 생초에서도 찾아온다. 철 따라 산에서 밭에서 나는 것들을 이고 지고 오는 이들은 생산자·소비자가 따로이지 않았고, 전라도·경상도 사람 구분을 짓지도 않았다.
"등구재, 육십령을 넘어 인근 지역에서 많이들 왔제. 둘러봤자 산등성이밖에 없는 데니까 산에 지천에 깔린 것들 요 와서 팔고 겨우시 살았던 거제. 함양 사람들도

“함양 사람들도 운봉이나 인월장에 마이도 갔고…. 전라도하고 가깝다캐서 전라도 사람이 우떻고 이런 생각 같은 거는 별로 없고, 고마 이우지 있으니 서로 왔다갔다하기 쉬웠던 기라.”

운봉이나 인월장에 마이도 갔고…. 전라도하고 가깝다캐서 전라도 사람이 우떻고 이런 생각 같은 거는 별로 없고 고마 이우지 있으니 서로 왔다갔다하기 쉬웠던 기라."

섬진강을 사이에 두고 하동공설시장이 동서 만남의 장소라 한다면 함양중앙상설시장은 산을 넘어 들을 지나 동서 만남의 장소를 이룬다. 정치적으로나 지역감정을 내세우지 정작 전라도와 경상도 경계 지역에 살고 있는 사람들의 생활에서는 지역감정이란 게 얼마나 생소한 말인지 확인할 수 있다.

함양군에 따르면 이곳 시장은 2004년 14억 원의 사업비를 들여 시장 내 상가 10여 동 215평에 주차장과 화장실 건립을 완공했다. 2011년에는 3억 9000만 원으로 비가림 시설인 아케이드 사업을 끝냈다.

함양군 경제과 관계자는 함양중앙상설시장은 2012년에는 7억 원의 예산을 들여 시장 진입로 확보사업을 추진해 완료했다고 밝혔다. 이 관계자는 "시장 활성화를 위해 상인들이 간담회도 열고 벤치마킹도 하고 컨설팅도 열심히 받고 있다"며 "시

장이 죽으면 지역상권이 죽는다는 걸 다 알고 있다. 관내 공무원들이 시장상품권을 매달 2500만 원어치 구매하기도 하고, 매월 말일 시장가는 날을 정해 이용률을 높이고 있는데 자발적 참여도가 높은 편이다"고 덧붙였다.
함양읍 내에도 마트는 어김없이 들어와 있다. 군 관계자는 대형과 중형을 합쳐 총 6개의 마트가 있지만 입점할 때 큰 갈등은 없었다고 말한다. 그는 마트에서는 시기마다 지역 농산물 구입을 우선으로 하는 등 지역 상인들과 조화를 이루기 위해 노력한다고 말했다.
함양중앙상설시장은 인근에 볼거리가 제법 많다. 걸어서 5분 거리에 있는 군청 앞에는 학사루와 천연기념물인 학사루 느티나무가 있다. 또 여기서 자동차로 5분 거리에는 신라 때 홍수 조절을 위해 조성했다는 1000년 원시림 함양상림이 있고 함양석조여래좌상이 있다. 상림과 반대 방향인 하림공원으로 내려가면 토속어류생태관과 철갑상어 양어장을 둘러볼 수 있다. 함양중앙상설시장은 시외버스터미널에서 걸어서 10분 거리에 있다.

함양중앙상설시장 경상남도 함양군 함양읍 용평리 607-4 (중앙시장길 8-9)

| 그 시절엔 그랬지 |

"전쟁 때는 장터가 인민군 훈련장이었제"

강한영 아재.

"일제 때도 시장이었제. 지금 시장은 구 장터에서 새 장터로 옮긴 것이라. 70년대였나 아이고, 언제였지. 처음엔 초가로, 그 다음은 함석지붕에 칸막이만 해가지고도 있었다마."

함양중앙상설시장은 그 역사를 기록으로 옮겨놓은 것이 전무했다. 상인들 중 70세 넘은 어른으로 보인다 싶으면 무조건 "함양시장이 옛날에는 우쨌십니꺼?"라는 물음으로 시작했다. 난감하다 싶을 즈음에 만난 이가 강한영 아재였다.

강한영 아재는 시장상인회 사무국장으로 있은 지 올해로 16년째다. 상인회 일을 맡아 하기 전까지는 시장에서 40여 년 동안 식자재를 판매했고, 시장 바닥에서 한 평생을 보냈다. 한마디로 '시장 빠꼼이'였다. 어느 가게가 뭔 일로 문을 닫고, 시장 안에 무슨 일이 있는지 손금 보듯이 훤했다. 무엇보다 전설 따라 삼천리처럼 풀어내는 시장 옛이야기가 퍽이나 재미있었다.

"기억나는 게 있다면 여게가 6·25 때 인민군 훈련장이 된 적이 있었제. 비행기가 하늘에 뜨면 인민군들이 숨을 데가 없으니까 점포 안으로 전부 숨어들었제. 인민군이 후퇴하며 올라간 뒤에는 미군들이 와서 주둔했었제. 미군들, 그것들이 참말 야만이제. 초콜릿이나 껌을 아이들한테 줄 때 그걸 그냥 손에 건네주면 될 걸 운동장에 뿌리는 거라. 아이들이 강새이처럼 달려가 주워먹게 했제. 내가 중학교 2학년이었제."

강한영 아재는 구수하고 우렁우렁한 목소리로 기억을 계속 풀어내었다.

"음력으로 8월 14일 인민군들이 올라갔다아이가. 그래 피난갔던 사람들과 군인들이 올라오데. 어떤 사람이 물건을 사러 왔는데, 팔이 한쪽은 새까맣고 한쪽은 생생했다아이가. 낙동강 전선에서 원자포를 썼다더이. 그기 맞았는기라. 휴천면 엄천강 일대는 인민들 세상이었제. 수복하면서 마이 죽었제. 우리 시장에서는 전쟁으로 죽은 사람은 별로 없었제. 죽는 건 그 뒤에 '보도연맹'인가 머신가 그 때문에 마이 죽었다카더라. 경찰이 와서 한 구뎅이에 모아 대번에 죽였다카네. 시장 장사치들이야 난리 중이라도 맨날 벌벌 떨면서 장사하고 그랬제. 그게 머이 장사하는 기겄나."
강한영 아재는 안타깝다는 듯 끝말을 흘렸다.
"79년도 여게가 군 땅이었어. 그 위에 건물 지어놓으니 건물을 기부채납하라데. 그래서 그리 했제. 근데 84년 군청 지을 때 돈이 모자라니까 우리 보고 다시 시장을 사라고 하더라. 그때 건물까지 통째로 다시 샀제. 그때 세부 측량해서 각자 떼어 주어야 했는데 등록, 등기, 취득세 많이 들어 4동으로 나누어 했구만. 지금 다 나누어 할라니께 5억 든다대. 이 점포들이 전부 시장상인회로 등기되어 있어 개인 권리 행사를 하지 못하제. 그게 좀 불편하지만 부도가 나더라도 이건 손을 대지 못한다아이가. 대신에 사고 팔 때는 더 쉽제. 이전등기 같은 건 필요없고 상인회에서 명의 변경만 하면 되니께."
강한영 아재는 1979년도 시장 공사를 하면서 이후 2년 동안 남원 가는 도로 옆 한들에 임시장이 섰다고 했다.
"아마 1981년이 맞을 거여. 우리 시장이 새사 첨으로 슬레이트로 지어가꼬 신식 시장이 돼가지고 그때 상인들이 참말 좋아했제. 지금이야 또 그때보담 훨씬 좋지만. 세월이 그리 됐네."
마지막으로 상인회 사무실에 혹시 시장 옛 모습 사진이 있냐고 물으니 "그런 거는 없는데"라며 아재는 금세 난처해했다.
"그때 누가 사진이라는 걸 생각했겄노? 아무도 사진 가진 사람이 없을끼야."

이 귀한 것들을 우찌 묵노?

송이버섯

매년 9월 중순경 함양중앙상설시장에서 구경할 수 있는 게 바로 송이버섯이다. 비싸서 함부로 살 요량을 못할 정도지만 이맘때 오며가며 '이리 귀한 것' 눈요기할 수 있다.

함양군농업기술센터 관계자에 따르면 함양 자연산 송이는 일교차가 심하고 일조량이 풍부한 최적의 자연조건에서 자라 맛과 향이 우수하며 저장성이 강해 최고의 가격으로 일본에 수출되고 있다고 했다.

"송이버섯 생산지로 이제껏 경북 봉화나 강원도를 많이 얘기했지만 최근에는 높은 산이 많고 환경 좋은 함양산을 많이들 찾아예."

동의보감에서도 버섯 중 으뜸이라고 하는 송이는 식이섬유 풍부한 고단백, 저칼로리 식품으로 비만 예방, 성인병에 효과적이며 비타민 D가 풍부해 뼈를 튼튼하게 해준다. 송이는 수분 함량이 90%를 약간 밑돌며, 단백질이 2.0%, 지방 0.5%, 탄수화물 6.7%, 섬유질 0.8%에 비타민과 무기질이 포함돼 있다.

"함양군에서는 송이 주산지역이 백전면, 병곡면, 서하면, 서상면입니다. 전문 채취꾼이 캔 품질 좋은 것들은 함양산림조합에서 대부분 입찰하고 있습니다."

함양중앙상설시장에 나오는 송이버섯은 허리 꼬부장한 할매·할배들이 신문지에 조심조심 싸서 다칠세라 내놓는 '자식새끼 같은 것들'이다. 장보러 나온 아지매는 그걸 흥정해서 가져가 꿀에 재어 두었다가 그 집 가장이나 수험생에게 보약처럼 두고두고 먹이리라.

산양삼

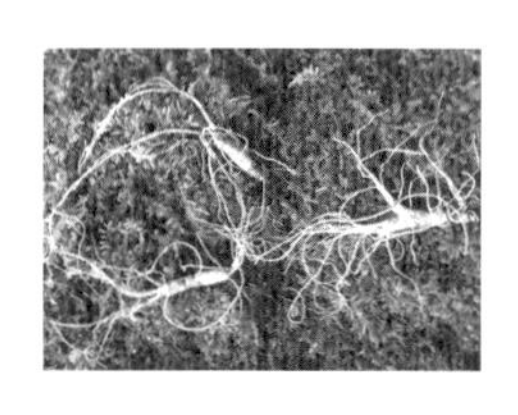

몇 년 전부터 함양군은 산양삼을 특화하고 있다. 함양군 면적 78%가 산인 걸 생각하면 함양군이 왜 산양삼에 주력하는지 수긍이 된다.

산삼은 새가 삼 씨앗을 먹고 배설물을 산에 배출해 자란 것이고 산양삼은 해발 700~800m의 높은 산에 사람이 손으로 씨앗을 옮겨 심고 자연적으로 키운 것을 말한다.

상품화되는 6년산 산양삼의 가격은 최소 4만~5만 원. 대부분 농가에서는 소매상에 납품을 하기보다 직거래로 판매하고 있다. 제철 일지라도 함양중앙상설시장에서 산양삼을 구입하려면 시장 안에 있는 한일상회 등 약초를 전문적으로 다루는 가게를 찾아가야 한다. 품질 좋은 산양삼을 사려면 8월 말 산양삼축제 기간을 이용하는 것도 좋다고 한다.

64년 전통 잇는 '진짜배기 순댓국'

병곡식당

64년째 하는 순대국밥 집이다. 어머니 권 씨가 하던 식당을 지금은 딸인 김정애(49) 아지매가 대를 잇고 있다. 정애 아지매가 하기 전에는 그녀의 오빠가 12년 동안 했었다. 하지만 올케가 몸이 안 좋아서 식당을 운영하기 어려워지자 정애 아지매가 하게 된 사연이 있었다.

정애 아지매의 어머니 권 씨는 40여 년을 맡아 했었다.

"처음에는 구 장터에서 하다가 이리 왔어예. 예전엔 천막 치고 하기도 하고 시장 슬레이트 공사할 때는 시장이 임시로 한들 논으로 옮겨져 거기서 하기도 했지예. 그 시절에는 점포도 없는 기고 리어카에 의자를 싣고 와서 국밥장사 했어예."

정애 아지매는 결혼해서 20년 동안 다른 도시에 가서 살다가 다시 함양으로 왔다.

"올케가 아파 장사를 못할 지경인데도, 어머니는 이 식당을 딸에게는 안 줄라쿠데예. 나는 아들 넷 낳고 낳은 딸이었는데도 구박하데예. '가시나가 뭐 예뻐'라는 게 어머니가 툭툭 던지는 말씀이었습니더. 솔직히 오빠가 하면 결국은 며느리가 맛을 내야 하는데, 며느리보다는 딸이 더 엄마 손맛을 낼 수 있을낀데 말입니더. 어렸을 때부터 어머니 손맛에 길들여지고, 그 맛을 아는 건 며느리보다 딸이지 않겠나예."

정애 아지매는 어머니에게 못내 서운했던 마음을 털어놓으면서도 병곡식당이 함양중앙상설시장의 터줏대감으로 자리 잡고 그 명성을 이어가는 게 못내 자랑스러운 듯 했다.

식당 입구에는 크고 작은 네 개의 시커먼 가마솥이 걸려 있었다.

"하나는 내장을 삶는 솥, 그 다음 것은 사골육수를 내는 솥, 다음은 순대를 삶아내는 솥들이라예. 내장 삶는 솥은 육수를 골 때 사용하기도 합니더. 장날이면 솥 하나로는 당최 감당이 안 된다아입니꺼."

병곡식당은 시장 안 다른 식당이 일찍 문을 닫는 것과는 달리 오후 10시까지 장사를 한다. 그래서 정애 아지매는 매일 오전 6시부터 오후 10시까지 식당 일을 한다. 식당은 주인이 차고 일해야 한다고 생각해 한 달에 한 번, 매월 마지막 날 쉴 뿐이다.

"명절에도 문을 열지예. 1년에 2~3번 오는 단골 손님이 많은데 벌초 때나 시제사, 설이나 추석 때 오는 손님들입니더. 근데 신기한 건 그렇게 띄엄띄엄 오는 손님들도 얼굴만 보면 식성이나 취향이 전부 기억납니다. 다른 건 기억 못하는데, 그건 정확하게 기억한다니께요. 내가 생각해도 신기하다아입니꺼."

병곡식당의 순대와 내장은 대부분 함양도살장에서 받아온다. 그곳에서 피를 받고 내장과 순대는 식당에 가져와서 매일 손질한다.

병곡식당의 순댓국.

김정애 아지매.

"이곳 도축장이 시골 치고는 물량이 많아예. 400~500, 많으면 600~700마리입니다. 내장이 달리는 일은 없거든예. 근데 흑돼지라서 조금 비쌉니다. 할 수 없이 30마리 정도면 이곳에서 사고 50마리 이상이면 고성으로 갑니다. 갔다 와도 경비가 빠지니까. 5일에 3번 정도 삶는데, 한 번 할 때 100마리니까 일주일에 300마리 이상 삶는 거지예."

정애 아지매는 딸이 한 명 있지만 거창에서 어린이집 교사로 있는 데다가 딸에게 물려주지는 않을 거라고 했다. 큰조카에게 물려줄 거라고 했다.

"그 아이가 음식 솜씨가 좋아예. 손맛이 있더라고. 예비군 훈련하러 왔을 때 들른 조카에게 장가가거든 여기 오라고 했는데, 그 아이가 하면 참 잘 할 것 같아예."

62년 전통을 잇는 병곡식당의 순대 맛은 정애 아지매 손맛으로, 마냥 사람 좋은 웃음으로 이어지고 있었다.

"대나무야 만지기만 허면 머시든 만들제"

대죽상회

"50년 전에는 2~3명 직공들을 데리고 할 정도로 많이 만들고 장사가 잘 되었제. 60, 70년대 플라스틱 나오고부터는 잘 안 되더라. 요새 복고풍으로 돌아가면서 오리지널, 전통그릇 등을 선호하니 조금 많이 찾데."

시장 한 가운데로 난 길 중간쯤 대죽상회 이경생(75) 아재. 움직이기도 힘든 손으로 대나무만 있으면 바지개든, 죽부인이든 뭐든 만들어 내는 분이다. 지금은 많이 줄었지만 한때는 주문량도 많고 사러 오는 사람들이 많아 '세월 좋았다'고 한다.

이경생 아재는 이곳 시장에서만 50년 동안 대나무 공예품을 만들어 팔고 있다.

"대나무 가지고 논 게 60년 정도 됐제. 16살 때부터였으니께. 손이 완전 불구지만 지금도 하루 8~10시간은 맹글고 있제. 함양읍 아파트 안에 작업실을 따로 맹글어 놨어. 도리깨, 바지개 등 철 따라 다른디 가을에 팔 물건이라믄 봄에 맹글고 물량은 가늠 몬하제. 요새는 가을 물건 맹글고 있어. 대나무로 하는 건 다 흉은 내니께. 주문도 들어오고 소매하는 분들도 찾아오제. 고맙고로 소문이 마이 나가지고 저번에 어떤 신문에서는 내보고 마술의 손이라카더라."

이경생 아재는 매일 아침 8시면 어김없이 작업을 시작한다. 쉬는 날이 없지만 시장 장날이면 주로 오전 시간은 쉰다. 별로 노는 날이 없다. 지금은 쉬이 눈에 띄지 않는 바지개, 죽부인, 대베개 등 얼라들 재작하듯이 만든다. 바지개는 발채 사투리로

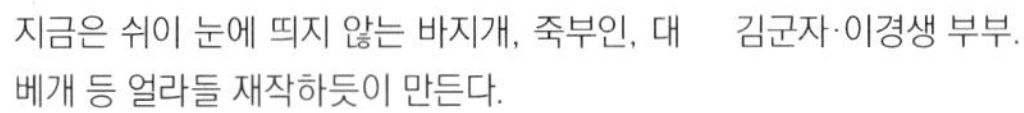

지금은 쉬이 눈에 띄지 않는 바지개, 죽부인, 대베개 등 얼라들 재작하듯이 만든다.

김군자·이경생 부부.

서 짐을 싣기 위하여 지게에 얹는 소쿠리를 말한다. 싸리나 대오리로 둥글넓적하게 조개 모양으로 결어서 접었다 폈다 할 수 있게 되어 있다. 끈으로 두 개의 고리를 달아서 얹을 때 지겟가지에 끼운다.

"산청 생초가 고향인데, 아무래도 면소재지보다는 읍이 더 크니께 장사가 더 나을 것 같아 여게로 왔제. 우리가 명이 길어 이거 맹그는 게 유지되고 있지만 인자 없어질 거다. 아무라도 자기 직업 좋아하는 사람 없다아이가. 우리 자식들 다 저그 좋은 직장 다니고 있고, 자부심으로 천직으로 알고 살았지만 대물림하고 싶지는 않제."

아재가 약간 귀가 어두워 잘 듣지 못하자, 옆에 곱게 앉은 부인 김군자(68) 아지매가 조곤조곤 다시 알려주며 중간 역할을 했다. 목소리 높이는 법 없이 두 사람은 그렇게 장날이면 집과 시장을 나란히 오가는가 보았다.

함양중앙상설시장 대죽상회에서 이경생 아재가 만든 복조리 한 쌍을 사서 현관 문 앞에 걸어두면 집 나갔던 복덩이도 다시 돌아올 것 같았다.

"주문받으모는 바로 앞에서 통째로 튀겨"

중앙닭집

"25살 때 결혼해서 촌(백전면)에서 1년 농사짓다가 바로 장사를 시작했지예. 논 두 마지기 농사 지어보이싶어 읍에 왔던 건데…. 맨주먹으로 나와 1년 사글세 7만 원으로 별거 다 했어예. 노점상도 했는데 막걸리, 국수, 떡국 팔다가 나중에는 채소를 팔고…."

소재옥 아재는 종잣돈이 없으니 무슨 일을 시작해도 잘 되지가 않았단다. 그러다가 아이가 다쳐 돌보면서 돈벌이를 하지 못하고 있을 때였다.

"줄곧 닭장사 해오던 이웃 분이 소개하더라고예. 그래서 닭 잡아주면 다라이에다 싣고 버스 타고 가까운 촌으로, 전라도로 가서 팔았어예. 그러다가 시장 안에 점포도 갖고, 힘든 줄도 모르고 살았제. 3남매 다 키우고…."

재옥 아재는 이런저런 장사를 시작한 지가 벌써 37년째다.

"우리 같은 집이야 단골손님으로 먹고삽니더. 복날이나 동네 잔칫날이면 추렴으로 15마리씩 한꺼번에 주문하지예. 주로 할매나 할배들이 단골이제. 예전에 젊은 아지매들이 인자 할매됐지. 학생이던 아이가 이제 새댁이 되어 친정 왔다가 장에 들러 우리 집 보고는 아즉도 장사해요? 하고 찾아오면 참 반갑더라고예."

재옥 아재는 행정상 전라도지만 함양과 가까운 운봉, 인월 등 남원에서도 사러 오

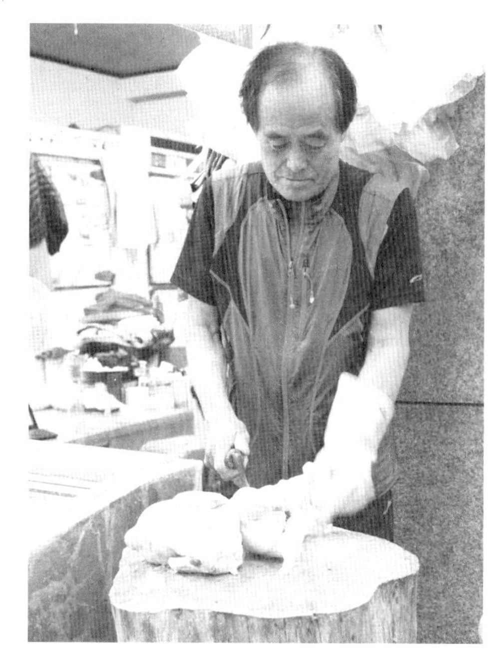

"우리 같은 집이야 단골손님으로 먹고삽니더. 복날이나 동네 잔칫날이면 추렴으로 15마리씩 한꺼번에 주문하지예."-소재옥 아재.

는 사람들이 많다고 했다.

"아무래도 금방 튀긴 맨닭이 더 싸고 더 싱싱하고 더 양이 많지예. 지금은 치킨 체인점이라는 게 마이 생겼지만 어르신들이 한잔할 때면 맨닭을 꼭 찾지예. 식성이 바뀌어 마이 줄었지만 명절 차례 상을 차릴 때도 찾아와예. 치킨점이야 조각조각이지만 우리는 온 마리를 통째로 튀겨주니께네. 그런 데는 못 튀깁니더."

중앙닭집은 튀긴 닭만이 아니라 양념닭도 해주고 있다. 그리고 명절 대목이면 오꼬시강정나 한과도 만들어 판다고 했다.

"오꼬시나 한과는 집에서 만들지예. 여게서는 좁고 작업환경이 안되니께."

"산나물이나 약초는 경남에서 최고라예"

한일상회

함양중앙상설시장을 취재하면서 제일 먼저 만난 이가 이성호 아재다. 시장 입구에 있는 한일상회를 운영하고 있다.

"함양에는 최상품 약초들이 마이 나지예. 시장 둘러보면 약초만 특화해서 파는 약초상회도 있고 시장 주위로 건재상회니, 탕제원이니 제법 많습니더. 또 장날 되면 할매나 아지매들이 갖고 나오는 게 많고예. 직접 키운 것들이나 직접 캔 것들이지예. 우리 집도 이것저것 다 취급하지만 아무래도 약초 품목이 제법 많심니더. 어떤 기 필요하다고 구해만 달라모는 다 구해 줄 수 있지예. 백하수오, 적하수오, 독활 등 이런 약초가 많습니더. 마천 옻이나 창출 등 어떤 약재든 믿고 다 구할 수 있는 데가 함양중앙상설시장입니더. 청정지역이라 좋은 산나물이 나는 건 말할 필요도 없겄지예."

시장 경기가 요즘은 어떻냐고 묻자 이 회장은 이래저래 근심이 많은 듯했다.

"우리 시장이 예전보다 규모가 작고 실제 매출이 줄었습니더. 주변 마트는 대부분 공산품 위주로 판매하고 있으니까 마트 때문은 아니지예. 지금으론 인구가 늘어나야 시장이 잘될 거라 봅니더. 행정에서도 매달 1번씩 시장 가는 날을 실시하고, 상품권도 지속적으로 마이 사 갑니더. 하지만 무엇보다 상인들끼리 단결하는 게 급선

이성호 아재는 시장이 잘 되려면 상인들끼리 단결하는 게 급선무라고 말했다.

무인 것 같습니다."

시골장을 찾는 관광객들이 많이 늘었는데, 이곳 시장은 어떤가도 물어보았다.

"요맘때가 좋습니다. 봄도 좋고. 관광객들 시장 이용은 실제로 산채나물, 송이, 곶감 등이 날 때가 되면 눈에 띄게 다릅니다. 버스 기사들이 관광가이드 노릇을 톡톡히 하는데, 군에서 버스마다 기사한테 5만 원씩 지원하고 있습니다. 함양 관광하고 난 뒤 다른 데 가서 물건 사는 것보다 시장에 와서 구경도 하고 살 게 있으면 살 수 있게 말입니다. 그라모는 당연히 매출이 증가합니다. 지난해는 마늘을 엄청 팔았는데 함양은 토질이 좋아 마늘도 아주 야물고 좋거던예."

이성호 아재는 도로가 나고 교통이 발달하면서 시장 경기가 점점 어려워졌다고 했다.

"교통이 나쁠 때는 다들 물건을 많이 못 가져왔습니다. 찾는 사람은 많은데 조금만 가져오니 파장 무렵에는 원래 떨이라 해서 값이 내려가는데 오히려 물건이 귀해 가격이 껑충껑충 올라갔습니다. 생각하면 그때가 더 좋았던 같기도…."

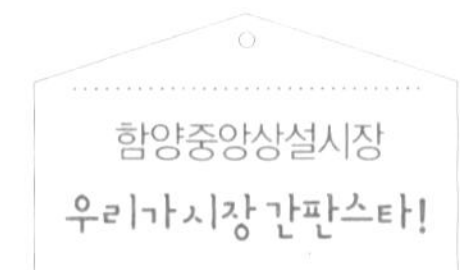

물건 좋고 인정이 넘치는 시장이 마트보다 좋다!

"서울 것보다 예쁘고 싸게 하지예"

"우리 집은 인자 '시장 상담실'이라예. 처음엔 여기서 삯바느질 좀 하다가 포목집을 내고 참 오래도 했지예."

가게 안에는 동네 아지매들이 둘러앉아 있었다. 사방이 알록달록 한복과 비단 천이다. 그 가운데 강분숙(70) 아지매가 일어선다. 시장 안에서 42년을 장사했다. 나이로 보면 '할매'여야 하는데 큰언니 같다.

"결혼해서 아저씨는 월남 가고 나는 서울 청량리서 4년 동안 한복 삯바느질을 했었어예. 다시 함양 와서는 비단장사 시작했는데 첫애 업고 다니면서 젖 멕이며 물건하러 다녔지예."

금강상회는 시장에서 말마따나 잘나가는 집이었다.

한창 이야기 중인데 두 아지매가 들어선다. 서울에 치수를 재어 보내야 하는데, 치수 좀 재어달라는 부탁을 건넨다.

"서울 자는 줄자고 우리는 집에서 다듬은 대자로 재는데, 달라서 안되구만. 그라지 말고 우리 집에서 혀. 요게 와서 색깔 맞차바라예. 옛날에 같이 하던 사람이 바느질해주는데, 바느질이 참 예쁘다니께. 소매가 팡팡한 게 싫으면 퐁당하게 해달라고 말하면 되제."

분숙 아지매는 금세 아지매들을 들어앉힌다. 엉거주춤 앉은 아지매들은 처녀 쪽인데, 꽃분홍 저고리였음 좋겠다며 값이 얼마인지 물어본다.

"한복 맞춤은 삯까지 합해서 25만 원, 30만 원이제. 요기 분홍?"

홍정이 이뤄지고 있는 사이에도 아지매 서너 명이 금강상회 문턱을 넘어 분숙 아지매를 찾았다. / 강분숙 아지매·금강상회

"제사상 조기는 우리 집에 주문하이소"

백전상회는 큰 건어물전이다. 이곳에서 전을 벌인 지가 40년 정도 됐다. 함양장에서 '제사상에 올릴 조기는 백전상회서 사면 된다'는 말이 떠돌 정도다.

"백전이 고향이라 백전상회입니더. 땅이 있으면 농사할 건데 땅도 없어 장사 시작했지예. 시장에서 어물장사가 제일로 힘들어예."

박성도 아재가 시장에 자리를 잡을 때는 시장이 함석 지붕으로 돼 있었다.

"시장 드나드는데 사람이 와글와글해서 옳다 싶었는데, 막상 시작하니 아니더라고예. 밑천도 있어야 하고…. 그 당시 3만 원으로 시작했는데, 손님들이 물건이 없어 살 게 없다하데예. 돈이 없으니께는 물건을 마이 사놓을 수가 없었지예."

아재는 생선 말리는 건 함양에서는 안 된다고 했다. 아무리 좋은 생선이라도 말리는 데는 최적의 조건이어야 한다고 했다. 깨끗이 말려놓은 걸 사와서 산골 사람들이 싸게 먹을 수 있도록 잘 파는 게 자기 일이라고 했다.

"옛날엔 삼천포 앞바다에서 마이 들어왔는데, 요새는 주로 부산포구에서 많이 들어오제. 그때는 국산이 많았는데 요새는 외국산이 많고, 생선이라는 게 생물이라 양이 많이 날 때가 있고 적게 날 때도 있어예. 마트에 밀린다카지만 대목장은 그래도 엇비슷하제." / 박성도 아재·백전상회

"우리같이 젊은 사람은 마이 팔아야지예"

"시장 안에 우리 점포가 있는데, 거기서는 장사가 안돼 이쪽에 나앉았어예. 여게가 그래도 장사는 더 잘 되지예."

시장 입구 노점에서 과일을 파는 김정숙(55) 아지매의 첫 마디다. 함양 인당이 고향인 김정숙 아지매는 이곳에서 장사한 세월이 32년이란다.

"장사하는 집에 시집왔어예. 시장의 70세 이상 어른들은 자식 키워놓고 놀이삼아 문 열지만, 우리겉이 젊은 장사치들은 자식 걱정도 하고 열심히 해야지예."

시장 안 점포를 갖고 있지만 사람이 많이 드나드는 노점에 나와 있다고 했다.
"생물이다 보니 매일 소비를 해야는데 그날 못 팔면 적자라예. 단속이 나오면 빨리 치워야 되제예. 교통이 불편하다꼬 주변에서 민원이 들어가모는 군에서도 할 수 없으니 나오는 거제예."
배달 주문이 들어오자 김정숙 아지매는 물량을 확인하기 위해 시장 안에 있는 점포에도 가봐야 한다며 급히 자리를 뜬다. / 과일파는 김정숙 아지매

"넘 안 주고 가꼬와 파니 돈 되데예"

"이름이 배정숙이라예."
"어, 두 분이 똑같네예."
과일 파는 정숙 아지매와 노점에 나란히 자리한 이가 배추 모종을 가득 내놓은 배정숙(56) 아지매다. 두 사람은 이름도 같았다. 셋이서 웃고 말았다. 김정숙 아지매가 자리를 비운 사이 손님에게 값을 말하고 봉지에 싸주는 일을 도맡아 했다. 값을 훤히 알고 있었다.
"빚내어 가지고 농사짓다 보니 안되것다 싶어 나왔었지예. 처음 수박농사 지은 걸 경운기에 실어 시장에 가져왔더니 경운기 항거슥 되는 걸 3만 원 준다카데예. 한 덩어리 100원인거라예. 우리 집 양반이랑 둘이 팔았다 아입미꺼. 오전에만 팔았는데 9만 원이 되데예. 돌아갈 땐 두 덩어리가 남아서 옆 할매들 줬지예. 그랬더니 다음에 나올 때 알밤도 주고, 맛난 것 있으모는 나눠먹게 되데예."
배정숙 아지매는 그렇게 시작한 노점장사가 15년째라 했다. 지금도 시장에서 하림으로 가는 한들에서 수박, 토마토, 오이 등 하우스농사를 하고 있다.
"인자는 몽창시리 심는 기 아이고, 내가 팔 만큼만 농사짓고 가져나와 팔지예."
배추 모종이 길목을 연둣빛으로 채우고 있었다. / 배추 모종 파는 배정숙 아지매

"노루궁뎅이 같은 귀헌 걸 살 수 있어"

함양 취재 첫날 노영남 아지매를 만난 건 허기진 배를 면하기 위해 들른 소문난 순댓국집 병곡식당에서였다.
저녁시간이라 제법 사람들이 자리를 차지하고 있었다. 몇 안 남은 자리를 혼자 차지하기에 미안한 상황이었다. 그때 혼자 온 아주머니가 있었는데, 주인이 합석을 권하는 것이다. 흔쾌히 합석해서 마주한 이가 노영남(62) 아지매였다.
아지매는 함양읍 도산리에 사는데 장도 보고 저녁도 먹을 겸 들렀다고 했다.
"함양중앙상설시장 오면 물건 좋은 게 많아예. 산이 좋아 산에서 나는 약초나 귀한 것들을 살 수 있는 데가 여기라예. 양파, 마늘도 좋고 사과는 수동 도북에서 나는 사과가 참 맛있고예. 간단히 살 때나 공산품은 마트를 이용해도 과일, 채소, 생선 등 생물은 아무래도 시장이 싸고 좋지예."
식사 중에 이것저것 묻는데도 영남 아지매는 수줍은 듯이 살포시 웃으면서 조곤조곤 이야기를 아끼지 않았다.
"버섯 중 노루궁뎅이라는 것도 있는데, 여기서 살 수 있어예. 인근에서 여기만큼 온갖 걸 볼 수 있는 데가 별로 없을 거라예."
식사를 먼저 마친 노영남 아지매가 일어나 밖으로 나가나 싶더니 잠시 후 병곡식당 주인장이 들어와서는 "아지매가 국밥값을 다 냈어예. 처음 봤는데, 참말 마음이 이렇심미더"라는 말을 건넸다. 당황스러웠다. 미안하고 고마운 마음에 다음 장날에 올 때는 내가 밥 사겠다고 약속했다. 옆에 있던 병곡식당 주인이 "담번에는 내가 쏜다"며 웃었다.
2차 취재를 하러 간 지난 9월 7일 장날. 정신없이 바쁘다는 핑계로 '병곡식당서 꼭 다시 보자'는 약속을 지키지 못했다.
국밥 한 그릇의 빚과 지키지 못한 약속이 함양중앙상설시장에 있다. 큰언니 같은 노영남 아지매와 작은언니 같은 식당주인 아지매에게 말이다. / 함양읍에 사는 노영남 아지매

함양읍 즐기는 법

함양군은 옛 선인들의 흔적이 뚜렷한 곳이다. 최치원, 김종직, 박지원 등이 대표적 인물이다. 먼저 고운 최치원이 조성한 천년숲으로 알려진 천연기념물 제154호인 '함양상림'이 있고, 함양읍 내에 있는 학사루, 학사루 느티나무 등은 함양중앙시장에서 쉽게 갈 수 있는 곳이다.

학사루

학사루는 함양읍내의 상징이다. 도유형문화재 제 90호로 신라시대에 창건된 것으로 추정한다. 규모는 정면 5칸, 측면 2칸의 2층 누각으로 팔작지붕 목조와가이다. 기록에 따르면 신라시대 문창후 최치원이 태수로 재직할 때 자주 이 누각에 올라 시를 읊었고, 성리학자로서 영남학파의 종조였던 점필재 김종직도 이 곳 군수로 재직할 때 학사루에 자주 올랐다. 학사루 서쪽에 객사가 있었다하니 학사루는 지방관리가

정무를 보다가 가볍게 쉴 수 있는 곳으로 짐작된다.
하지만 학사루는 역사적 수난도 제법 겪었다. 김종직이 이곳 학사루에 걸린 유자광 시판을 철거토록 함으로써 조선 연산군 4년(1498) 무오사화의 발단이 된 것은 이미 널리 알려진 사실이다. 또 왜구의 침입으로 사근산성이 함락될 때 학사루가 소실되었으며 조선 숙종 18년(1692)에 군수 정무鄭務가 중수한 기록이 있다.
1910년 이 곳에 함양초등학교가 세워질 때도 학사루는 그대로 보존되어 있었으며, 함양초등학교의 교실, 군립도서관 등으로 이용되던 것을 서기 1979년에 현 위치로 이건 하였다.

위치 경상남도 함양군 함양읍 운림리 31-2 함양군청 앞 (고운로 35)

학사루 느티나무

학사루 느티나무는 함양읍내의 또 다른 상징이다. 천연기념물 제407호로 점필재 김종직이 함양 현감으로 재임하던 1471~1475년에 학사루 앞에 심은 것으로 알려져 있다. 높이는 21m, 가슴높이의 나무둘레가 9m이다. 노거수임에도 흠이 없고 건강하며 지금도 주민들은 물론 많은 사람들이 찾는다. '신령목'이라 불릴 만큼 영험한 기운마저 느껴진다.

위치 경상남도 함양군 함양읍 운림리 27-1 함양초등학교 내 (고운로 43)

꼭 가보고 싶은 경남 전통시장 20선

제 2부 국밥 한 그릇 막걸리 한 잔에 노랫가락이 흐르고

- 밀양전통시장
  돼지국밥 먹고 장터 구경하니 코앞이 영남루라!
- 거창전통시장
  생활형+문화관광형 두 마리 토끼 잡는다
- 함안 가야시장
  기적소리 사라진 기찻길 옆 그곳에 가면

돼지국밥 먹고 장터 구경하니 코앞이 영남루라!

밀양전통시장

밀양전통시장은 밀양상설시장과 내일시장을 통칭하는 것이다. 지역 주민이나 소비자들이 보기에는 그저 딱 붙어있는 하나의 시장일 뿐이다.

딱히 이유를 꼬집어 말할 수 없이 괜스레 푸근해져 살고 싶은 동네가 있다. 첫눈에 금방 정이 가는 곳, 밀양이 그러했다.

밀양시는 2개 읍 9개 면 5개 동으로 인구 11만 명, 이 중 6만 명이 밀양 시내에 살고 있다. 밀양전통시장이 있는 '내일동'은 첫째가는 동리, 가장 중심 지역이라는 뜻으로 붙여진 이름이다. 자연과 역사가 있고, 운치와 여유가 느껴지는 동네이다. 연일 신문을 오르내리는 765kV 송전탑 반대 싸움이 이곳 내일동에서 멀지않은 곳에서 벌어지고 있다는 게 믿기 힘들 만큼 한가로운, 그림 같은 풍경이었다. 밀양교를 건너기 전 멀리서도 한눈에 들어오는 영남루와 그 아래 흐르는 강물 위로 쏟아지던 유난히 맑은 가을 햇살 덕일 수도 있다.

밀양·내일 두 곳 시장이 하나로 통합

'미르피아 밀양전통시장'?

시장 입구 새로 단장한 아치형 간판이 들어온다. '미르피아'는 미르[용]와 유토피아를 합친 조어이다. 밀양시의 브랜드로 용과 태양을 뜻하는, 하늘이 내린 축복의 땅을 상징한다.

시장 입구 통로 바닥이 말끔하게 정비돼 있다. 새로 깐 블록에는 친근감이 느껴지는 캐릭터도 눈에 띈다. 색동 소매에 춤을 추는 듯한 이 캐릭터는 널리 알려진 '밀양아리랑'을 이미지화한 것이다.

대부분의 지역 시장이 그 지역 시내 한가운데, 관청 등과 가까운 거리에 있는 것처럼 밀양전통시장도 밀양 시내 한가운데 있다.

"이곳이 사통팔달로 통하는 곳이다 보니 80년대까지만 해도 시장이 엄청 잘됐지예. 동네 규모에 비해서 시장이 훨씬 컸제. 잘됐고. 그때 부지런히 장사한 사람들은 인자 등 따시게 잘살지예."
시장 골목에서 만난 채소가게 아재는 이곳 시장의 홍성했던 한 시절을 이야기한다. 인근 큰 도시인 울산과 부산 등을 잇는 교통 요충지라 드나듦이 좋았을 것이라 짐작되기도 한다.
"터미널이 저기 밑으로 이전하면서 시장이 영 죽었지예. 요게 시장까지 오기가 힘드니까 새 터미널 옆에 바로 새 시장이 생기데. 장사꾼들이 모여가꼬 물건을 팔모는 사람들이 사러 오고 그래가꼬 시장이 되는 거지 머시."
밀양전통시장은 밀양상설시장과 내일시장을 통칭하는 것이다. 이곳에는 상설시장을 운영하는 (사)밀양시장번영회(회장 이창현)가 있고 또 주변 상가와 노점상으로 이뤄진 정기시장을 운영하는 내일전통시장상인회(회장 지효민)가 있다. 하지만 지역 주민이나 소비자들이 보기에는 그저 '딱 붙어 있는' 하나의 시장일 뿐이다. 동네 곳곳에서 캐고 뽑고 쪄서 이고 지고 가져온 것들이 다 모여드는 밀양의 오래된 대표 시장일 뿐이다.
시장 상인들도 그걸 알고 있는지라 3년 전에 두 시장의 상생·발전하는 방안으로 밀양전통시장연합회(회장 나태석)를 만들었다. 대형마트와 주변 시장에 주민들을 뺏기지 않으려는, 시장 살 길을 찾기 위한 상인들의 자구책 중 하나로 짐작된다.

장터에서 문득 서로 살가워지는 순간들

마음을 흔드는 건 느닷없이 다가온다. 그건 아주 사소한 풍경이나 물건이기도 하고 우연히 마주친 사람이 툭 던지는 한 마디일 수도 있다.
이곳 시장 골목을 지나다가 발견한 밥집 풍경도 그런 것 중 하나다. 좁은 가게 한가운데 긴 밥상이 놓여 있고 그 주변에 옹기종기 손님들이 앉아 밥을 먹고 있다.

색동 소매에 춤을 추는 듯한 이 캐릭터는 널리 알려진 '밀양아리랑'을 이미지화한 것이다.

'미르피아'는 밀양시의 브랜드로 용과 하늘이 내린 축복의 땅을 뜻한다.

"밥 묵는 기 젤 중요하지. 먹고사는 게 오데 넘 일이가. 이리 한 밥상에 앉아 묵으면 다 식구 같제. 퍼뜩 요기 와서 앉아보소."
쭈뼛거리고 서 있던 손님에게 앉았던 자리를 내어주는 할매의 한 마디는 뜬금없다. 근데 금세 콧등이 시큰해진다. 장터에서 생면부지의 사람들이 얼굴을 맞대고 한

끼 밥을 먹으면서 식구가 되는 순간이다.

또 있다. 밀양의 유명한 얼음골 사과를 잔뜩 쌓아놓은 청과상회 앞을 지날 때였다.

"이것 좀 먹어보이소."

가게 앞을 기웃거리니 과일을 사러 온 손님으로 보였을까. 아지매 두어 명이 깎아

장터에서 생면부지의 사람들이 얼굴을 맞대고 한 끼 밥을 먹으면서 식구가 되는 순간이다.

나눠 먹던 사과를 건넨다. 오가는 손님들이 맛보라고 내놓은 시식용 사과였다. 대답할 사이 없이 사과는 이미 입 안을 비집고 들어온다.
"요기 사람 아닌갑네. 오데서 왔어예? 이기 얼음골 사과라예. 이 동네 특산품이제."
입 안의 사과가 달콤하다. 한 쪽을 더 깎아 먹고 한 봉지 사갈 요량으로 칼을 잡으려 하니 "맛나제예. 손 댄 사람이 깎아주제"라며 서둘러 한 쪽을 잘라 껍질을 깎는다. 가게 앞에 서서 손님들끼리 이런 수작을 하고 있는 동안에도 주인 아재는 "마이 먹으소"라고 한 마디 던질 뿐이다. 사람 사이 허물없다.

옛 밀양관아 등 문화유적이 코앞이다!

시장 코앞이 영남루라는 사실도 놀라웠는데, 한나절 동안 돌아다니던 장터를 빠져나오고 보니 옛 밀양관아가 또 코앞이다.
도로 하나를 사이에 두고 서북쪽으로는 밀양관아가 복원되어 있고, 남쪽으로는 우리나라 3대 명루 중 하나라 일컫는 영남루보물 제147호가 자리하고 있다. 영남루에서 대숲을 타고 내려가면 정조를 지키다가 억울한 죽음을 당했던 아랑의 이야기가 깃든 아랑사도 자리하고 있다. 이곳 시장에서 가까운 거리에 얼음골천연기념물 제224호과 밀양댐이 있다. 장터 구경만 염두에 두고 왔다가 뜻하지 않은 횡재를 한 듯 들뜬다. '임도 보고 뽕도 따고'라는 말이 저절로 떠오른다.
작정하든 우연히든 밀양을 찾을 때 그 목적지가 영남루이든 밀양전통시장이든 '걸어서 동네 한 바퀴'하듯 다 둘러볼 수 있다는 것은 다른 지역에서 찾아볼 수 없는 밀양전통시장의 매력이다.

밀양전통시장 경상남도 밀양시 내일동 583-1 (상설시장1길 11)

●● 요기 도토리냐 굴밤이냐

10월 말 이맘때다. 이것을 볼 수 있는 시기는. 재배가 가능하지 않은 이것은 야산 참나무 아래에서 채취 가능한 것이다. 쪼그려 앉은 아지매의 허리가 구부정하다.

"묵이 좋아뵈제. 내가 다 맹근 거라요. 한 모 주까?"

아지매는 한 대야 줍기 위해 눈여겨봐 놓은 굴밤나무 아래를 모조리 헤집고 다녔을 것이다. 바람이 많이 분 밤이면 어김없이 아직 어둑한 새벽길을 다른 사람이 주워갈세라 종종걸음으로 갔을 것이다.

굴밤. 도토리와는 달리 동글동글하고 실한 이것으로 묵을 해 먹기 위해서는 먼저 곱게 빻아 솥에 넣어 한참을 끓인다. 혹 눌어붙을세라 되직해질 때까지 큰 주걱으로 계속 저어야 한다. 이게 보통 일이 아니다. 이렇게 만든 묵은 파전과 늘 같이 붙어 나오는 좋은 막걸리 안주이자 장년층 이상이 좋아하는 먹거리다. 굴밤!

굴밤.

●● 하나도 버릴 게 없구나

"아지매, 아지매!"

두리번거리며 불러도 달려오는 이가 없다. 옆 사람이 있는 것도 아니고…. 시장 모퉁이 따로 전을 펼쳐놓고는 주인이 없다. 장날을 맞아 집에서 장만해온 것들이 몇, 깔려 있을 뿐이다. 대야에 있는 시커멓게 익은 열매가 눈에 띈다. 꼼꼼히 들여다봐도 딱히 눈에 익은 게 아니다. 마침 지나가는 아지매를 붙잡고 물었다.

"오가피 열매구만."

"우찌 먹는 긴데예?"

"술 담가 묵기도 하고 설탕에 절였다가 물에 타 묵기도 허고…."

오가피는 신경쇠약, 스트레스 등 허약 체질의 사람이 오랫동안 먹으면 원기를 회복하고 노화를 방지해서 누구에게나 좋다고 한다. 열매는 물론 뿌리, 껍질 하나도 버릴 것 없이 다 효능을 가지고 있다는 오가피 열매!

오가피 열매.

•• 콜라병에 든 고추장아찌

콜라 페트병인데….

허리를 굽혀 잠시 들여다봤다. 고추 장아찌가 한가득이다.

아지매는 하필 콜라 페트병에다 담았을까. 짐작은 된다. 마트에서 파는 장아찌통 값은 아지매에겐 아까운 돈이다. 그걸 사기 위해서 읍내로 나오는 걸음도 힘들었을 것이다. 손자들이 올 때마다 굴러다니는 플라스틱 빈 병을 씻어 말려 모았을 것이다.

그리고는 '깨끗하고, 맛있으모는 됐제. 그기 먼 소용이고'라고 아지매는 생각했을 것이다. 잘 절여진 장아찌를 보니 금세 입 안에 침이 고인다. 고슬고슬하게 갓 지은 흰밥과 먹으면 딱이리라.

아지매가 텃밭에서 키운 고추로 직접 담근 장아찌는 마치 오랜만에 온 아들딸네가 돌아갈 때 손에 쥐여주는 보따리 속에나 들어있음직하다.

고추장아찌.

상인들 소통·단합하기 위해 연합회 조직

나태석 밀양전통시장연합회 회장

밀양전통시장은 내부 화합과 상생 발전을 위해 밀양전통시장연합회(이하 연합회)를 구성하고 있다. 벌써 3년째다. 지역 내 대형마트와 변화된 소비 패턴에 어떻게 대응할 것인지를 두고 고심하면서 먼저 내부적으로 상인들이 합심해야 하는 데 일치를 보았다.

나태석(63) 회장. 그는 지난 9월 말부터 연합회 2대 회장으로 취임해 시장 안팎의 일을 도맡아 하고 있다. 전통시장 활성화에 따른 그의 고민도 깊었다.

"연합회는 먼저 밀양 읍내 두 시장이 화합하기 위해 시작되었지만, 밀양 전체 전통시장을 아우르기 위해 조직했습니다. 삼랑진, 수산, 무안 등은 아직 상인회 결성이 안돼 연합회에 들어오지 못하고 있는 형편입니다. 상인들 중 노년층과 젊은 층의 소통을 원활하게 풀어가는 것도 한 과제입니다."

나 회장은 시장 살 길을 찾기 위해서는 이들 세대 간의 소통이 시급했다고 말한다.

내부적으로는 시장 통합 차원에서 원활한 논의가 필요하고, 앞으로의 과제는 어르신들과 마음을 맞춰 시장 발전 방안을 어떻게 추슬러 가느냐가 관건이라고 말했다.

나 회장은 현재 밀양전통시장 활성화에는 몇 가지 걸림돌이 있다고 말했다. 버스 노선이 없어 주민들이 오기가 불편하고 접근성이 떨어진다, 시장 안에 상인들이 의욕적으로 뭔가를 하기에도 공간이 부족하다, 외곽으로는 비가림막이 없다 등…. 무엇보다 시장 안에 관광객이나 주민들을 위한 식당이나 고객 편의시설 등이 없음을 안타까워했다.

이와 동시에 시장 활성화에 있어 가장 시급하면서 상인들이 가장 바라는 방안에 대해서도 강조했다.

"현재 주차장 공간 옆에 있는 620평(현재 주택 부지와 일부 상가 부지)을 더 확보해서 1000평 공간에 주차타워를 건립하는 것입니다. 장날에는 1층에다 노점상을 유치하고 2층과 3층엔 주차를 하는 거지요. 다행히도 2015년 예산 신청 목록에 이 계획이 포함되어 있습니다."

나 회장은 계속 시장이 침체되면서 오히려 '시장 살길'을 찾는 데 상인들의 의지가 더욱 높아졌다고 말했다.

"지금까지는 상인대학 교육을 따로 진행해왔는데, 앞으로는 연합으로 할까 합니다. 참여율이 비교적 높은 편이지만 2개월 장기적으로 하니 상인들에게는 사실상 어렵습니다. 상반기, 하반기 1개월씩 나누어서 하는 방법을 생각하고 있습니다."

연합회에서는 상인들의 상생 발전 협의만이 아니라 지역사회와 함께하기 위해 경로잔치, 소녀가장 돕기 등 봉사활동도 적극적으로 하고 있다. 지역 주민들이 소중한 고객이기도 하지만 이곳 상인들 또한 이곳 밀양에 오랫동안 터를 잡은 주민들이기 때문이다.

소문 듣고
솔깃한 집

'할매 셋이서' 하는 70년 전통 밀양돼지국밥

단골집

"돼지머리, 사골, 내장으로 육수 우려내고…. 할 일이 좀 많아야제. 우리 집에서는 국수는 안 준다예. 어떤 집은 준다카더만 금방 퍼져서 내놓기가 글타. 방아, 정구지 넣고. 산초는 정구지김치에 들어가니까 따로 주지는 않제…."

밀양전통시장에 가면 일흔이 넘은 세 할매가 하는 돼지국밥집이 있다.

'단골집' 정화자(70), 윤점분(76), 윤화자(73) 할매.

윤점분 할매와 윤화자 할매는 자매지간, 주인인 정화자 할매와는 시누이올케 사이다. 정화자 할매는 둘째 올케와 이름이 같다. 헷갈리겠다고 하자 이름 부를 일이 없으니 헷갈릴 이유가 없다고 한다. '올케야, 작은 형님'으로 불릴 뿐.

시어머니 때 시작한 국밥집을 며느리 정화자 할매가 물려받은 지 40년이 넘었다.

정화자 할매가 하던 가게에 두 올케가 가세해 같이 하게 된 지도 벌써 20년 가까이 된다. 돼지국밥집을 언제 하게 됐는지 묻자 "시집오기 전부터 시어머이가 하고 있었는데…"라며 말을 흐리자 옆에 있던 큰 시누이인 윤점분 할매 목소리가 커진다.

"해방될 때, 그러니께 내가 9살에 일본에서 나와 밀양에 왔거든. 오빠 장개 보낸다꼬 아버지가 작은아버지헌테 돼지를 맡기고는 잘 키워주라고 했는기라. 그란데 고마 늑대가 왔던기라. 돼지를 덮칠라다가 그눔이 미나리꽝에 홀라당 빠졌제. 무서버 죽겄는데, 그날 밤새 지켰다아이가. 그때 우리 어머니가 보신탕집을 해서 장사가 잘

왼쪽부터 윤화자, 윤점분, 정화자 할매.

됐는데 돈이 되지 않았어. 와, 자꾸 돈이 새어나가노 했거든."

점분 할매는 옛날이야기 하듯이 시작하더니 한참이나 길게 이어졌다.

"늑대가 덮친 돼지가 상한 건 아니니까, 그걸로 울 어머니가 고기를 푹푹 삶고 우리고 국밥을 해서 팔았제. 근데 이북 사람들 피란오고 하는데 서로 묵으려고 줄을 서는 기라. 그길로 돼지를 사서 국밥 장사를 본격적으로 했던 기라. 그때는 점포도 없이 읍사무소 앞에서 포장 쳐서 시작했제. 손님들이 긴 의자에 빼곡히 앉아서 먹었던 기라. 장사가 잘되니까 우리 집 따라 옆에 서너집 더 생기더만."

"그라모 이 집이 밀양에서 돼지국밥을 제일 먼저 했습니꺼?"

"그건 모리것고…. 그 마이 오래됐다는 기제."

70이 넘은 정화자 할매는 매일 새벽 4시에 나와 저녁 8시에 마친다.

"옛날에는 하루에 세 솥을 하고 그랬는데, 요새는 장날 할 것 없이 하루에 기본 한 솥이라. 고기는 김해서 갖다주고 다른 거는 바로 바로 사제. 요기가 시장인데…."

이름 따라 간다고 이 집은 단골들이 대부분이다. 오랜 세월만큼이나 오래된 단골이 대부분이다. 단골 중에는 외상장부에 달아놓고 돈이 생기면 한꺼번에 갚으러 오기도 한다. 점분 할매는 장날이라도 요즘은 경기가 좋지 않다고 목소리를 높인다.

"요새는 밀양에 국밥집이 50군데라데."

방아, 정구지를 듬뿍 넣은 돼지국밥.

처음 보는 사람들과 한 밥상에서 먹다

남해보리밥

새로 손님이 오면 주인 아지매가 양해를 구할 필요도 없이 서로 엉덩이를 바짝 붙이며 한 자리씩 내어준다. 앉을 자리가 없는 손님들이 밖에 서 있으면 앉아서 밥을 먹는 손님들의 숟가락, 젓가락질이 바빠진다. 빨리 자리를 내어주고픈 마음 때문이다.

식탁 한가운데는 큰 스테인리스 양푼마다 각종 반찬이 골고루 들어 있다. 대략 잡아도 20가지는 될 것 같다. 주인인 정청애(64) 아지매가 밥을 담아내면 손님들은 자기가 먹고 싶은 대로 반찬을 집게로 집어 강된장으로 슥슥 비벼 먹는다.

이 집의 메뉴는 단 두 가지. 보리밥과 장국. 둘 다 단돈 4000원이다.

근데 장국은 뭐지? 두 사람이 어떻게 시켜야 할지 서로 얼굴만 쳐다보고 있으니 "보

정청애 아지매는 이곳 시장에서 밥장사를 한 지 32년째라고 했다. 혼자서 하다가 12년째 딸과 같이 하고 있다.

리밥 하나에 장국 하나 시켜 먹으소"라고 알아서 권한다.

미역장국.

금방 김이 펄펄 나는 밥그릇이 나온다. 말하기도 전에 보리밥을 비벼서 나눠 먹을 수 있는 빈 그릇을 주더니 뒤따라 나오는 장국은 작은 그릇에 나누어 내어준다. 마음 씀씀이가 살갑고 정겹다.

장국은 솔직히 처음엔 '머시 이런 기 있노' 싶었다. 멀건 멸치 육수에 미역 몇 줄기, 새알을 넣은 것이 맛이랄 게 뭐 있겄노 싶었다. 딱히 요리할 필요도 없을 것 같이 간단해 보이기도 했다. 별 기대없이 먹은 장국은 국물이 시원하고 깔끔했고 새알은 부드럽고 쫄깃했다. 찹쌀로 만든 동글한 새알 때문에 든든한 한 끼가 될 수도 있고 후루룩 먹을 수 있어 마음 급한 사람들이 간단하게 요기할 수 있는 메뉴였다.

미역장국을 처음 먹어봤다고 말하자 아지매도 이곳에 시집와서 알게 됐다고 했다.

"미역장국은 주로 시골에서 먹는다이가. 이쪽에서 마이 먹어예. 고향 방문객들이나 관광객이 곧잘 오는데 옛날 먹던 장국 생각이 난다더라. 어릴 적 추억인 기라."

정청애 아지매는 이곳 시장에서 밥장사를 한 지 32년째라고 했다. 혼자서 하다가 12년째 딸과 같이 하고 있다. 갓 서른이었던 딸은 이제 40대가 되었다. 청애 아지매는 딸 사진은 찍지 마라고 했다.

"애 터지게 만든 반찬을 버리는 게 많아 입맛대로 먹게 한 거지예. 계절 따라 반찬 종류가 바뀝니다. 8시에 도착해서 장만하고 그날 다 씁니다. 그릇은 몇 번 바꿨네. 처음에는 노란 양푼을 썼는데 그것보다 지금 쓰는 스테인리스 그릇이 낫더라고. 손님들 잡수는 것 보면 내일은 어떤 반찬을 얼매나 해얄지 알게 되는기라예."

청애 아지매는 옆집 '할매보리밥'이 더 오래됐다고 귀띔했다. 50년이 넘었고, 처음에는 장국과 떡을 팔았다는 것, 지금 3대째 하는데 대대로 며느리들이 받아서 하고 있다고 했다. 가게를 딸에게 물려줄 거냐는 물음에 청애 아지매는 대답을 분명히 하진 않았다. 대를 잇는 전통의 밥집도 좋지만 딸이 힘든 밥장사를 하기보다는 좀 편하게 잘살았으면 하는 마음이 읽혔다.

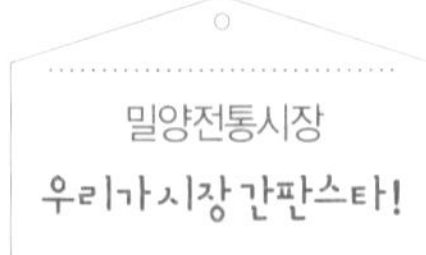

"오고 싶은 장터로 만들어야지예"

대형마트와 상생하는 방법도 생각해봐야

채소가게 이름이 재밌다. '박대박상회'. 성씨인 박에다 대박을 갖다붙인 듯하다. 진짜 대박날 것 같다.

박성병(52) 아재는 이곳 상인연합회 사무국장이다. 상인회 사무실을 찾아 시장통을 헤맬 때 만난 이가 박성병 아재다. 24년째 이곳 시장에서 장사를 하고 있다. 앞서 14년 동안은 노점을 했으니 시장살이 고충에는 훤하다. 박 사무국장은 나태석 회장과 함께 요즘 시장 살 길을 고심하고 있다.

"상설시장 나동에 먹거리타운이 있는데 현재 운영되는 것이 세 집이라예. 시설이 노후되어 소비자 입장에서는 음식을 아무리 깨끗이 해도 발길이 쉽게 가지 않습니다. 개방형 식당이 아니라 더욱 어렵기도 하고예."

박 사무국장은 아예 생각을 바꾸어 현재 노후된 시장 안 한쪽에 대형마트가 들어오면 차라리 상생하지 않을까 하는 머릿속 그림도 그려본다.

"예전에 농협 하나로마트가 들어오려고 한 적도 있습니다. 근데 아무리 봐도 시장 현대화가 현실적으로 힘들겠다고 생각했나봐예. 우리 시장이 상당히 물품이 좋습니다. 소매시장인데도 가격면에서 도매시장 특성을 가지고 있기도 하고요. 하지만 주위 환경이 안 좋아 소비자들을 놓치고 있는 점이 있지요. 건물 폭과 도로 폭이 좁아 모양새가 나지 않습니다." / 박성병 아재·박대박상회

제수용품은 손질을 해놔야 팔려

어물전 앞이 붐빈다. 비닐봉지에 담아내랴, 잔돈을 챙겨주랴 바쁘다. 잠시 기다렸다.

"요새 바쁜 건 장사도 아이라예. 처음에 내가 시작할 때만 해도 경기가 좋았는데 갈수록 아이라예. 어머니는 25년 했는데, 내가 그대로 받아서 15년째 하고 있어예. 어머니가 했을 때는 에나로 잘됐어예."

밀양해물 정옥금(52) 아지매는 자기 가게는 다행히 단골들이 많다고 했다.

"요새같이 추울 때는 가오리, 굴이 잘 팔리고…. 아무래도 제수용품이 많이 나가지예. 그래도 손질을 해놔야 팔립니다."

옥금 아지매는 내일전통시장 부녀회장이다. 회원이 40명 정도 되는데, 두 달에 한 번 모임을 하고 회원들끼리 가볍게 식사하고 단합하고 시장 운영에서 생기는 문제들을 의논하기도 한다. / 정옥금 아지매 · 밀양해물

떡집이 많은 이유, 알고 보니…

"매일 3시부터 만듭니다. 가짓수는 거의 변함이 없고 만드는 양이 다를 뿐이지예. 날마다 주문량이 다르니께."

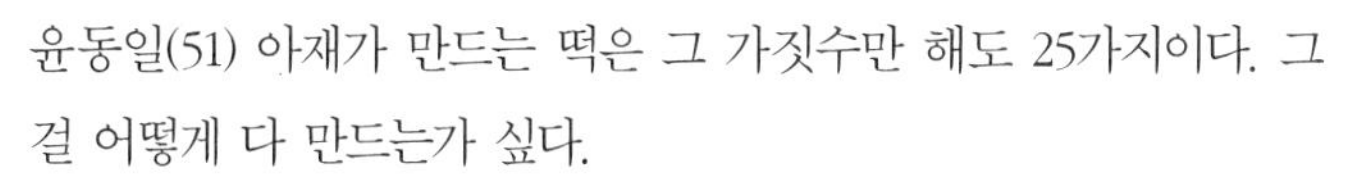

윤동일(51) 아재가 만드는 떡은 그 가짓수만 해도 25가지이다. 그걸 어떻게 다 만드는가 싶다.

"어린 마음에 돈 벌라고 악착을 떨었던 거지예."

아재는 창원에서 하다가 밀양으로 왔다고 했다. 연고도 없이 밀양으로 찾아들어 떡을 만들어 판 세월이 벌써 19년이다.

계절을 타지 않고 잘 팔리는 건 호박떡, 찹쌀떡이다. 아무래도 떡집은 여름이 비수기다. 여름엔 찬 음식이나 과일을 많이 찾기 때문이다.

그런데 시장 안에 눈에 띄는 떡집이 많다. 시장 규모나 점포 수에 비해 좀 많은가 싶다.

"사찰이나 암자, 무속 점바치 등이 많아서 그런지 떡집이 많습니다. 밀양이 풍수가 좋은 땅이라 그런지 골짝골짝마다 작은 암자가 있습니다."

동일 아재의 말을 듣고 나니 아, 그런가 싶어 고개를 끄떡이게 된다. / 윤동일 아재 · 서울떡집

폐백상이 좋아야 아들딸 잘 낳는다

"요새는 결혼하는 사람이 없다아이가. 폐백상을 예식장에서 직접 하는 경우도 있지만. 그래도 이기 아닌기라. 시장에서 장사한 지가 50년 가까이 되제. 처음부터 폐백음식을 한 건 아이고…. 언양상회라꼬 20년 동안은 슈퍼마켓을 했제. 폐백음식은 25년 됐네."

이상연(75) 아지매는 밀양에서 혼사가 있다면 다들 자기 집을 찾는데 해를 거듭할수록 주문량이 줄어들고 있다고 말했다.

"우리 집은 물려받을 사람이 없어. 이 장사가 참 좋은 장사인기라. 내 손으로 음식 만들어주고, 신랑신부 맺어주니 좋고…. 우리 집에서 폐백상차림 해서 애 못 낳는 사람 없었고… 좋은 마음으로 하니 그 기운이 음식에도 가는 거제."

어떤 사람은 굳이 찾아와서 "사돈네가 폐백상 받고 아주 좋아하더라. 고맙다"며 인사말을 하는데 그럴 때면 '이 장사 참 잘 시작했구나' 싶어 금세 속이 든든해진다. 단골 손님들 중 지금까지 여덟 번이나 주문한 사람도 있다.

"처음엔 중매쟁이인가 싶었제. 근데 자식이 여덟이라 혼사 있을 때마다 꼭꼭 우리 집에다 폐백상을 주문하데. 올매나 고맙노."

까다롭고 많은 일을 어떻게 다 치러낼까 싶다.

"사람 셋 데리고 주문 들어오면 그때그때 착착 한다. 건구절, 진구절 아홉가지…."

상연 아지매는 이 좋은 장사를 물려줄 사람이 없다며 자식들이 다 의사, 교수, 공무원이라고 자랑했다. 원앙폐백에 단골이 많은 이유는 자식농사 잘 지은 상연 아지매 기운을 받고 싶은 손님들 속내도 있지 않을까 싶다. / 이상연 아지매·원앙폐백

가족들이 키운 얼음골 사과 사가이소!

"우리 집은 직거래이니더. 밀양 특산물 얼음골 사과는 유명하다 아입니꺼?"
시장 입구 제일청과는 사과를 재배하는 제일농원과 직거래를 한다. 가게 한쪽은 전부 얼음골 사과라 써진 상자가 높이 쌓여 있다. 커다란 현수막에는 사과를 따고 있는 김태열(47) 아재의 사진이 선명하다. 봉지마다 담아놓은 사과는 '한 봉지 1만 원'이라고 써놓았다.
"농원도 다 가족이 하는 거라예. 저장이 안 돼 제때 판매를 하고 있습니더. 일부는 공판장, 일부는 지역으로 판매되고 있고예."
김태열 아재는 제조업을 하다가 힘들어지자 과일상회를 시작했다. 10년째다.
"시외버스주차장 이전한 지 15년 정도 되는데 접근성이 좋으니까 그 옆에 시장이 생기더라고요. 밀양 시내 인구가 7만 명 정도인데 시장이 나눠지니 솔직히 둘 다 힘들지예. 우찌 같이하는 방안을 찾아야 합니다." / 김태열 아재·제일청과

힘들지만 시장 인심 하나로 장사

"365일 쉬는 날이 없는 게 좀 힘들지예. 그래도 지금은 자식들이 커서 어떤 때는 고마 맡겨놓고 갑니다."
이양화(52) 아재는 마트 납품 대리점을 7년 하다가 마트를 시작했다. 6년째다. 대형마트들이 생기는 시기에 어떻게 시작했을까 싶다.
"시장 안 마트라서 그런지 큰 타격 없이 지금까지는 잘 해왔습니다. 아직은 괜찮은데 인자부터는 갈수록 힘들어지겄지예. 시티마트가 생기고, 트라이얼대형마트가 시내 입구에 있습니다. 서원 홈플러스도 있고."
시장 인심으로 장사가 아직은 잘되고 있지만 마냥 고민이 없는 건 아니다.
"도로 사정도 좋고 자가용이 있는데 아무래도 큰 데로 갈 겁니다. 다들 구매하기 편한 곳으로 가겄지예. 소비층이 젊은 사람들이 많지만 그래도 시장에 올 사람은 시장에 옵니다." / 이양화 아재·필프라이스마트

밀양시즐기는법

강이 있는 동네는 넉넉하고 여유로워 보인다. 훨씬 정감 있어 보인다. 밀양강을 낀 밀양시는 오랜 역사와 문화가 느껴지는 곳이기도 하다. 강변 영남루와 강 양쪽에 들어선 시가지가 어우러진 풍경은 발길을 멈추게 한다. 더욱이 맑은 강물에 비친 영남루는 최고의 경치로 꼽힌다.

영남루

영남루는 진주 촉석루, 평양의 부벽루와 함께 우리나라의 3대 명루로

일컬어 왔다. 보물 제147호다. 신라시대 때부터 영남사의 부속 누각에서 유래가 되어 전래해 오던 작은 누각이 있었다 한다. 그것을 고려 공민왕(1365년)때 부사 김주金湊가 철거한 후 진주 촉석루의 제도를 취하여 개창改創, 지금의 규모를 갖춘 누각이 되었다.
우리나라 조선후기의 대표적인 목조 건축물의 걸작으로 손꼽힌다. 밀양강과 함께 어우러진 영남루는 지역민들은 물론 관광객들의 발길이 끊이지 않는 명소이다.

위치 경상남도 밀양시 내일동 39 (중앙로 324-1)

밀양시립박물관

1973년 개관한 밀양시립박물관은 경상남도 내에서 가장 오래된 공립박물관이다. 삼한시대부터 조선시대까지 밀양의 역사와 전통문화를 조명해 볼 수 있다.
밀양지역의 고인쇄 문화를 엿볼 수 있는 전지형 목판수장고와 일제강점기 항일 독립운동에 앞장섰던 밀양출신 독립운동가들의 활약을 조명해 볼 수 있는 밀양독립운동기념관이 눈에 띈다.

위치 경상남도 밀양시 교동 485-4 (밀양대공원로 100)

생활형+문화관광형 두 마리 토끼 잡는다

거창전통시장

거창전통시장은 5일장이었는데 1968년부터 거창전통시장으로 자리잡았다. 장날이라 그런지 큰 도로 하나를 사이에 두고 시장 앞 양쪽 정류소는 이미 많은 사람들로 가득했다.

그래, 이런 데가 시장이지 싶다. 읍내 중앙교에서 이어지는 네거리에서부터 장날의 활기가 느껴진다. 읍내 둘레를 따라 흐르는 위천에는 때 아닌 봄더위에 벌써 물장난을 치며 노는 아이들이 있고 위천변 주차장은 포화 상태이고 도로에는 트럭에 가져온 물품을 부려놓는 상인들로 붐볐다.

큰 도로 하나를 사이에 두고 시장 앞 양쪽 정류소는 이미 많은 사람들로 가득했고, 마침 모종철이라 장터 길목은 새파란 게 천지에 깔렸다. 고구마순, 고추, 가지 등 온갖 모종이 농번기가 시작됨을 알리고 있었다. 입하가 지났는데 이제야 막 봄 산나물들이 쏟아지고 있어 이곳이 지대가 높은 곳이라 계절이 천천히 오고 있음을 실감케 했다.

"여게는 봄이 다른 데보다 좀 늦어예. 저기 남쪽 진주나 남해보다 3주는 늦을끼구만. 봄에 나는 거 머시 살 끼 있는데 놓쳤으모는 요기 거창서 사 가모 될끼다."

산청지역에서는 벌써 두벌이 지났음에도 이제 쏟아지는 첫물 두릅이며 가죽, 햇고사리가 사람들의 발길을 잡았다. 거창전통시장이다.

교역 힘들어 지역내 자생적으로 발달

거창군은 경남에서도 가장 북부에 위치해 북으로는 전북 무주와, 동으로는 경북 대구와 심리적·정서적으로 더 가깝고 한 생활권으로 묶이는 곳이다. 거창 옛 이름은 거타, 거열, 아림 등이다. 모두 '넓고 큰 밝은 들'이라는 뜻이다. 하지만 거창군은 논밭은 별로 없고 전체 면적의 76%가 산인데다 표고 200m 이상의 분지이다.

"지금은 인구가 줄어 6만 5000명 정도라지만 1960년대엔 인구가 14만 명이 훨씬 넘었어예. 해방 전부터 법원, 세무서, 검찰청이 다 들어와 있고. 시로 승격할라고 무던히 애를 썼는데 안 시켜주더라데."

거창군은 '거창한 거창'을 슬로건으로 내세우고 있다. 거창 진입로 어디서든 볼 수 있는 슬로건이다. 거창의 특산물은 '오홍'이다. 사과, 오미자, 딸기, 애도니, 애우 등 5가지 붉은 것이라 한다. 애도니, 애우? 말이 낯설다. 쑥을 먹여 키운 돼지와 소를 말한다. 쑥을 가축 사료로 개발해 축산농가에서 이를 사용하고 있다.
거창전통시장은 5일장이었는데 1968년부터 거창전통시장으로 자리잡았다. 현재 점포 수는 290여 개, 여느 군 소재지 시장보다 훨씬 번잡했다. 솔직히 놀랐다. 노점 300여 개를 더하여 시장 규모나 드나드는 사람들, 장터 풍경이 남달랐다.
"요는 덕유산, 가야산, 두무산 등 산으로만 빽빽이 둘러싸인 분지입니더. 옛날부터 높고 험한 산을 넘어 교역을 하기보다는 지역 안에서 자급자족하는 성향이 강했지예. 한 번 들어오모는 나가기가 힘드니께 우리끼리 사고팔고 하는 기지예. 옛날부터 그렇게 하다보니 다른 곳보다 시장 규모나 역할이 큽니더. 그만큼 시장이 지역 경제에서 차지하는 비중이 크다는 거지예."

살 것도 먹을 데도 많아 관광객 즐겨 찾는 곳

시장 상인들의 빨간 앞치마가 눈길을 끈다. 식당과 먹을거리를 취급하는 상인들은 흰 모자까지 둘러쓰고 있다. 가슴팍에 '오홍'이라 적힌 빨간 앞치마는 거창 특산품을 알리는 것과 동시에 거창전통시장의 이미지를 한층 높여준다. 작은 것이지만 돋보이는 점이다.
"특성화 사업 하면서 앞치마와 모자를 상인들에게 나눠주데예. 처음에는 귀찮더만 하고 있으모는 손님들이 좋아하데예. 그라니까 또 저절로 하게 된다아입니꺼."
2011년 거창전통시장은 가고 싶은 전통시장 50선 선정, 문화관광형시장 육성사업 대상으로 선정돼 시장이 활기를 띠게 됐고 상인들의 의욕은 더욱 커졌다. 시장 관

마침 모종철이라 장터 길목은 새파란 게 천지에 깔렸다. 고구마순, 고추, 가지 등 온갖 모종이 농번기가 시작됨을 알리고 있었다.

계자와 번영회에서는 수시로 위생 단속을 하며 상인들을 독려하고 있다. 상인대학 수료 가게에는 '온누리상품권·거창시장상품권·카드결제 가능 우수점포' 간판을 달아주는 소비자를 위한 체계적인 시스템을 정착시키고자 했다.

거창전통시장은 내부 정비가 아주 잘되어 있다. 골목골목마다 순대거리, 한복거리, 신발거리, 생선거리 등 입간판이 달려 있다. '인산인해 거창시장'을 위해 업종별 품목별 점포 분류가 잘되어 있어 보기에도 좋고 시장 나들이하기에도 좋을 듯했다.

"다른 시장에 가모는 묵을 게 별로 엄따하데예. 우리 시장에는 식당도 잘 되어 있고, 시장 구경하면서 주전부리도 할 수 있는 먹을거리 가게들이 많지예. 거창에는 용암정 등 유명한 정자들과 수승대 계곡, 가조온천 등 거창을 찾는 관광객의 발길은 4계절 내내 그치질 않습니더. 여기에다 여름 국제연극제 기간에는 발 디딜 틈이 없어예. 그리 사람이 많이 오는 데 먹을 끼 없으모는 안되지예. 요새는 볼거리든 즐길거리든 머시든지 먹을 데가 잘 되어 있어야 사람들이 다시 옵니더."

초행길의 관광객조차도 시장 안에서 길을 헤매지 않고 구경을 할 수 있고, 쉽게 원하는 걸 살 수 있다. 거기에다 싸고 맛있는 작은 식당들이 줄을 이어 있어 마음 가는 대로 골라잡으면 될 것 같다.

온누리상품권·거창시장상품권·카드 결제가 가능한 점포에게 달아주는 우수점포 간판.

다목적관은 교육장, 쉼터, 홍보관 등 다용도로 쓰이고 있다.

시장 안 다목적관은 교육장, 쉼터, 홍보관 등 다용도로 쓰이고 있다. 2011년 특산물 판매장으로 만들었는데 현재는 상인교육장으로 활용하고 있다. 한쪽은 특성화 사업단 사무실로도 사용하고 있다. 골목 벽면에는 시장 지도가 알록달록하게 그려져 있다. '본정통 옛 번화가 거창, 시장에서 길을 찾다'라는 슬로건에서 새로운 활로 모색을 위해 상인들이 얼마나 전념하고 얼마나 기대하고 있는지 읽힌다.

상인들 의욕과 변화가 있는 곳

다른 지역에 비해서 젊은 상인들이 많이 눈에 띄었다. 젊은 상인들이 일할 수 있는 시장을 조성하면 자연히 젊은 소비자층이 형성되리라는 기대를 하고 있다. '지만 건강하모는 정년 없이 할 수 있는 기 장사'라고 강조하는 상인들은 젊은 사람들이

골목 벽면에는 시장 지도가 알록달록하게 그려져 있다. '본정통 옛 번화가 거창, 시장에서 길을 찾다'라는 슬로건에서 새로운 활로 모색을 위해 상인들이 얼마나 전념하고 얼마나 기대하고 있는지 읽힌다.

대기업, 관공서 직장만 찾으며 놀고 있는 게 안타깝기만 하다.
“요새 젊은 사람이 환영받으며 일할 수 있는 데는 시장입니다. 기회가 널렸는데….”
지난해 시작한 챌린저 숍 사업도 그 일환이다.
“시장 안 빈 점포를 1년간 임대해 주면 임대료 부담없이 시범 장사를 하는 겁니다. 지난해 2개의 점포는 체험형이었고, 그중 봉농원은 1년에 2만 명이 오는 딸기체험 농장인데 시장 안에다 매장을 열어 택배 주문이나 홍보를 하데예. 올해도 2개 점포를 문화예술인이 받아 문을 열 겁니다.”
챌린저 숍 사업을 통해 다른 시장에서 볼 수 없는 교육장, 쉼터, 홍보관 등 다용도로 쓰이고 있다. 거창전통시장만의 문화예술 분위기를 담아내고자 하는 의지도 엿보였다.
시장에서 30년 넘게 장사한 상인들은 모두들 “배운 것도 없이 먹고사니라고 시작했는데 수십 년 해오면서 최근 몇 년이 제일로 힘들었다”고 말한다. 하지만 그런 상인들도 지난해 상인대학 다닌 후 “인자 요새 사람들헌테 우찌 장사해야 하는지 알 것구만”이라고 했다.
‘2012 확 바뀐 만큼 고객이 만족하는 시장이 되겠습니다’는 현수막은 빈 말이 아니다. 거창전통시장은 지난 4월 상인협동조합을 설립했다. 상인협동조합으로서는 경남 1호이다. 거창전통시장 관계자는 “수익 기반을 갖춘 협동조합 형태의 사회적 기업으로 제대로 자리잡으면 거창시장은 앞으로 지속 발전할 수 있다”고 자신했다.
거창전통시장은 옛 장터 분위기를 문화로 되살리고 현대화를 적절히 보태어 변화하는 곳이었다. 지역민이 아끼는 시장, 관광객이 찾아가는 시장으로 기대되었다.
거창전통시장은 매달 끝자리 1일, 6일이 장날이다. 아무래도 평일보다 장날과 주말이 풍성하다.

거창전통시장 경상남도 거창군 거창읍 중앙리 122-1 (중앙로 140)

•• 나물이나 장아찌로도 묵고 전도 부쳐 먹는…

늦은 봄인데 아직 온갖 산나물과 새순들이 대세다. 쪼그려 앉은 아지매의 다라이에 연푸른 새순이 눈에 띈다. 큰 잎들 중에는 제법 아이 손바닥만 한 것도 있다.

'저게 뭐지?' 궁금증이 일어 그냥 지나치질 못한다.

"이거 말이가? 오가피 이파리제."

오가피는 껍질과 뿌리가 한약재로 쓰인다는 건 알고 있다. 근데 이파리는 어떻게?

"아지매, 오가피잎은 우찌 묵는데예?"

"아, 데쳐서 나물 해 묵으면 되제. 요맘때 연한 잎이 묵으면 나풀나풀 씹히는 게 얼매 마싯다꼬. 차 맹글듯이 시들카서 볶아가지고 물 끼리묵는 사람도 있다쿠데."

이야기 중에 옆에 있던 아지매가 끼어든다.

"오가피는 남자한테도 좋고 여자한테도 좋은 기다아이가. 우리겉이 늙기 전에 마이 묵어야 헌다니께."

주변에 있던 아지매들, 맞장구 치며 함께 와르르 웃는다. 오가피 이파리 한 다라이!

오가피 잎순.

•• 튀겨 묵꼬 장떡 해 묵어도 되고

"저거는 뭡니꺼?"

한 단씩 묶어 놓았는데 끝부분 잎들이 불그죽죽하다. 이파리가 가늘고 어긋지고 보드라워 보인다.

"아이고 참, 이건 가죽이라고…."

아하, 온갖 양념을 한 찹쌀풀을 가죽나물에다 입혀 꾸득하게 말린 것을 튀긴 가죽자반을 먹은 기억은 있는 것 같았다. 또 장을 달여 혹은 고추장에 절인 가죽장아찌를 먹어는 봤다. 하지만 생 이파리는 낯설었다. 독특한 향 때문에 이걸 좋아하는 사람과 싫어하는 사람이 확실히 구분되었다.

"요새 사람들은 묵을 줄은 알아도 우찌 허는 줄을 알아야제. 고추장에 넣은 장아찌가 제일 쉽고 내내 두고 오래 묵을 수 있는 기고, 소금물에 살짝 담갔다가 물기는 빼고 부침가루 묻혀서 찌짐으로 부쳐묵꼬, 그기 심심허모는 고추장과 된장을 넣고 전으로 부쳐묵는 가죽나물장떡도 있다아이가."

아지매의 정겨운 타박과 한 차례 조리법이 끝날 때까지 아무 말도 못했다.

가죽 이파리 한 단!

가죽 이파리.

● ● 막걸리에 두릅회 한 젓가락이면…

이건 좀 알 만한 것 같다. 한 단이 제법 실한 묶음이다. 통통하니 손가락만 한데 어떤 건 끝이 약간 펴지기도 했다.

4월에 나는 새순 중 가장 주목받는 이것, 두릅이다. 옛날 어른들은 새봄에 두릅 새순이 돋을 무렵이면 제법 논다는 사람들이 경치 좋은 곳에 자리를 잡는다 했다. 그러고는 두릅회나 소고기를 꿴 두릅산적에 막걸리 타령으로 세월을 보냈다고.

"지금이 제일 묵기 좋을 때라예. 이기 너무 피삐모는 억세고 가시들이 많아 무글 수가 없다예. 이기 소화도 잘 되고 머리도 맑게 해준다카데. 나물인데도 영양분이 많다더라."

손쉽게 먹는 법이 보통 두릅회이다. 끓는 물에 데쳐서 초장에 찍어 먹는다. 때로는 잘게 다져서 참기름과 장으로 양념해 나물로도 먹는다. 부침가루를 묻혀 전으로도 먹는다.

"오래 보관할라꼬 소금에 절이기도 허고 냉동실에다 바로 얼리기도 한다카더라."

두릅 한 단!

두릅.

상인협동조합 등 독자적인 경쟁력 확보가 먼저

신중섭·거창전통시장 번영회장

거창전통시장은 지난 4월 초 경남에서 상인으로서는 최초로 상인회협동조합을 설립했다. 이는 거창시장특성화 육성사업 '인산인해'를 하면서 희망 사업이었다. 거창시장 상인 15명이 참가했다.

거창전통시장 번영회 신중섭 회장은 협동조합 이사장이기도 하다.

"조합원들이 공동구매, 공동마케팅 등으로 품질 좋은 제품을 확보해 가격 경쟁력을 갖추기로 했지예. 앞으로 시장 활성화에 도움을 줄 것으로 기대하고 있습니더."

거창전통시장은 협동조합에 대한 조합원 의식교육도 하고, 협동조합 간 협력사업, 독거노인 돕기 등 사회사업, 조합 수익사업 등을 추진할 예정이라고 했다.

"1계좌에 1만 원인데 형편대로 내어 출자금을 마련했습니더. 전체 회원을 조합원으로 가입시킬 계획이라예. 거창시장은 번영회 법인 명칭으로 되어 있는데 앞으로는 번영회가 협동조합으로 바뀔 겁니더."

신 회장은 전체 상인교육에서도 협동조합의 비전과 가치를 공유할 것이라고 말했다.

"사회적 기업으로 하면 인건비를 지원받을 수 있어 택배사업 등을 시작하는 게 가능합니더. 전통시장이 정부 지원금만 바라볼 게 아니라 상인들 스스로 독자적인 경쟁력을 가질 수 있도록 힘을 키우는 게 절실합니더."

지난해부터 주변 중형마트에서 내세운 휴업일은 잘 지켜지고 있는지, 실제로 도움이 되는지 궁금했다.

"휴업일은 롯데마트 등 7개 마트가 들어오면서 자진해서 지난해 5월부터 실시된 것입니다. 처음에 평일로 잡힌 걸 장날 중 가운데 날짜인 5월 16일을 휴업일로 해달라 요청했었지예. 어쨌든 지금까지 꾸준히 지켜지고 있어 16일에는 정말 많은 사람들이 시장으로 와예."

거 창 전 통 시장이 과연 문화관광형 시장으로 가능한지를 물었다.

"중기청으로부터 우리 시장이 문화관광형으로 선정된 이후 1년 차엔 실질적으로 회원들 중심으로 물품, 유니폼 등을 만들고 '오홍' 제품을 만들었지예. 2년 차에는 수입을 창출해야 하고. 거창군에서도 국제연극제와 연계해 시장 공영주차장에서 공연하고, 투어버스가 돌고, 낮 12시~오후 2시 점심시간을 활용해 연극제 오는 사람들이 시장으로 이동하면 됩니다. 시장 안에다 향토음식거리를 조성했고 보조사업으로 계속 정비사업을 해나가고 있지예. 이만하면 거창전통시장은 확실히 살아남을 겁니다."

불쑥 인터뷰

"관광 인구를 시장 안으로 유도할 방안 모색 중"

이병주·거창군 경제과 상공담당계장

"거창전통시장은 지금까지는 계획 단계로 개발하는 데 집중했었지예. 하드웨어가 끝난 상태지만 주차장 진입이 용이하지 않아 앞으로는 진입로 확보가 관건입니다. 무엇보다도 이제부터는 실질적인 수익을 얻어야 하는데 앞으로 과제인 거지예."

이병주 계장은 시설 현대화 사업은 2004~2009년까지 점차적으로 이뤄졌고 그 이후에도 최근까지는 주차장 확보 등 하드웨어 구축에 집중해 왔다고 말했다.

"지난해 중소기업청에서 문화관광형시장 선정되고 올해가 2년 차인데, 상인들 의식이 눈에 띄게 달라진 걸 알 수 있습니다. 상인대학, 시장 상인들이 주축이 된 문화패 '시장노리단' 등 자발적인 참여와 호응이 기대 이상이고예. 또 2005년부터 거창전통시장사랑상품권을 사용했는데, 지금 사용량이 증가하는 추세로 처음 실시할 때와는 달리 상품권 사용에 대한 상인들과 소비자 인식이 마이 달라졌습니더. 판매액은 연간 거창전통시장사랑이 7000만 원, 온누리상품권이 1억 원 정도이지 않을까 싶은데예."

이 계장은 읍내 대형마트가 들어오면서 상인들이 오히려 적극적으로 시장 활성화 대책을 찾는 모습이 남다르다고도 말했다.

"내후년 정도 되면 정부에서 진주지역에다 중소물류센터를 만든다고 하니 대형마트보다 더 싸게 구입해서 팔 수 있을 것입니다. 문화관광형이 끝나면 물류를 제대

로 확보해서 소비자들이 좋은 물건을 싸게 살 수 있는 시장으로 살려나가모는 승산이 있지예."

또 이 계장은 거창전통시장을 관광형으로 활로를 모색하는 데는 시장 내 볼거리를 만들어가는 것을 고민한다고 했다.

"수승대, 월성계곡 등 거창 내 유명 관광지와 국제연극제 등 축제 기간에 엄청난 관광 인구가 들어오는데 그중에서 얼마라도 시장으로 끌어들일 수 있다면 거창전통시장은 확실하게 자리잡을 수 있을 거라예. 다른 시장과는 달리 거창전통시장에는 볼거리, 쉴 곳, 먹을거리가 잘 조성되어 있습니다."

이 계장은 "협동조합이 축이 되어 택배, 물류사업을 시작하면 시장 안에서도 거창특산품인 '오홍'을 소비자들이 구매할 수 있는 시스템이 될 것"이라고 강조했다.

한복 팔며 동고동락하는 어머니와 딸

성림상회

"어머니는 50년이 다 됐네예. 내가 고1때 시작했으니…. 나도 20년 정도 돕고 있는 거라예."

성림상회는 거창전통시장 안 오래된 포목한복가게이다. 이제는 할머니가 된 딸 김행도(68) 씨와 어머니(87) 양석락 모녀가 운영하고 있다.

"처음엔 보따리 장사로 화물차에 싣고 장 따라 다녔으니께. 아버지가 교사였지만 옛날에는 교사 월급으로 먹고살 수가 없었어예. 13식구를 멕여살려야 하는데 어머이가 나서는 수밖에 없었지예."

어머니가 기억이 분명치 않다하니 김행도 아지매가 이런저런 이야기를 했다.

"내가 일본서 태어나 원래 생활력이 좀 있다. 9세 때 왔는데. 약국집 딸이 시집을 잘못 와서 여게 골짝까지 왔네.

양석락 아지매가 딸의 이야기를 옆에서 거든다.

"장사가 참 잘됐어. 동네 해치갈 때 한복을 단체주문하고 그때는 정말 좋았어예. 당시는 한복 못입으모는 해치도 못 오게 했으니께. 80년대 후반까지는 그래도 경기가 좋았습니다. 걱정없이 먹고 살 만했으니께. 외상으로 주었다가 더러 다 떼이기도 했지만."

김행도·양석락 모녀.

평일에 찾는 사람이 없을 것 같아 장날에만 문을 여는지 물었더니 "무슨 소리냐"며 장사가 되든 안 되든 문을 연다고 했다.

"어머니랑 운동 삼아 아침에 같이 오고 저녁에 같이 가고 그래예."

"요즘은 내 보고 오는 사람은 엄따. 우리 딸 보고 오는 사람들이제. 요새 사람들은 모두들 대구 가서 한다더라. 그것도 해 입는 기 아이라 살면서 한복 입을 일이 벨로 엄시니께 빌려 입는다더라. 그것도 이름있는 집은 비싸다네."

양석락 아지매는 거창전통시장이 지금은 참 많이 달라진 거라고 덧붙였다.

"여게가 예전에는 지붕도 없는 장옥이었어예. 이곳에 슬래브로 지어 올릴 때는 하천 옆이 임시장이었지예. 상인들 고생이야 말할 것도. 인자는 비가 와도 볕이 뜨거워도 사람들이 좀 걱정을 안 허지예."

2500원 옛날식 보리밥에 '장터 사랑방'

팔팔식당

"처음에는 한 그릇 500원에 팔았는데. 그러고로 한 30년이 다 됐네예."

번영회 사무실에서 얼마쯤 들어간 시장 골목에 있는 팔팔식당. 주인 송순달(80) 아지매는 거창전통시장의 공식적인 빨간 앞치마에 흰 모자를 둘러쓰고 손님을 맞이하고 음식을 하기에 바빴다. 가게 안으로 들어서다가 깜짝 놀랐다. 아직 점심시간이 되기 전인데 발 디딜 틈이 없다. 게다가 방안과 바깥 식탁 옆으로 둘러앉은 손님들이 죄다 어르신들이다.

"장사가 으떤 건지나 오데 알았나예? 농사만 짓다가. 처음에는 자식들은 키워야 하고 머시라도 해야 살지라는 심정으로 한 거지예. 그게 벌써 이리나 됐네예."

송순달 아지매.

장날에만 나온다는 아르바이트 아지매가 일손을 도와주지만 송순달 아지매는 허리 한 번 펼 틈이 없다.
겨우 한 자리를 차지하고 앉다가 눈앞의 차림표를 보고는 모두 그 가격에 또 놀랐다. 보리밥 2500원, 호박죽, 팥죽, 깨죽, 콩죽 등 전통죽은 3500원이다. 그제야 손님들이 죄다 어른들인 게 이해가 되었다. 팔팔식당의 밥값은 장날 물건을 사러 또는 팔러온 어른들이 출출한 뱃속을 부담없이 달래기에 안성맞춤이었다.
"값은 싸도 재료는 모두 국내산이라예. 여기 시장에 가져오는 걸 사니까. 또 친한 아지매들이 무조건 갖다주기도 하고."
보리밥은 상추, 무채, 콩나물, 시금치 등 4가지 나물에 재래식 된장을 뚝배기에 지져 한 상을 내어주었다. 특별한 것은 없지만 지진 된장이 심심하니 좋았다.
이날도 한 할머니가 산나물이라며 검은 비닐봉지를 송순달 아지매에게 내밀었다.
"두릅하고 취나물 쪼매 가지고 왔다아이가. 맛보라고."
"아이가, 이걸 그냥 묵으면 안된다아이가."
송순달 아지매와 할머니의 말이 오가는 틈으로 "밥 쪼매만 더 주소"라는 외침이 섞이기도 했다.
우르르 빠져나가니 다시 우르르 몰려와 한 밥상에 둘러앉기도 한다. 할매들은 밥을 기다리며 방에 드러눕기도 하고 다리를 쭉 펴고 자기 안방처럼 앉아 이야기를 나눈다.
"영감이 심어놓은께 할수엄시 가져나온다니께. 그냥 썩카놔둘 수도 엄다아이가."
"요새는 딸이 최고라쿠더라. 아들은 공짜고. 우리 큰딸은 어버이날이라꼬 왔다가 용돈 주고 가더라."
"하, 나도 받았다."
어버이날 자식들한테 받은 호사를 서로들 은근 내세우며 장터 점심시간은 봄날처럼 지나갔다. 팔팔식당은 이미 소문이 났는지 '거창군 선정 착한가게'이다.

“정년? 장사꾼은 그런 기 없으니 열심히만…”

왕자상회 · 세일프라자 · 럭키가방

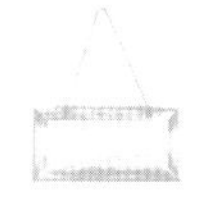

건어물 가게였다. 이름만 듣고는 ‘왕자표 고무신’이 생각나서 신발가게인 줄 알았다.

“옛날식, 옛날 물건을 고집하는 편입니다.”

왕자상회는 건어물 중에서도 주로 폐백물건을 많이 취급한다.

“아직은 주문이 많습니다. 30년이 넘었는데 결혼 후 계속 했지예. 그 당시는 이기 돈이 되는 장사였습니다.”

거창전통시장이 분위기가 아주 좋다고 하니 김창석(63) 아재는 몇 년 전부터 상인들이 애를 많이 쓴다고 말했다.

“지난해 시장에서 연 상인대학에 다녔는데 참 도움이 되었습니다. 오랫동안 장사하면서 장사가 잘되모는 경기가 좋은갑다, 장사가 안 되모는 경기가 안 좋아 할 수 없는갑다고 쉽게 생각했는데…. 상인대학에서 여러 교육을 받다보니 정서나 의식이 바뀌는 계기가 되더라고예.”

김창석 아재·왕자상회

전동현 아재·세일프라자

"80년대는 호황이었지예. 근데 브랜드나 홈쇼핑 때문에 맥을 못추게 됐다아입니꺼. 지금은 그때의 50%나 장사가 될랑가. 평일에는 25%도 안될끼라예. 손님도 50~70대가 주요 소비자층이라예. 젊은 손님은 아예 엄십니더. 젊은 층을 끌어들이기엔 너무 취약한 구조라예."

전동현(59) 아재는 총각 때부터 옷장사를 하고 있다가 결혼 후 자기 점포를 갖고 시작했다. 물건은 대구나 서울에서 많이 해온다. 27년째인데 갈수록 장사하기가 힘들다고 했다.

"그래도 하고 있는 건 장사가 정년이 없다는 겁니다. 공무원들도 정년퇴직하모는 뭘 해야 할지 생각해야 하지만 장사꾼은 100살까지 해도 머라 안한다아입니꺼."

진경남 이용석 부부·럭키가방

"가방장사는 30년이제. 그전 것까지 치면 40년. 처음에 상호를 '시장'이라고 했는데 '럭키'로 바꿨습니더. 내가 럭키를 좋아헌다예."

시장 안 가방장사가 예전만 못 할 건데 어떻게 하냐는 안타까움과 함께 요즘은 어떤 종류가 팔리는지를 물었다.

"요새는 여권가방이 마이 팔리지예. 품목도 마이 없어졌다아이가. 옛날에는 신발가방, 도시락가방 등 마이 있었는데 요새는 없어졌습니더. 학교 급식을 하니 도시락은 싸다닐 필요가 엄꼬 신발주머니도 필요엄제. 여자들이 가방을 마이 사는데 유명한 것만 찾꼬 남자들은 가방을 마이 안 가져댕기고. 한번 어떤 남자분이 왔는데 60년 만에 처음으로 가방 산다쿠더라."

이용석 아재는 아직 일할 데가 있으니 여가생활하며 '즐거운 인생'이라 했다.

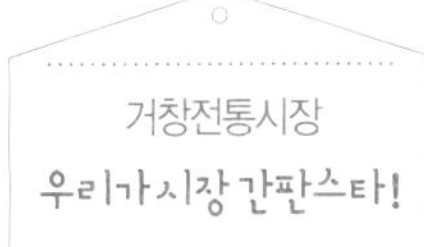

거창 본정통 옛 번화가에서 다시 이야기를 만들다

"내가 즐거워야 장사도 즐겁게 할 수 있어예"

'야시골목'은 여성복 가게이다. 다른 데서 하다가 2년 전 시장 안으로 옮겼다.

"시장 안에 있지만 손님이 주로 젊은 층이고, 대부분 단골손님입니다. 기본 인맥이 잘 있어 그나마 잘되고 있는 편이지예."

신희경(46) 아지매는 시장노리패 단원으로 활동하고 있다. 시장노리패는 타악기 그룹이고, 단원이 9명이다. 희경 아지매는 그중에서 브라질타악을 한다.

"지난해 상인대학 교육장에서 배우기 시작했는데 재미있더라구요. 시장에서도 공연했고 지난해 시장박람회에서도 공연했습니다. 우리 상인들에게 새로운 경험이라예. 내가 즐거워야 장사도 즐겁게 할 수 있어예." / 신희경 아지매·야시골목

시장노리단원 활동하면서 장사하는 게 더 즐거워져

"채소장수로 36년 세월입니더. 노점상 하다가 점포생활한 지 8년째라예. 작년부터 시장노리단원으로 활동하고 있는데 항아리 같이 생긴, 아프리카 스켈레라는 악기를 합니다. 그걸 하고는 장사하는 기 더 즐겁다아입니꺼." / 장업순 아지매·시목상회

"간단하고 싸게 묵을 수 있는 분식 팔고 있어예"

외지에서 생활하다가 귀향 4년째인 젊은 부부는 사람들이 허기도 채우고 주전부리를 쉽게 할 수 있는 분식점을 하고 있다.

"바람 불면 신경질이 난다예. 먼지가 이니까예. 이기 다 배립니더."

밖의 음식들이 먼지 탈까 봐 걱정이었다. / 박종화 정은정 부부·먹보왕만두

“재봉틀 하나 믿고 40년을 살아왔지예”

“40년 세월을 재봉틀 하나로 살아왔습니다. 오래 하다보니 해이해질 수도 있었는데 지난해 상인대학 후 마음가짐이 달라졌지예. 요즘은 세탁물은 줄어들고 리폼이나 수선이 많아 재봉틀 돌리는 일이 더 많습니다.” / 강기범 김성복 부부 · 성심세탁소

할머니들 머리 뽀글뽀글 볶아주는 곳

“평일에는 젊은 사람들이 주로 오고 장날에는 할머니들이 주로 마이 옵니다. 뽀글이파마를 해야니께. 요즘은 50대만 되어도 요양보호사로 빠지지 들일은 70대가 하고 있습니다. 미용실은 농번기를 타지만 꾸준히 장사 됩니다.” / 김유자 아지매 · 거창미용실

“앞치마랑 위생모 하면 손님들이 좋아하지예”

우신상회는 시장 중앙 네거리에 있는 반찬가게다.

“빨간 앞치마는 번영회 회원이라면 의무라예. 흰 모자도 해야 허고예. 손님들이 좋아허더라고예. 위생적으로 보이니께. 우리 같은 반찬가게나 식당은 더 잘 지킬라헙니더.” / 김경숙 아지매 · 우신상회

그때 그때 잘 되는 품목으로 바꿔

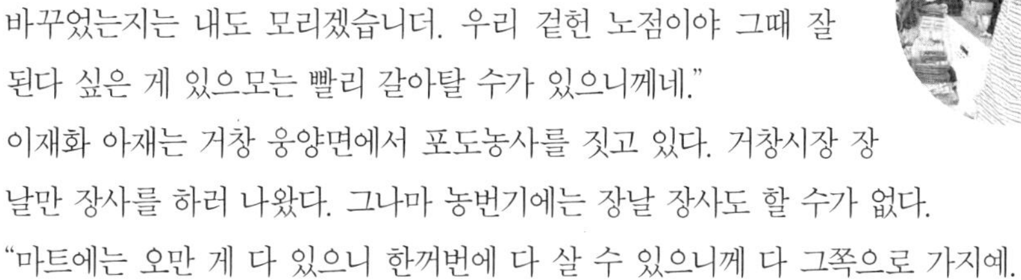

“35년째 하는 장사인데 옷장사, 고기장사, 과일장사 등등. 몇 번 바꾸었는지는 내도 모리겠습니더. 우리 겉헌 노점이야 그때 잘 된다 싶은 게 있으모는 빨리 갈아탈 수가 있으니께네.”

이재화 아재는 거창 웅양면에서 포도농사를 짓고 있다. 거창시장 장날만 장사를 하러 나왔다. 그나마 농번기에는 장날 장사도 할 수가 없다.

“마트에는 오만 게 다 있으니 한꺼번에 다 살 수 있으니께 다 그쪽으로 가지예. 그래도 흔들림 없는 게 장사라예. 쪼매라도 현금이 잘 돌고.”

아재는 포도철에 산포리 삼거리농장으로 오라고 당부했다. / 잡화 노점하는 이재화 아재

거창 가자!

거창읍 즐기는 법

거창읍은 다른 군 단위 소재지와는 사뭇 다르다. 상가가 형성된 모습이 다르고 극장이 있고 도로마다 젊은 층들이 활동하는 모습들이 눈에 띈다. 읍내 분위기 자체가 매우 생동감 있고 활기차다. 거기에다 기웃기웃 거리다보면 제법 구경거리가 많다는 사실이다. 한 바퀴 돌다보면 거창군이 어떤 곳인지 단번에 그 에너지를 느낄 수 있다.

거열성군립공원

거열성군립공원은 1983년 11월 17일 군립공원으로 지정된 거창군민의 휴식공간이다. 삼국시대에 축조된 거열성을 중심으로 건계정, 상림리 석조관음입상, 조각공원 등이 있다. 거열성 아래에는 약수터, 운동기구를 갖추어 등산로가 있다. 또 거창읍을 가로지르는 위천 강변을 따라 조성된 자전거도로가 있어 산책이나 가벼운 나들이 코스로 잡기에 좋다.

위치 경상남도 거창군 거창읍 상림리

거창박물관

거창박물관은 한옥구조로 된 2층 건물이다. 지역의 뜻있는 사람들이 중심이 되어 1988년 5월에 개관한 거창유물전시관이다. 소장 또는 전시 자료들이 거창 지역성과 특색을 알 수 있는 유물들이 대부분이라 지역문화를 이해하는 문화공간이라 할 수 있다.

위치 경상남도 거창읍 김천리 216-5 (수남로 2181)

기적소리 사라진 기찻길 옆 그곳에 가면

함안 가야시장

함안 가야시장은 기차라는 육로 교통수단의 발달과
함께 전격적으로 생긴 시장이라 할 수 있다.

"아이구, 시장이 기찻길 바로 옆이었네예."

"장날 되모는 기찻길 왼쪽 편에도 난전이 줄을 이으니까, 시장 한가운데를 기차가 지나다녔다고 생각하모는 됩니더. 사람들은 굴방다리 아래로 들락거리면서 장을 봤지예."

시장 입구 아치형 간판 옆으로는 시장을 따라 길게 이어진 기찻길이 보였다. 녹슨 철길이었다. 2012년 10월 22일까지는 이 철길을 따라 하루에 대여섯 번 경전선 기차가 달렸지만 지금은 기차도 떠나고 기적소리도 사라졌다.

장날이 아닌 시장 안은 여느 시골장과 마찬가지로 어둡고 사람 발길이 드물었다. 기차가 다니지 않는 기찻길 앞에는 노점 상인들이 좌판을 펼치고 있고 기찻길 주변에는 드문드문 사람들이 다니고 있었다. 드문드문 불 켜진 점포 안에서 난로를 쬐며 웅크리고 있는 사람 그림자만 보일 뿐이었다.

다시 며칠 지나 2월 5일, 설밑 장날은 달랐다. 대목장이어선지 어디서 이렇게 많은 사람들이 쏟아져 나왔나 싶다. 사람들에 떠밀려 앞 사람 뒤통수만 보고 간다는 말이 절로 나올 정도였다.

경전선 개통 후 새로 형성된 시장

"함안군 소재지에 있는 시장인데 함안시장이 아니라 가야시장입니더. 다른 데하고는 마이 다르지예."

함안군은 다른 군 단위 지역과는 달리 군소재지가 함안읍이 아닌 가야읍이다. 가야읍 옆에 바로 이웃한 함안면이 있었다. 가야시장의 형성과 발달도 이와 무관치 않았다.

1920년대 중반까지 함안의 대표시장은 함안면 소재지에 있었다. 지금도 그곳 옛 장

"경전선 개통하고 삼랑진, 마산, 진주 등 인근에서 장꾼들이 얼매나 왔다고예. 그때만 해도 교통편이 수월치가 않았는데 기차를 타면 너도 나도 쉽게 올 수 있는 곳이 되었습니다. 그 덕에 역이 있는 가야가 북적거렸습니다."

터를 더듬어 가면 장터국밥거리가 몇 집 남아 있다. 시장은 흔적도 없고 장옥이 들어섰던 자리엔 주차장이 형성돼 있고 주변엔 경로당도 아닌 '함안탁노소'란 특이한 이름을 내건 건물이 들어서 있다.

가야읍 말산리에 가야시장이 들어선 것은 1926년이다. 그해 7월 18일 자 동아일보에는 '문제의 가야시장 결국 허가되었다'는 제목의 기사가 눈에 띈다.

가야시장이 정식 허가원을 제출한 지 3년 만의 일이었다. 1923년 3월 4일 자 동아일보에는 가야시장 설치 여부는 생활상 중대문제, 말산리 시가지와 함안역 사이이며 면적은 이천백칠십이 평, 통로는 마진도로로부터 연락할 육간도로이며 내부는 종교삼간도로가 통하고…(중략)… 함안면민이 시장의 쇠퇴를 우려하고 반대운동을 하는 것은 양편의 이해 상반할 입장으로서 당연한 일이고…등이 기록되어 있다.

짐작컨대 함안면 시장을 두고 가야시장이 새로이 형성되는 과정에 함안 군민들 사이의 갈등이 적잖았던 듯하다. 기존 시장을 가지고 있는 함안면민으로서는 가까운 동네에 큰 시장이 생기는 것이 상권과 경제적 토대를 빼앗기는 중대한 일이었을 것이다. 하지만 가야 사람들과 장꾼들로서는 교통과 접근성이 좋아 거래가 더 활발하게 이뤄질 곳이 우선이었을 것이다.

이 문제의 배경에는 경전선 개통이 적잖은 부분을 차지하고 있다. 마산~함안 간 경전선과 함안역이 생긴 것은 1923년이었고, 진주역은 1925년에 영업을 시작했다.

"경전선 개통하고 삼랑진, 마산, 진주 등 인근에서 장꾼들이 얼매나 왔다고예. 그때만 해도 교통편이 수월치가 않았는데 기차를 타면 너도 나도 쉽게 올 수 있는 곳이 되었습니더. 그 덕에 역이 있는 가야가 북적거렸습니더."

함안면 원시장을 가려면 기차에서 내려 다시 버스를 이용하거나 한 시간 넘게 물건을 이고 지고 걸어가야 하는 만만찮은 일이 있었다. 기차에서 내려 자연스레 그 주변에다 물건을 풀고, 또 기차에서 내린 사람들이 자연스레 물건을 사고…. 이렇듯 거래가 손쉽게 이뤄질 수 있는 곳이 가야였다. 함안 가야시장은 기차라는 육로 교통수단의 발달과 함께 전격적으로 생긴 시장이라 할 수 있다. 1960년대엔 군소재지도 이곳 가야로 옮겨왔다.

"아라가야시장이라는 말도 있던데, 거기는 또 딴 뎁니꺼?"

"다른 시장은 없습니더. 가야시장, 아라가야시장 같은 시장을 말합니더. 원래는 현재 왕표소금, 왕표상회 등이 있는 공터가 원시장이었습니더."

가야시장은 1962년도에 정식으로 개설했다.

"현재 점포수는 120개 정도입니더. 5일, 10일이 장날이지예. 관내 5일장 시장 중에서는 가장 큽니다. 점포 상인 수에 비해 외지에서 찾아오는 상인들이 훨씬 많은 게 특징이지요. 가야시장 장날 난전은 북새통을 이룹니다. 좋은 자리를 차지하기 위해 새벽부터 와글와글합니더. 그 전날 밤부터 오는 상인들도 있고. 아무래도 인근에 큰 도시들이 있고 교통이 좋아서인 것 같습니다."

함안 가야시장은 기차가 오지 않는 녹슨 기찻길 옆에 있다. 사람들은 아직도 기찻길 아래 굴방다리를 지나 시장 안으로 들어서고 있다.

현재 가야시장도 전통시장 활성화 사업에 따라 2006년부터 꾸준히 화장실, 옥상 방수공사 등 시설 보수 및 환경 개선을 해왔다. 또 시장과 연계해 농산물직거래장터가 열리는데, '텃밭시장'이라 해서 지역 주민들이 직접 키우고 수확한 걸 가져 나와 파는 곳도 있다.

장날 올 때 인자는 기차 못 탄다

"우리 어렸을 때는 여게도 시장이었어예. 지금은 평일에는 주차장이 돼버리고, 장날에만 장꾼들이 들어서지만…. 엄청 크게 미곡전이 좌악 펼쳐져 있었어예. 지금은

요리 하나를 두고 둘러앉은 할매들. 인근 지역에서 장 보러 온 할매들이 가끔 모여 이렇게 이야기꽃을 피운다고 했다.

굴방다리 건너 저쪽으로만 점포가 다 차 있지만."

함안 토박이 장사꾼은 옛 모습들을 추억과 함께 끄집어내었다.

"장날 되면 가설극장이 들어서서 그거 구경 다니는 재미가 컸죠. 여기 무대가 설치되면 기찻길 둑이 높으니께 그 위에 올라가서 사람들이 봤지요. 마치 극장처럼 객석이 계단식으로 자연스럽게 돼버렸지요."

옛날엔 그랬구나, 여기며 두리번거리다가 우연히 눈이 간 유리문에서 순간 깜짝 놀랐다. 작은 방 한 칸에 10여 명의 할머니들이 빼곡히 둘러앉아 있었다. 함안포목.

한가운데 탕수육인지 요리 접시 하나를 두고 이야기꽃을 피우고 있다가 낯선 사람이 들어서자 일제히 돌아다봤다.

"아이고, 오늘 곗날입니꺼? 왁자허니 시장 사랑방이네예."

"오늘 이 아지매가 물주를 해서 한 젓가락씩 나눠 먹으며 노는 기제."

함안포목은 인근 지역에서 장 보러 온 할머니들이 참새방앗간처럼 모이는 곳이었다. 오늘은 그중 한 할머니가 물주를 해서 한 접시 시켜서 젓가락도 돌아가며 먹는다 했다. '된장 할매'로 통하는 91세의 최남선 아지매부터 법수면에서 온 임판출(82) 아지매는 나이 구분 없이 장날 만나는 친구였다.

"내가 요서 막낸데 친구라 안쿠나. 제일 새댁인데 성님들허고 친구하기엔 내가 참말로 아깝지 머시."

군북면에서 왔다는 이목자(74) 아지매의 너스레에 다들 "하모, 하모. 참말 고맙제" 라며 무릎을 치며 웃었다.

"아지매는 기차 타고 왔습니꺼? 기차역이 저리로 가서 인자 불편하겄네예?"

"오데. 인자 기차 타고 못 오것다. 버스주차장이 더 가까운데 말라꼬 기차 타것노. 한참을 걸어와야 하는데…. 기차가 저짝으로 가서 좀 서운허제."

"하루에 몇 번씩 들리던 기차 소리가 안 들리니까 시장이 더 조용한 것 같제. 장날에 시장 가운데로 기차가 지나가면 왁자하다가도 기차가 다 갈 때까지 한쪽으로 피했다가 다시 모여들었제. 우리는 기차 가는 거 구경하는데, 기차 탄 사람들은 일어서서 장날 구경허더라만."

함안 가야시장은 기차가 오지 않는 녹슨 기찻길 옆에 있다. 사람들은 아직도 기찻길 아래 굴방다리를 지나 시장 안으로 들어서고 있다. 길게 이어지던 기적소리는 사라졌고, 사람들은 옛 이야기처럼 장터를 지키고 있다.

함안 가야시장 경상남도 함안군 가야읍 말산리

●● 산에서 나는 무릎뼈에 좋은 것

어째 생긴 게 석이버섯 비슷하다. 그런데 석이버섯보다 모양새가 제대로 잡혀있지 않고 마치 긁어모은 것 같은 부스러기다.
"아지매, 이기 머시라예?"
"도…이다."
"예? 머시라꼬예?"
"도…이라쿠니까."
"예? 도록? 도녹?"
생전 처음 들어보는 말이었다. 이름을 알아먹기에는 아지매와 좀 많은 문답이 오가야 했고 막판에는 목소리가 커졌다. 버럭 성질을 낼 만한데 다행히 끝까지 답해주었다.
도롭이었다. 어찌 이런 이름을 가진 게 있었단 말인가.
"이기 뼈가지 아픈 데 없어서는 안 되는 약제라 안쿠나. 허리 아픈 사람, 무릎 뼈가지가 시큰시큰헌 사람 다 좋다 안쿠나. 바짝 말려가꼬 물처럼 달여 묵어도 되고 살짝 데쳐가지고 초무침 해 묵어도 좋고 무시를 채 썰어가꼬 같이 볶아 묵어도 맛있다아이가."
생전 듣도 보도 못한 이것. 석이버섯과의 버섯 종류인데 돌에서 채취하는 석이버섯과는 다르다. 이것은 땅에서 자라는데 와송이 많이 자라는 곳이나 작은 청석이 있는 곳에서 자생한다고 한다. 비가 오면 잘 보이지 않아 채취하기 힘들고 맑은 날은 잘 보인단다.
"아지매가 직접 캐는 기라예?"
"하모. 이거 캔다꼬 온 데를 댕기다가 되레 내 무릎팍이 나가것다아이가."
"하하. 우짜노예. 캐가꼬 장에 가져 나올 게 아이라 아지매 무야 되것네예."
허리나 무릎뼈 아픈 데 효능이 뛰어나다는 이놈. 아이고, 도롭!

도롭.

•• 온 동네에 꼬신 냄새 퍼뜨리네

"아지매, 이기 먼니꺼?"

희한했다. 머리털 나고는 처음 보는 거였다. 된장 덩어리도 청국장도 아닌 둥글게 뭉친 덩어리가 거무튀튀한 게 마치 오래 묵은 숙변 같아 과연 먹을 수나 있을지 의심스러웠다.

"개떡덩어리라꼬 헌다아이가."

"쑥이랑 멥쌀로 만든 쑥털털이쑥개떡는 무거봤는데 그것하고는 다르네예."

"하아, 그거는 아이다. 이기 요새 사람들은 몰러도 옛날에는 마싯다꼬 마이 무긋다 아이가. 요서는 딩기장, 제장을 맹글라모는 이기 있어야허요."

딩기장등겨장, 경상도 전통 막장쌈장을 말한다.

"딩기장은 소화도 잘 된다아이가. 꼬이장처럼 그냥 밥에 마구 비벼 묵어도 마싯구만."

눈앞에 있는 둥글넓적한 것은 등겨를 뭉쳐서 구운 것이었다.

보리를 찧을 때 쌀겨처럼 나오는 등겨는 거끌거끌한 밀가루 같기도 하다. 이것을 가루가 겨우 뭉쳐질 정도만 물을 넣어 반죽을 한다. 그래야 나중에 부수기도 쉽고 발효도 잘 된다고 한다.

개떡덩어리.

"반죽한 것은 둥글넓적하게 맹글어 구버가지고, 옛날에는 왕겨에다 불을 지펴서 구웠어. 그라모 이걸 구울 때는 고소한 냄새가 온 동네에 진동을 해서 아그들이 환장을 했구만."

등겨 구운 것을 말리면 흰 곰팡이가 조금씩 피는 이 놈, 개떡덩어리!

•• 속이 허한 사람은 이기 딱이라

뿌리 같기도 하고 줄기 같기도 하다. 헝클어져 있는 것들이 약간의 흙을 달고 있는 걸 보면 뿌리인 성싶다. 근데 이게 뭘까?

"아지매, 이기 머시라예?"

"찹출이라꼬 들어봤나? 아이고, 새댁이 머이 알긋나? 그기라예."

당연히 들어본 적이 없었다. 자꾸 되물으니 옆에 지나가던 아지매가 답답하다는 듯이 끼어든다.

창출.

"찹출이라는 기 창출이라는 거요. 창출."

아하, 창출. 이건 좀 들어본 것 같았다. 시골장을 돌다보면 아지매들한테 기분 나쁘지 않은 면박을 받기가 일쑤다. 배운 티는 좀 나는 반쯤 아지매가 또 반쯤은 멍텅구리라 아이들 가르치듯 자세히 읊어준다.

"이기 위장에 아주 좋은 기라. 속이 쓰리고 허한 사람헌테도 좋고 오줌을 잘 몬 누는 사람헌테도 좋다안쿠나."

"찹출이라꼬예. 직접 농사지은 겁니꺼?"

"아이다. 이거는 내가 지난 가실 끝에 캐가지고 햇볕에 칼칼이 말린 거아이가. 밭에서 키운 거하고 야생은 다른 거라. 마, 효과가 천지차이제."

"그냥 끓여 묵으면 되나예?"

"하, 맛이 좀 마이 쓰고 맵싸해서 첨 묵는 사람들은 그럴끼다. 그래도 이기 오줌도 잘 잘 나오게 하고 위를 튼튼하게 헌다니께 사람들이 마이 찾는다아이가."

국화과에 속한 여러해살이 풀인 삽주나 같은 속 식물의 뿌리를 말린 것을 말한단다. 창출 아니 아지매 말로는 찹출!

양경미·배지혜 모녀.

주인 닮아 생선도 웃고 있을 거라예

진동수산

길게 이어진 어물전을 따라 시장 골목을 돌아가는데 예쁘장한 젊은 아가씨가 전대를 두르고 생선 좌판 앞에 서 있는 게 눈에 들어왔다. 슬쩍 지나치려 하다가 궁금해서 다시 돌아가 물었다.

"아가씨가 생선장사를 하는 거라예?"

"아, 엄마가 하는데 설밑 대목장이라서 같이 나온 겁니더."

그제야 한쪽에 앉아있는 엄마가 보였다. 두 모녀가 모두 얼굴이 밝고 고왔다.

진동수산. 양경미(50) 아지매와 딸 배지혜(25) 씨. 집이 진동이라고 했다.

"어떻게 젊은 아가씨가 이리 시장에 나와있어예? 좋은 직장 구한다꼬 웬만해서는 다들 시장에는 안 나올라카던데…."

"엄마도 하는데 내가 왜 몬 합니꺼? 장날에는 잘 따라 다닙니더. 하하."

싹싹하고 부지런해 보이는 지혜 씨는 앞치마를 여미면서 문제없다는 투였다.

"그러고 보니 엄마랑 커플룩이네예."

두 모녀가 똑같은 앞치마에 똑같은 장화를 신고 있었다. 어물전에는 늘 물이 질척여 만반의 준비를 해야 한다며 모녀가 나란히 서서 웃었다.

점심시간에 3대가 나와서 일하는

함창국밥

"내가 24살 때 미곡전에서부텀 이 장사 했으니께네 딱 58년 됐다아이가. 지금은 움직이는 기 힘들어서 아들이 와서 국밥장사를 하제. 아들네는 저기 골목 돌아가서 고깃점 하고 있어. 국밥그릇 나르는 저늠아는 우리 손자고."

함창국밥. 좁은 시장골목 모퉁이에 있는 소머리국밥집이었다. 걸어놓은 큰 솥에서 풍풍 솟는 허연 김에 유리창이 희뿌옇다. 미닫이문을 열고 들어서면 작은 탁자 두어 개, 신발을 벗고 들어서는 천장이 낮은 좁은 방 한 칸이 손님을 받을 수 있는 자리 전부였다. 다 합쳐서 빽빽하게 앉아도 20명이 채 못 앉을 것 같았다.

김영복(79) 아지매는 내내 방문 앞에 앉아 있었다. 문을 활짝 열어두고 아들과 손자가 하는 걸 지켜봤다. 잘 하고 있는지 일일이 챙기는 게 역력했다.

김영복 아지매.

"저기 김치 더 내드려래이."

"저게는 퍼뜩 치우고. 요 손님은 마이 기다렸으니께 요부터 내고."

아지매의 참견은 손님도 예외는 아니었다.

"그거 다 묵어라. 국이 적으모는 얘기하고. 저 손님은 고기 더 주까?"

박주석 아재.

넓은 스테인리스 그릇에 내놓는 소머리국밥이다. 밑반찬은 깍두기와 동치미. 입맛대로 간을 맞춰 먹는데 소금이 아닌 양념장을 내놓는다.

방 벽에는 아지매의 젊은 시절 사진과 가족사진, 손자들 사진이 붙어 있었다. 평생을 시장에서 살면서 무슨 일이든 허투루 하지 않았을 깐깐한 성미가 엿보였다. 손님일지라도 마음에 들지 않으면 단번에 쫓아낼 것 같았다.

김영복 아지매의 아들, 박주석(53) 아재는 가스불 위에 걸어둔 큰 솥단지를 열고 국자로 휘휘 젓고 있었다. 허연 김이 아재 얼굴을 덮었다.

"어머니 계실 때 이런저런 걸 배워둔다 생각하고 있습니더. 식육점을 옛날부터 해왔고, 지금도 하고 있으니까 고기를 대는 것은 어렵지 않지예. 저야 주방 담당이고, 아들놈이 배달 댕기느라 땀깨나 빼고 있지예."

장터에서는 역시 소머리국밥이다. 소고기국밥보다 좀 더 싸서 장꾼들이 훌훌 한끼 때우기에는 더없이 좋다.

"장날에 제일 바쁜 데가 국밥집이라예. 새벽부터 단단히 준비를 해두지예. 점심시간 되모는 식당으로 오는 사람들도 많지만 시장 아지매들이 배달을 시키니까 더 바쁘지예. 바쁠 때는 집사람도 퍼뜩 달려오지예."

영복 아지매의 손자인 20대 중반의 덩치 큰 청년은 식탁을 행주로 닦고 있더니 어느새 보이지 않았다. 두 군데 배달을 갔다고 했다.

발길이 멈추는 장터 풍경

박귀구자 아지매.

"둘이서 사이좋게 장날 찾아댕겨예"

두 아지매가 늦은 점심을 먹는지 정답게 밥술을 뜨고 있었다. 갈치 등 생선을 잔뜩 펼쳐 놓았다.

"5일, 10일이 함안장날인데 그 날짜 되모는 요 와서 장사 헌다 아이가."

박귀구자(72) 아지매는 창원 양덕이 집인데 장이 열리는 인근 지역을 다닌다 했다.

같이 숟가락을 들고 있는 임채희 아지매가 옆에서 한마디 거든다.

"이 아지매는 자식 셋 전부 외국 유학시킨 거라. 아이고, 대단허다. 장사를 혀도 저라모는 할 맛이 안 나겄나예."

박귀구자 아지매는 모른 척하고 있지만 입가에 흐뭇한 웃음이 감돌았다.

임채희(68) 아지매는 박귀구자 아지매 건너편에다 생선 좌판을 펼쳐 놓고 있었다.

"저 아지매랑 진영, 북면, 경화, 상남, 여게 함안장을 돌아댕긴다예."

밥술을 뜨다가도 손님이 좌판 앞을 기웃거리면 날래게 자리로 돌아갔다가 다시 와서 밥을 먹었다.

"내는 저게보다 나이가 한참 적어."

"이름도 새댁처럼 예쁜데, 그라모 새댁이라 캐야겠다예."

건네는 농담에 아지매는 "우짜겄노, 하모. 하모"라며 귀구자 아지매와 박수를 치며 웃었다. 임채희 아지매는 창원 명서가 집이라고 했다.

임채희 아지매.

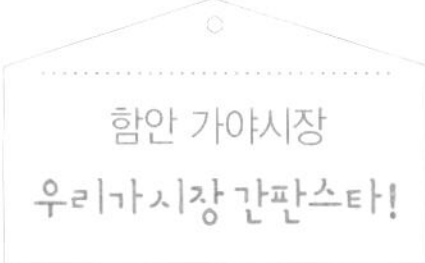

좋은 시절에는 동네 돈이 다 모였다

시장에서 신발 사는 건 노인들뿐

가야시장 중앙통로 입구에 자리잡은 제법 규모가 있는 신발가게였다.

"시댁 어른들이 여게서 과일가게를 했다고 하데예. 우리 집 양반이 군대 갔다 오고나서 신발가게로 바꾸었답니더. 내도 시집와서부터 했으니까 인자 얼추 30년 되는가 봅니더."

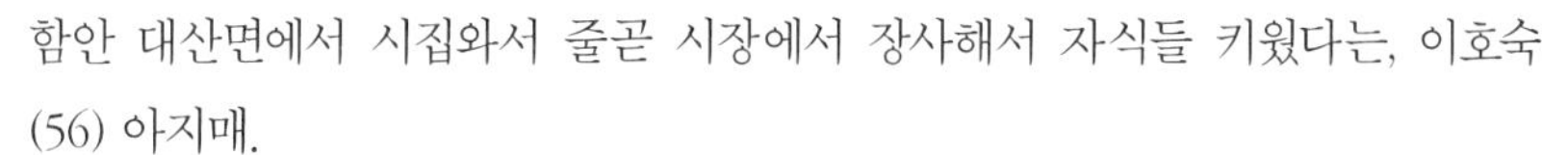

함안 대산면에서 시집와서 줄곧 시장에서 장사해서 자식들 키웠다는, 이호숙(56) 아지매.

"하이고, 30년이나예. 신발가게도 호시절 다 갔지예? 어떻습니꺼?"

"말도 못하지예. 요새 누가 시장 와서 신발 삽니꺼. 답답허니까 가게 문은 열지만 답이 없습니더. 80년대, 90년대까지만 해도 좋았지예. 그런데 요새 젊은 사람들은 신발 하나도 유명 브랜드를 따져 신으니까…."

호숙 아지매는 노인들이나 시장 와서 신발 사지 젊은 사람들은 돈을 줘도 구경 못한다고 말했다. / 이호숙 아지매·도미닉신발

가야시장을 사랑합니다!

"가야시장 장날이 참 크네예. 시장에는 종종 갑니꺼?"

"가야 사람들이야 시장에 자주 가지예. 우리 어렸을

때야 더 그랬지만 요즘도 장날에는 별의 별 것 다 나오는데, 살 것도 많고 구경할 것도 많습니더."

뚜레쥬르 함안점 직원 홍수봉(25) 씨의 야무지고 친절한 대답이었다.

"젊은 사람들은 아무래도 많이 가지를 않을 것 같은데예."

"우리야 어렸을 때부터 시장을 들락거렸으니까요. 고등학교 때도 자율학습 땡땡이 치고 시장 구경하러 나오고, 요기서 군것질하러 다니고… 하하. 여기 학생들은 별로 갈 데도 없고 학교하고도 가까우니까 시장에 많이 나왔는데예. 특히 여학생들이라서 더 그럴 낍니더."

함안에서 나고 자랐다는 토박이 수봉 씨는 가야시장이 학창시절 추억의 장소였다. 옆에 있던 강두이(48) 점장도 이야기를 거들었다.

"저는 이곳 사람은 아니지만 그래도 결혼해서 함안에 왔으니까 한 20년이 훨씬 넘었는데, 지금은 예전만 못해도 가야시장은 아직 장사가 잘돼요. 가까운 곳에 바다, 농촌이 다 있어서 그런지 장날에는 아무래도 마트나 그런 데보다 더 싱싱하니까요." / 강두이 홍수봉 씨·뚜레쥬르 함안점

시집와서 장사꾼 다 됐지예

"함안 가야시장은 인근 지역 장꾼들이 다 모입니더. 오늘만 해도 봤지예. 장날에는 시장 안 점포보다 난전이 더 북적거니까예. 굴다리 지나가지고 미곡전 앞으로는 발 디딜 틈도 없이 사람이 많지예. 오늘은 더욱이 설 대목장이라서 그럴낍니더."

조덕순(53) 아지매는 함창국밥 김정복 아지매의 며느리였다.

"시집와 가지고 우리 큰아들 낳기 전부터 장사했으니께는 나도 한 25년은 되나 봅니더."
서글서글한 생김에 성격도 시원시원했다. 자기 점포 앞에 좌판을 깔고 있는 아지매들한테도 인정스럽기 그지없었다.
"10년 넘게 우리 집 앞에서 장사하는 사람들인데, 한 달에 줄잡아도 여섯 번 아입니꺼. 이웃도 이런 이웃이 없지예."
"점포 앞인데, 그라모 세를 좀 받습니꺼?"
"매달 조금 받습니더. 장날이 한 달에 6번이니께…."
아지매들이 식사 중이었지만 손님이 기웃거리자 덕순 아지매는 손님이 그냥 갈까봐 대신 달려가 손님을 맞이하고 물건을 팔았다. / 조덕순 아지매·함창식육

산에 댕겨서라도 돈 맹글어야지

"설 쇠려면 돈을 사야제. 그래야 손자들 오모는 세뱃돈이라도 쥐여 주고로."
큰 도로 옆 다른 사람의 점포 앞에다 전을 펼쳐 놓았다. 그래봤자 비닐봉지 몇 뭉텅이에 작은 다라이 두어 개다. 직접 캐고 키운 나물 몇 가지가 전부다. 이춘자(73) 아지매는 산인면 운곡에서 아침나절에 마을 아지매들하고 동무해서 같이 왔다고 했다.
"이거는 내가 산에 댕기멘서 다 캔 기다."
대산면 옥렬리에서 왔다는 조갑출(76) 아지매는 비닐봉지 위에 싸 온 것들을 내놓고 찬 바람에 오종종 서 있었다.
"온 데 시리고 아파서 삽짝 밖에도 댕기기 힘들낀데 우찌 이걸 캐러 댕깁니꺼?"
"내가 19살 시집와서부터 산에 댕기멘서 캤는데…. 산이 내 손바닥에서 환한데 그기 머시라꼬. 온제, 오데 가모는 머이 나고 있는지 방에 앉아가꼬도 아는데. 몸이 으실으실해도 때 되모는 그기 기다리고 있을낀데 싶으모는 나가야 헌다아이가." / 이춘자·조갑출 아지매

가야읍 즐기는 법

함안군 가야읍은 아라가야의 역사와 문화를 안고 있는 곳이다. 근대에 와서는 경전선의 역사와 함께 발달한 곳이다. 최근에는 경전선 복선 전철화와 함께 폐선이 되면서 다소 침체를 맞고 있다. 하지만 여전히 교통 접근성이 좋은 지역인데다가 옛 기찻길의 풍경이 남아 있어 사람들의 발길이 끊이지 않는 곳이다.

함안 말이산 고분군

함안박물관 개관 10주년 기념 특별전 도록에 따르면 함안 말이산 고분군은 가야시대 고분유적으로서는 최대급의 규모를 자랑한다. 말이산 고분군에서 출토되는 토기는 아라가야를 상징하는 '불꽃무늬토기'다. 또 재갈, 안장 등의 말갖춤, 새 모양 장식을 붙여 만든 미늘쇠 등 '철의 왕국'이라 일컬어지는 아라가야답게 수준 높은 철기들이 출토된 곳이다.

이곳 고분들 사이를 산책하듯이 걷는 기분은

남다르다. 경남에서는 함안에서만이 누릴 수 있는 것이기도 하다.

위치 경상남도 함안군 가야읍 도항·말산리 일원

함안박물관

함안박물관은 말이산의 제3~4가지 능선 일대에 자리하고 있다. 함안군의 대표적인 문화시설이다. 주변 고분군의 역사와 유적을 한눈에 볼 수 있는 곳이다. 아라가야의 역사와 문화를 알리는 전시를 통해 말이산 고분군의 가치를 더욱 높이고 있다.

위치 경상남도 함안군 가야읍 도항리 581-1 (고분길 153-31)

꼭 가보고 싶은 경남 전통시장 20선

제3부 산에 산에 진달래 피면 어머니는 새벽 장에 가고

- 의령시장
  소문난 맛집들이 오래된 시장을 살리겠네
- 산청시장
  지리산 골짝 약초향이 봄바람 타고 왔구나!
- 합천시장
  구석구석 애틋하여 금방이라도 달려가고픈
- 창녕시장
  만나는 사람마다 살가워 사람 사는 곳 같더라

소문난 맛집들이 오래된 시장을 살리겠네

의령시장

시장 골목에 들어서면 40년 전통 뻥튀기집에서 나는 고소한 냄새가 가득하다.

"우리 집 꺼는 한 번 묵어본 사람은 계속 주문한다아이가. 일본, 중국 다른 나라 가있는 사람들도 주문해서 보내준다예."

40년 전통의 뻥튀기집이다. 장날이나 명절 되면 사람들이 뻥튀기 해달라고 들고 오기도 하지만 강정이며, 튀밥이며, 땅콩 등 뻥튀기한 것을 판다.

"쌀, 땅콩 전부 국산이라요. 강정 맹글 때 쓰는 엿에도 화학품 같은 거는 절대 안 섞지예. 화학품을 쓰면 단맛이 더 있고 잘 붙어있지만 먹을 때 이에 붙는 기라. 그걸 안 쓰모는 더 바삭하제."

심준남(71) 아재가 말을 할 때마다 부인 상동띠기 아지매는 두 손은 엿을 바가지로 떠 튀밥을 섞으면서도 '하모, 하모' 대답하듯이 고개를 끄덕끄덕한다.

장날인데 비가 와서 '재미없네'

장날이지만 시장 골목은 다소 한산했다. 느닷없이 내린 비 때문에 나오지 않은 장꾼들이 많으리라. 장날을 벼르고 준비한 것들은 다음 장날을 기다리며 다시 고방으로 들어갔을 것이다. 평소 같으면 바깥 노점에다 좌판을 펼쳤던 상인들이 시장 골목 중간중간 자리를 차지하고 들어앉았다. 간간이 장 보러 나온 이들의 잰 걸음걸이가 눈에 띈다.

"오늘은 이노무 비 때문에 고마 재미 보긴 영 글렀네."

남산에서 왔다는 아지매는 집에서 삶고 말리고 다듬어 온 것들을 죽 펼쳐놓은 채 옆 점포에서 놀고 있었다.

'이노무 비 때문에' 이날 의령시장 취재는 '고마 접어야' 했다.

소바 먹고 망개떡 사서 집에 가네

다시 일요일 점심 무렵, 의령시장.

눈이 휘둥그레졌다. 시장 안으로 들어서는 길목 남산떡집 앞에 사람들이 웅성거리며 줄을 서 있었다. 줄이 좀 짧아지는가 싶으면 금세 다시 길어졌다. 돌아서 나가는 사람들마다 종이 상자를 두 개, 세 개 들고 있다. 국밥, 소바와 함께 의령 3미 중 하나인 망개떡.

"지금은 인터뷰 못하고 나중에 오이소."

스무 명 정도의 사람들이 일을 하고 있지만 주인 아지매는 잠시 시간을 낼 여유도 없었다.

떡집 문턱이 남아있겠나 싶을 정도로 사람들이 들락거렸다. 떡집 안을 살짝 엿보니, 열댓 명의 아지매들이 둘러앉아 계속 떡을 만들고 있다. 떡을 사는 손님들은 금방금방 만들어지는 떡을 구경할 수 있도록 해놓았다. '눈으로 먹고 입으로 먹는' 망개떡이었다.

일요일 오후의 시장은 며칠 전 비 내리는 장날 때보다 훨씬 활기찼다. 등산복 차림으로 시장을 둘러보는 무리, 아이들과 장 구경을 하는 가족들도 눈에 들어왔다.

"인구가 3만 명 정도인 동네지만 의령장은 장꾼들이 보기에는 큰 시장이라예."

인근 지역 장날을 번갈아 다닌다는 장꾼의 귀띔이다.

골목 하나를 돌아가면 소바집인 화정식당이다. 화정식당은 온 가족이 일손이다. 주인아저씨가 면을 담당하고, 사위는 육수와 배달 담당, 주인아지매와 딸은 손님맞는 친절서비스 담당, 아들은 주방과 손님 식탁을 드나들며 수시로 확인한다.

"이 집이 시장통에서 가장 오래된 소바집이지예. 싸고 양도 많아 시장 사람들도 잘 사 먹고, 주말에는 외지 손님들이 많아 의령 사람들은 아예 평일날 오지예."

의령읍 토박이라는 손님은 휴일에는 식사 시간 말고 찾아온다고 했다.

의령시장은 작은 시장이지만 시장 골목 정비가 잘 되어 있고 깨끗했다. 거기에다 설명할 순 없지만 왠지 푸근하고 정감 있다.

의령소바 본점 입구.

망개떡, 소바는 국밥과 함께 의령 3미에
들어간다. 의령장에 가면 이 3가지를
먹고 살 수 있어 주말 관광객의
발길이 끊이지 않는다.

남산떡집의 망개떡.

화정식당 골목을 빠져나가면 전국에 체인점을 두고 있는 '의령소바 본점'이다. 겉으로 보기에도 널찍하고 깨끗한 식당 분위기는 현대적이고 위생적으로 보인다. 이곳 또한 식당 안은 발 디딜 곳이 없었다. 의령소바 본점은 다른 소바집보다 메밀을 이용한 다양한 메뉴가 있어 아이들과 같이 오는 가족 손님들이 많을 것 같았다. 거기에다 메밀쿠키나 메밀차 등 손쉽게 사갈 수 있는 것들도 눈에 띄었다.

먹을거리, 볼거리가 제법 많구나

의령시장은 작은 시장이지만 시장 골목 정비가 잘 되어 있고 깨끗했다. 거기에다 설명할 순 없지만 왠지 푸근하고 정감 있다. 시골 장이라고 해서 다 그런 게 아닌데, 이곳 사람들의 표정이나 인심이 넉넉한 게 느껴졌다.
의령시장은 인구 3만 명이 채 안 되는 의령군에서 가장 큰 시장이다. 이곳은 시장 입구에 축협과 축협마트를 두고 있지만 아직 대형 유통업체가 많이 들어서지 않아 장날인 3일과 8일에는 군내 12개 면에서 봇짐을 이고 지고 몰려든다. 상가주택복합형 시장인 이곳에는 150여 개의 점포와 장날이면 나오는 100여 노점상이 있다. 하지만 다른 지역과 마찬가지로 비어 있는 점포도 제법이다. 자연 발생적으로 생긴 이 시장은 언제 개설했는지도 정확지가 않다. 다만 1935년 무렵으로 추정하고 있다.
시장 가까이에는 충익사, 의병박물관, 전통농경테마파크, 의령민속경기장, 정암루솥바위 등 관광객이 즐겨 찾는 곳들이 제법 많다. 또 의령읍에서 조금 떨어져 있지만 곽재우 장군 생가, 호암 이병철 회장 생가, 백산 안희제 선생 생가 등이 있다.
그래서 그런지 겨울이지만 나들이 나온 외지 사람들이 제법 많은 듯했다.
"자굴산 찾는 등산객들도 이곳을 지나야 하니까 돌아갈 때는 여길 들르지예. 위치

시장 골목 아케이드 설치 작업이 한창이다.

가 좋은 기라예. 그라고 참 좋은 기 소문난 먹을거리가 있다 아입니꺼. 토요일이나 일요일 오면 사람들이 올매나 많다고예. 시장이 덕을 많이 보는 편이지예."

의령 사람들은 소문난 먹을거리인 '의령 3미', 망개떡, 소바, 국밥을 '명품 먹거리'라고 했다. 이 '명품 먹거리' 중 2가지를 이곳에서 먹을 수 있다는 점이 의령시장의 활기에 한몫했다. 시장 안과 주변에는 골목마다 여러 곳의 망개떡집과 소바식당이 있다. 이런 먹을 게 있어 의령읍을 찾는 관광객들이 많고 이곳 시장에도 외지인들의 발걸음이 많은 이유라고 했다. 60년 전통의 '종로국밥'은 시장에서 두어 블록 떨어져있지만 이 또한 외지 사람들을 불러들이는 데 톡톡히 한몫을 하고 있다.

"요새 사람들은 맛있는 집을 찾아댕긴다 아입니꺼. 먹으러 와서 그것만 묵고 가지는 않지예. 가까이 시장이 있으니 그중에 반은 자연스럽게 찾아오지예."

한 가지 특색만 있으면 더 좋겠네

소문난 먹을거리가 시장 안팎에 있으니 확실히 시장 이곳저곳에서 외지 사람들과 많이 마주쳤다. 나들이객이든 관광객이든 등산객이든 일단 이곳에서는 먹지 않고 그냥 지나치는 사람은 없을 듯했다. 의령시장 사람들도 시장 활성화에 이들 '의령3미'가 한몫을 한다는 데는 고개를 끄덕였다. 하지만 시장에서 만난 상인들 중에는 더러 좀 더 사람들을 시장으로 끌어들이고, 좀 더 시장 상권이 균형적으로 살아날 방법이 없을까 하는 고민이 역력했다.

"의령시장에만 있는 볼거리 특색 한 가지만 있으모는… 의령3미 맛보러 오는 손님들이 다 시장으로 올긴데예. 확실하게 먹거리 관광시장으로 아예 만들든지…."

의령시장 경상남도 의령군 의령읍 중동리 386

•• 관절염에 좋아 많이 찾는다고?

뒤로 돌아 앉은 채 수그려 일하는 아지매가 있었다. 어깨 너머로 슬쩍 보니 허연 닭발이다.

"아지매 머하는 기라예?"

"닭 발톱을 없애가꼬 깨끗이 손질해놔야 사람들이 사가제."

돼지껍데기, 닭발은 동네 시장을 돌다보면 종종 눈에 띈다. 몇 년 전부터 언론에서 피부에 좋은 '콜라겐 덩어리'라며 한창 치켜세우는 바람에 찾는 사람이 많아진 덕이다.

"이기 요새 젊은 사람들이 콜라겐이 많아 피부에 좋다고 마이 사가나보네예."

"젊은 사람들도 사가지만 노인들이 더 마이 사가예. 이기 관절염에 아주 좋고 혈당 조절에도 좋고 추위 타는 사람한테도 좋다쿠데예."

"그라모 이걸 사가지고 가서 우찌 묵어야되는 긴데예. 그냥 고추장볶음 해묵으면 됩니꺼?"

"아이라예. 볶음해 묵는 것보다 소주에 푹 고아 묵는 기 제일이라데예."

닭발 1kg(가격 5000원 정도)에 소주 2L, 대파, 생강, 마늘을 넣어서 푹 고아 매일 한 술 씩 먹어도 되고, 식혀서 묵처럼 먹어도 좋다고 했다.

피부만이 아니라 관절염에 좋다는 이것, 닭발!

닭발.

•• 깡통들은 왜 줄지어 섰나?

시장 입구부터 웅성대는 사람들을 만났다. 40년 된 뻥튀기집이다. 사람들을 비집고 목을 빼고 보니 주인아지매는 어두컴컴한 안쪽에서 쌀강정을 만들고, 주인아재는 밖에서 연신 기계를 돌리고 있다. 가만히 보니 모인 사람들 중 반은 일을 맡기러 온 사람이고 반은 장날에 만난 사람들끼리 이야기를 나누는 거다.

주인 내외는 일이 밀려들어 정신없는데 가게 앞 사람들 발치에는 네모난 깡통들이 나란히 줄을 지어 있다. 깡통에는 흰쌀이며, 검은콩이며, 현미 등이 얌전히 들어 있다.

"아재, 이기 머시라예?"

"튀울라꼬 순서대로 나래비 세워 놓은 기라요. 이리 맡겨놓고 지 볼일 보러 가는 사람도 있고…."

"넘의 꺼랑 바뀌모는 우짤라꼬예? 이름도 없고 번호도 없는데예?"

"절대 안 바뀌제. 이래놔도 다 지 꺼는 잘 찾아가제."

뻥튀기 기계 속으로 들어간 검은콩이 연기를 뿜으며 쏟아져 나왔다. 툭툭 터진 것들이 2배 크기로 부풀어 나왔다. 고소한 냄새가 참 맛있다.

순서대로 줄지어 서 있는 깡통들.

장인은 반죽하고 사위는 국물 내고

화정식당

화정식당은 시장 안에서 하는 소바집으로 김선화(59)·이종선(60) 부부와 큰딸 나영 씨 부부, 아들 동환(30) 씨, 친척 최춘선 씨 등 온 가족이 함께 일하고 있다. 좁은 골목 하나를 사이에 두고 본점과 별채가 있다.

"30년 전에 지은 걸 며칠 전에 리모델링을 끝냈어예. 의령소바가 하도 유명하니 외지 사람들이 많이 찾고 젊은 사람들도 많이 오는데 아무래도 요새 사람들 취향에 맞춰야지예. 딸이 그래야 한다꼬 막 밀어붙이데예. 딸이 같이 하니까 우리 할 때 하고는 다르데예."

이종선 아지매는 친정이 진주시 대곡면 가정리다. 그래서 가정띠기라고 했다.

종선 아지매는 처음에는 시장 난전에다 좌판을 깔아놓고 혼자서 시작했다.

"1979년인가 국수장사를 시작했는데, 그때는 시장 건물이 없고 장옥만 있었지예. 솥을 걸고 비니루 치고 팔 걷어붙이고 시작했는데 그 시절엔 국수가 한 그릇 20원이었어예. 처음에는 흰 국수로 했는데 한 달 동안 사람들한테 공짜로 주었어예. 울 아저씨는 화정 집에서 농사짓고. 나중에 울 아저씨가 같이 하면서부터는 직접 반죽을 해서 손으로 기계 돌려서 면을 뽑았지예. 한 10년쯤 지나서 집에 메밀을 심었는데 그때부터 메밀국수를 했어예."

화정식당은 김선화·이종선 부부와 큰딸 나영 씨, 사위, 아들이 함께 운영하고 있다.

의령소바는 워낙 소문이 나 집집마다 장사가 잘된다. 화정식당도 여름에는 말할 것도 없이 장사가 잘되고 평소에는 장날 토·일요일이 비교적 잘된다고 했다. 겨울은 아무래도 뜸하다고 했지만 일요일이라 그런지 식당 안은 발 디딜 곳이 없었다.

"메밀은 군에서 농가에 지원해서 메밀을 심게 하는데 그걸 우리가 받기도 하고 물량이 모자라면 시장 상인들한테 사기도 해예. 군에서 5500원, 시장에선 7000원에 사지예. 다른 데는 모르겄고 의령소바하고 우리는 군에서 지원한 걸 많이 하지예. 추수철에 500만 원어치 사서 저장창고에다 보관해서 사용하지예."

의령소바는 메밀국수라고 할 수 있다. 차갑게 먹기보다 온면이 맛있다. 따뜻한 국물과 김가루, 야채, 양념을 살짝 얹은 것이다. 메밀비빔면도 비빔국수와 비슷했다.

"메밀소바는 반죽과 국물이 좌우합니다. 반죽은 100% 메밀이 아니라예. 메밀은 점성이 없어서 밀가루와 섞어서 사용해야 하지예. 하루 전에 미리 반죽을 해서 숙성을 해놓습니다."

메밀과 밀가루 비율, 반죽 시간 등이 면의 식감이나 맛을 좌우한다. 거기에다 국물 낼 때 사용하는 멸치가 중요하다고 했다. 화정식당에서는 좋은 것을 사기 위해 삼천포

온소바.

누구든 마실 수 있도록 가게 밖에 내놓은 차통이 눈길을 끈다. 여러가지 약초를 넣은 차는 매일 새벽 장작불을 때어 가마솥에 3시간 정도 푹 곤다.

에 가서 한 번 살 때 100만~200만 원어치 반건조 된 것 사온다. 그걸 다시 건조기에 말려서 냉장실에 보관한다.

"반죽은 하루에 한 포 정도, 멸치는 하루에 보통 2박스씩 사용하지예. 아끼지 않고 써야 국물 맛이 제대로 나는 기라예."

화정식당 메밀국수는 5000원이다. 가격을 올리면 정작 시장에 오는 시골 사람들이 사 먹지를 못한다는 게 이들 김선화·이종선 부부의 말이다.

"시장에는 싸고 맛있어야 합니다. 너무 인심이 야박하몬 오기가 싫다아입니꺼."

화정식당에서 유독 눈에 띄는 것은 본채 밖 골목에 내놓은 따끈한 차통이다. 20리터가 넘을까. 화정식당에서는 시장에 드나드는 누구든 먹을 수 있도록 매일 아침 문을 열기 전에 차통부터 내놓는다고 했다.

"화정에 2000평 정도 되는 농장이 있는데 거기서 나는 것들을 매일 새벽 장작불을 때 가마솥에다 3시간 정도 푹 고지예. 오미자 헛개 칡 홍화씨 메밀 꾸지뽕 해바라기씨 감초 등 한 10가지는 될 기라예. 시장 상인들이나 장보러 오는 사람들이 먹습니다. 여름에는 가마솥에 끓여서 식으면 얼음을 넣어서 시원하게 해놓지예. 인자 사람들이 다 알고 있으니까 오다가다 마시고해서 한 통 모자랄 때도 있습니다."

의령 망개떡 역사를 시작한 곳

60년 전통의 원조집

남산떡집

남산떡집은 망개떡 원조집으로 유명하다. 60년이 넘었다고 한다. 장날과 일요일, 2번을 찾아갔는데 그때마다 손님들이 줄을 잇고 있었다. 열댓 명 되는 아지매들이 네모난 큰 탁자에 둘러앉아 계속 떡을 만들고 있었다. 네모난 손바닥만 한 반죽에 팥소를 넣고 망개잎으로 싸고… 손들이 쉴 틈이 없었다.

"시어머니 때부터 했지예. 시어머니는 20년 전에 돌아가셨고, 인자 나도 35년 됐네예. 아들들이 다 같이 하고 있습니다. 내가 시집올 때는 떡방앗간이었지예."

네모난 손바닥만 한 반죽에 팥소를 넣고 망개잎으로 싸고…
손들이 쉴 틈이 없었다.

손은숙 아지매.

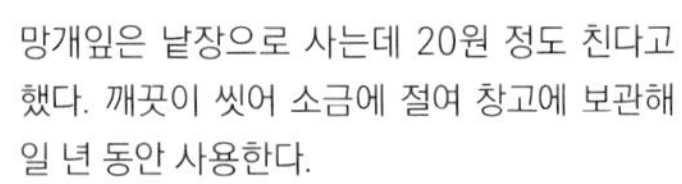

망개잎은 낱장으로 사는데 20원 정도 친다고 했다. 깨끗이 씻어 소금에 절여 창고에 보관해 일 년 동안 사용한다.

손은숙(63) 아지매는 시어머니가 살아계셨더라면 95세라고 했다. 딱히 정한 것도 아닌데 시어머니와 똑같이 경북 상주가 고향이었다며 웃었다.
경남 쪽에서 부르는 망개는 원래 이름이 청미래다. 망개떡은 그 잎으로 떡을 싸서 찐다. 망개잎은 천연방부제 역할도 하지만 항균·멸균 효과도 있다.
떡집 입구에는 5000원, 만 원으로 포장된 상자들이 수북하다. 5000원짜리 상자에는 15개, 만 원 상자에는 30개가 들어있다. 쌓여 있던 상자들은 금방 바닥을 드러내었다. 떡을 만드는 아지매들은 허리 한 번 펼 틈이 없었다. 줄을 지어 사가는 손님들에게 은숙 아지매는 "하루 이상 지나면 굳어서 안 좋으니 시간 내 먹어라"고 당부한다.

일손이 달리는 가운데 은숙 아지매를 붙잡고 이야기를 나누고 있는데 마침 둘째 아들 임덕근 씨가 들어선다. 은숙 아지매는 "아이고 다행이다"며 아들하고 이야기하라며 다시 본격적인 일에 들어갔다. 하지만 덕근 씨도 "저보다 아버지랑, 형하고 이야기해야 하는데…. 저는 잠시 지금 일을 도와주고 있는 것뿐인데"라며 잠시 난색을 표했다. 그리고는 "두 분 다 지금 올 수 없으니"라며 이런저런 이야기를 들려줬다.

"떡이 많이 팔리니까 망개잎을 구하러 온 데를 다닙니다. 매년 7월 하지에서 8월 말까지 따는데 그때 잎이 도톰하고 제일 좋습니다. 의령에서는 남산, 자굴산 등에 가서 따고, 멀리는 전라도, 포항, 거제, 통영으로 가서 따옵니다. 직접 따는 게 아니고 아지매들이 따오지예. 따온 것을 삽니다. 예전에는 자굴산만 해도 충분했는데 망개나무가 점점 줄고 물량은 많아지고 하니…."

망개잎은 낱장으로 사는데 20원 정도 친다고 했다. 깨끗이 씻어 소금에 절여 창고에 보관해 일 년 동안 사용한다. 소금을 사용하는 것은 장기 보관도 이유지만 생으로 푸른 잎 그대로 사용하는 것은 아무래도 비위생적일 수 있기 때문이다.

"평일은 덜하지만 보시다시피 주말에는 쉴 짬이 없지예. 사는 사람도 많고 일하는 사람도 많습니다. 쌀은 '자굴산 골짝쌀'을 사다 쓰고 팥은 주로 의령 팥을 쓰는데 다 감당이 안되니 다른 지역 걸 쓰기도 합니다."

망개떡을 파는 집이 의령읍에서만도 여러 곳이다. 은숙 아지매는 팥 달이는 것, 반죽하는 것 등 집집마다 만드는 방법이 조금씩 다르다고 했다.

"뭐니 뭐니 해도 재료가 좋아야 합니다. 묵은쌀일수록 금방 티가 납니다. 우리 집은 금방 도정한 것을 바로 사용합니다."

의령시장
우리가 시장 간판스타!

시설 현대화 추진 중이지만 인심은 옛 그대로

축협마트와 오히려 공생관계를 유지하는 게 좋아

이곳 정순곤(53) 상인회장은 "의령시장은 다른 지역보다 작은 장이지만 아직도 한 가족 같은 분위기"라고 말했다.

"등산객, 관광객이 대부분 '의령 3미'를 맛보기 위해 오는데 40프로 정도는 시장에 옵니다. 여름철 주말에는 2000명 정도가 몰려와예. 지역주민들도 따라서 모여들고, 그때면 왁작왁작하니 참 좋아예."

상인들이 친절하고 시장 분위기가 좋다 하니 정 회장은 "상인대학을 개설하지는 않았지만 외지인들이 많이 와서 그런지 친절서비스가 잘 되는 편"이라며 "촌이라서 그런지 아직 백화점 마트보다 인심이 후하다"고 했다.

주목할 만한 것은 축협과 축협마트 등이 '한지붕' 아래 있다는 점이다. 아케이드 설치 사업을 하면서 시장 가까이 붙어 있던 축협과 축협마트를 자연스럽게 이어 공사를 한 것이다. 어느 지역에서는 시장 활성화를 위해 시장 한가운데 비어 있는 점포를 활용해 마트나 은행을 들이자는 등 의견이 나오지만 현실적으로 상인들과 의견 조율이 안돼 실현이 되지 못하는 경우도 있다.

"축협에서 시장으로 자연스럽게 고객 동선을 이어 놓았지예."

경쟁이 될 수 있는 축협마트와 오히려 공생관계를 유지하는 좋은 본보기였다.

의령군은 '의령전통시장 한마음축제'나 '전통시장 가는 날' 홍보를 적극적으로 벌이고 있어 전통과 특색 있는 맛으로 시장 활성화에 애쓰고 있다. 올해 시설 현대화 사업으로 17억 원을 들여 현대식 공중화장실과 고객 편의시설, 상인회 교육장 등을 포함하는 의령상설시장 다목적센터와 주차빌딩을 건립할 계획이다. / 정순곤 아재·의령전통시장 상인회 회장

"입어서 새댁처럼 예쁘면 싸게 드립니다"

시장 안에서 제법 큰 옷가게다. 동남의류 최지운 아재는 할매들에게 옷걸이에 걸려 있는 옷들을 이것저것 꺼내어 보여준다.
"비싸모는 못 산다. 싸게 주이소."
"입어서 새댁처럼 예쁘면 싸게 드립니더."
망설이던 할매들이 하이고, 하며 웃고 만다. 최지운 아재는 상인회 사무국장을 맡고 있다. 슬쩍 쑥스러워 했다. / 최지운 아재·동남의류

"장날엔 장사 안돼도 동무랑 얘기하는 재미가 있제"

"남산에 살고 있으께내 고마 의령띠기라고 불러라. 생선 파는 거는 40년 이상 됐다 아이가. 오늘 장 서자마자 비가 오데. 아즉까지 개시도 못했다, 문디."
하필 장날 아침부터 비가 내렸다. 생선골목으로 들어서는 모퉁이였다. 펼쳐놓은 좌판 위에는 굵은 갈치들이 가지런하다. 두 할매는 화톳불을 가운데 두고 담배를 피우며 도란도란 이야기를 나누고 있다.
"요새는 장사랄 게 있나, 머시. 이리 장날 나와서 지나가는 할매들 불러서 이야기나 하는 거제. 그래도 경로당 가는 거보다는 낫다아이가. 이리 나오모는 내 쓸 거는 내가 챙기니까. 평생 하던 기라 놀고 있으모는 몸도 안 좋고."
타닥타닥, 화톳불 속의 숯이 뻘겋게 타고 있다.
장 보러 나온 인순 할매는 백이에 산다. 장에 왔다가 볼일도 보기 전에 봉순 아지매랑 마주 앉아서 시간 가는 줄 모르고 이야기하고 있다.
"장날에 머리 하러 나와서 지금까정 놀고 있다아이가. 고기도 사야 되는데…."
말은 그리 하는데, 일어설 기미는 없었다. 동무랑 불 쬐며 얘기하는 게 좋은 것이다. 추운 겨울이지만 장에 나오는 재미이기도 하다. / 김봉순 할매와 박인순 할매

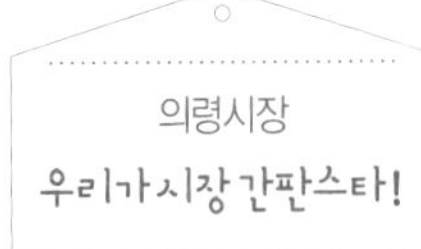

상품 정보 제대로 표기하고 배운 것 응용해서 장사해

"이제 1년 됐는데 약초시장이 아직 홍보가 많이 안돼…. 이게 신선초, 빼빼목이라고도 하는 건데 마셔보이소."

남기등 아재는 따뜻한 한방차를 권했다. 그는 화정면 등 면장을 지내다 의령읍장으로 퇴직하고 아내와 시장농산을 시작했다. 시장농산은 의령시장 주차장 바로 옆, 시장 입구에 자리하고 있는 '약초시장' 건물에 자리 잡고 있다. 예전부터 약초에 관심이 많아 약초품질관리사 자격증을 땄다.

"2004년 마산대학에서 전통약재개발학을 전공했습니다. 농업직 공무원이다 보니 자연스럽게 관심이 가더라고요."

이곳에 있는 약재는 어성초 등 몇 가지만 의령에서 나오고, 전국 각지에서 가져온다. 원산지, 가격, 정량, 연락처 등 제대로 표기해서 실명제로 팔고 있다.

"산청, 함양 같은 데서 필요한 것만 구해옵니다. 우리 집은 충남 금산 홍삼을 많이 취급하지요. 그곳은 대구 약령시장 못지 않습니다. 쑥, 새순, 미나리 등은 건조만 잘하면 좋은 차가 될 수 있습니다. 배운 것을 평소에 많이 응용하는 편이지요."

남기등 아재는 고령 고객이 많은 편이라 허리, 무릎 등 관절염에 효과적인 한방차나 약재를 꾸준히 먹기를 권유한다.

"약초시장이 인근 지역에도 있지만 의령에서도 양심껏 잘하면 누가 하더라도 손해는 보지 않을 것 입니다." 셋째 일요일은 쉬지만 집이 바로 코앞이라 전화만 하면 나오기도 한다고 했다. / 남기등 아재·약초시장내 시장농산

"자리 잘 잡으모 기분이 아주 좋지예"

박효식(52) 아재는 장터를 찾아다니는 21년 경력의 장꾼이다. 의령이 고향이고 창원에서 살고 있다. 함안, 밀양, 팔룡장, 밀양장 등을 다니고 있다. 슬쩍 훑어본 효식 아재의 좌판에는 없는 게 없을 정도다. 생칼국수 잡채만두 떡국 등은 물론이고, 땅콩 검은콩 등은 갓 볶아서 달라는 대로 팔고, 갓 쪄놓은 옥수수빵은 이천, 삼천 원에 팔고 있다. 삶지 않은 번데기도 홉으로 팔고 있다.

"날마다 자리를 어디 잡느냐에 따라 다르지만, 이번 의령장에서는 제가 자리를 잘 잡았지예. 오늘은 추워서 그런지 고소한 옥수수빵이 엄청 잘 팔리네예."

/ 박효식 아재

"의령에 소고기국밥 하는 데가 많아서 돼지국밥 시작했지예"

하삼순(61) 아지매는 28년째 식육식당을 운영하고 있다. 주 메뉴는 돼지국밥이다. 시장 사람들은 이곳 국밥은 꼭 먹어봐야 한다고 했지만 아쉽게도 맛보지는 못했다. 정육점도 같이 운영하고 있는데 3년 전부터는 아들하고 같이 한다.

"육수 낼 때 등뼈, 꼬리 등 여러 부위 뼈가지를 다 넣어예. 뼈가지는 한번 삶아 핏물을 잘 빼는 게 제일 중요해예. 의령에는 소고기국밥을 하는 데가 너무 많아서 돼지국밥을 하는 게 좋을 것 같아서 시작했지예."

시장 주차장을 옮기고 난 후 원래 있던 시장골목 상권이 좀 한산해지는 듯해서 좀 더 드나드는 사람들이 많은 지금 장소로 옮겨왔다.

"돼지고기는 창녕도축장에서 가져오고, 소는 가례면에 있는 집안 오빠가 소 키우고 있어 거기서 가져옵니더. 암소 에이급이라예. 객지 사람들도 마이 오고, 단골들도 꾸준히 옵니더." / 하삼순 아지매·부산식육식당

의령읍 즐기는 법

의령읍은 지리적으로 경남 한가운데에 있다. 자굴산과 남강을 안고 있어 산과 물이 어우러진 곳이다. 의령읍에는 임진왜란 때 전국 최초로 의병을 일으켜 승전한 곽재우(호 망우당) 홍의장군과 수많은 의병들의 충절을 기리기 위해 조성한 '충익사'가 있다. 또 의령전통시장 주변에는 많은 사람들이 쉽게 찾을 수 있는 의병광장, 의령천 구름다리와, 용국사 등이 있다.

솥바위 정암진(鼎巖津 : 솥바위나루)

정암교는 의령의 관문이다. 정암교 아래 남강 물속에는 바위 하나가 있는데 정암鼎岩 또는 솥바위라고 부른다. 물속에 반쯤 가라앉은 것이 마치 솥 모양을 닮은 것에서 유래한다.

정암진은 원래 의령군과 함안군의 경계에 흐르는 남강의 도선장을 일컫는 말이었다 한다.

임진왜란 때 망우당 곽재우 장군이 승첩을 거둔 곳이기도 하다. 지리적으로는 옛날부터 부산, 김해, 창원, 마산, 함안 방면으로부터 경상하우도로 드나드는 매우 중요한 길목이었다. 지금은 이곳에 정암교가 놓여 있어 옛날에 사용했을 나루터는 흔적을 찾아볼 수 없지만 정암진 풍경의 아름다움은 옛적이나 지금이나 여전하다.

위치 경상남도 의령군 의령읍 정암리 산1-1 (남강로 686)

지리산 골짝 약초향이 봄바람 타고 왔구나!

산청시장

김동석 아재는 귀하게 캐온 적하수오를 시장에 가지고 나왔다. 하지만 약재상에서 부르는 값이 생각보다 낮아 도로 보따리를 싸는 중이다.

"이기, 그리 받으모는 안 되는 기라니까네."
"영감님. 시세가 그렇다니까요."
시장 안 열어놓은 문 사이로 비집고 나오는 소리였다. 약초가게 안에서 주인과 웬 아재의 실랑이였다.

귀헌 약초 가져갈 임자는 어뎄소

아재는 바닥에 놓인 비닐봉지를 풀어서 열어 보였다. 굵은 마디에 손톱 끝이 시커멓게 닳아 있었다. 차황면 정남마을에 사는 김동석(81) 아재였다.
"이기 귀헌 적하수오라는 기라요. 몬 받아도 내가 30만 원은 받아야 허는디. 엊그제 황매산 가는데 큰 바구 사이에 이기 있더만."
적하수오는 달여서 먹으면 흰 머리카락이 다시 새까매진다는 약초랬다. 약초건재상회 주인은 그리 주고 사면 자신이 수지가 안 맞는다며 아재에게 10만 원에 팔라고 했다. 하지만 아재는 그리는 못 판다고 우겼다. 두 사람 사이의 흥정은 쉽게 끝나지 않을 것 같았다.
"내가 약초 캐러 30년 이상 댕겼소. 요게가 고향은 아니지만 평생을 살았으니 고향이나 마찬가지라요. 인자는 농사 안 짓지만 내가 도라지 농사 지어가꼬 진주에 있는 장생도라지에 몽땅 대어 주었제."
아재는 같이 가져온 다른 비닐봉지도 열어 보였다.
"이것도 적하수오인 줄 알았더만 아이데. 저거 캐던 바로 옆에 있었는데, 이거는 와 하늘수박인지…. 아, 같은 데 있어서 긴 줄 알았다아이요. 보니께 다르네. 하늘수박 뿌리 저그는 벨로 안 치준다아이요. 이 귀헌 걸 누가 가져갈라나, 임자가 아즉 없구만예."

아재는 봉지에 싼 것을 주섬주섬 챙겨서 약초가게 문을 나섰다. 장이 끝나기 전에 살 사람을 얼른 찾아야 했다.

주지승은 감나무, 목사는 천리향 묘목을 사고

"아, 그걸 왜 사가누?"
우렁우렁한 소리에 다들 목소리를 따라 고개를 돌렸다. 웬 아재였다.
"하하, 입구 길에다 심을 감나무라요."
"에이, 그런 걸 심어서는…. 여기 이런 걸 심어야 좋제."
봄날 장터에서 사람들이 제대로 몰리는 곳은 봄기운 잔뜩 몰고온 화초 좌판 앞이거나 묘목장수가 길을 따라 쭉 벌여놓은 난전이다.
먼저 와서 감나무를 고른 뒤 값을 치르고 있는 이는 성공사에 있는 주지였고, 나중에 와서 반가운 김에 냅다 소리를 지른 사람은 알고 보니 금서교회 장성덕 목사였다.
"내는 천리향, 이것 싸주세요."
주지와 목사는 이웃이라고 했다. 두 사람은 대추, 감, 복숭아 등 수십 종의 묘목을 사이에 두고 잠시 이야기를 주거니 받거니 했다. 서둘러 스님이 가고 난 뒤에도 장 목사는 봄볕 아래서 묘목 사러온 사람들과 이런저런 농담을 주고받았다.
"우리 교회도 언제 한 번 오세요. 놀러는 말고 일하러. 2시간만 일하고 그 다음은 마음껏 놀아도 되니까. 하하. 지리산둘레길 구간에 있으니 찾기는 쉬울 거요. 오늘 사 가는 나무는 우리 교회에 기념식수를 하려는 겁니다."

봄날 장터에서 사람들이 제대로 몰리는 곳은 봄기운 잔뜩 몰고온 화초 좌판 앞이거나 묘목장수가 길을 따라 쭉 벌여 놓은 난전이다.

사람이 없는데 우찌 장이 잘 되것나예

"장이 서고 나면 뒷날 아침에 아이들이 학교는 안 가고 돈 주브러 나갔다아이요. 장이 워낙 잘 된께 장바닥에 흘쳐놓은 돈이 그만치 많았던 거지예. 참말 사람이 많았습니더. 70년대 초반까지 술집, 막걸리집은 고마 장사가 아주 잘 됐지예. 그래도 90년까지는 좋았어. 아무 장사를 해도 그때는 장사가 잘 되었구만. 그때 돈 번 사람이 참 많았제."

3월 11일, 아직 차가운 날씨 탓인지 산청시장 장날은 다소 한산했다. 산청시장은 산청군의 대표시장이지만 현재는 점포가 100개 이하의 소형 시장이고, 평일에는 다른 지역의 읍내 장들과 마찬가지로 닫힌 점포들이 더 많다. 본격적인 봄철 농번기를 앞두고 모종이나 묘목을 찾는 사람들이 많아지면 비로소 활기를 찾는다. 그때쯤이면 인근 지역의 장꾼들도 제법 줄을 잇고 겨우내 닫혀있던 점포들은 문을 활짝 연다.

"한때는 산청읍도 1만 명이 넘는 인구였고 시장 경기가 엄청 좋았지예. 먹고사는 방법이 달라지고 자녀 교육 시킨다꼬 다 도시로 떠나버렸지예. 지금은 주민등록상 인구 수만 해도 6600여 명 될까 싶습니더. 그나마 산청읍 외곽 지역을 제외하고 실제 산청읍 소재지에 거주하는 주민은 몇 천 명 정도라니께, 그게 현실이라예. 그라니까 전통시장이 잘 될 턱이 있것십니꺼."

산청시장 옆 모퉁이 길에서 만난 산청토박이 이진숙 아지매의 말이다. 여러 이유가 있겠지만 산청읍 침체의 제일 큰 이유로 인구 감소를 꼽았다. 산청시장의 침체도 이와 같은 이유라는 것이다.

산청읍은 산청군의 북부지역에 위치, 군청 소재지로 중심적인 역할을 해왔다. 하지만 2000년 이후 산청읍은 점차 침체됐고, 반면 산청 남부지역은 비교적 두드러진 성장을 보였다. 신안면을 중심으로 단성면은 진주 등 인근 도시와 가깝고, 고속도로 등 접근성이 좋은 곳에 위치해 점차 인구가 증가하고 교육, 상권이 발달하고 있는 곳이다.

시장 활성화 사업들 적극 활용하려는데

"산청에 6개 시장이 있는데 단성, 덕산, 단계, 화개, 산청 등 겨우시 유지하고는 있습니다."
산청군 관계자는 군내 동네별로 서고 있는 5일장들이 주민들의 힘으로 나름대로 그 명맥을 유지하고 있다고 말했다.
"하드웨어 투자를 많이 했심니더. 2006년부터 거의 60억 원이 넘게 투자했지예. 눈으로 보기엔 이게 무슨 투자를, 어떻게 했나 싶어도 참 마이 바뀐 겁니더. 원래 투자한 만큼 퍼뜩 성과가 보이지는 않는다아입니꺼. 성과를 바라고 정부가 지원해주는 건 아닙니다. 이것마저도 정부가 해주지 않으면 다 손을 놔야 하니까. 활성화되는 건 극소수라지만 우짜든지 시장 활성화를 바라는 마음이지예."
산청시장 침체의 주요 원인이 점차적인 인구 감소라고 말했다. 그리고 사람들의 달라진 소비 유형을 원인으로 꼽았다.
"다른 지역도 마찬가지일 겁니더. 아무래도 인구가 예전 같지 않게 마이 빠져나간게 주요인이지예. 킹스마트, 하나로마트 등 현대화된 마트가 등장하면서 젊은 부부들은 다 그쪽으로 갑니더. 훨씬 편하고 쾌적하게 장을 볼 수 있다 생각허니께네."
하지만 인구 4만 명이 안되는 작은 지역에서는 지역민이 골고루 잘 살아야 지역경제가 잘 돌아갈 수 있기 때문에 시장 활성화에 집중할 수밖에 없다고도 말했다.
"중기청, 시장경영진흥원 등에서 다양한 활성화 정책을 펴고 지원 사업을 하고 있는데 우리도 적극 활용할 계획입니다."

관광객 발길 시장으로 돌리는 방법은?

산청읍에서, 또 시장 길목에서 만난 사람들은 금서면 한의학박물관을 찾거나 산청읍 래프팅을 하는 관광객이 시장에도 활기를 불어넣었으면 하는 바람이 컸다.

"한의학박물관이다, 래프팅이다 해서 관광객이 요새 제법 와예. 근데 그쪽 골짜기에만 사람들이 몰려왔다 구경만 하고 휭허니 가모는 머하것소. 그걸로 사람들을 불러왔으모는 우리 산청 곳곳이 얼매나 좋은 곳인지 잘 알고로 이곳저곳 돌아댕기고로 해야제. 아, 그래야 댕기믄서 사 먹고 자고, 이것저것 사서 챙기기도 하고 그라제."

이왕 온 걸음들을 놓치지 말고 시장 상인들 쪽으로도 돌릴 수 있는 구체적인 방안이 있으면 좋겠다는 생각이다.

"함양만 해도 약초약령시장이라 캐서 특화했더만 우리는 엑스포까지 하는데 아직 약초 가지고 특화시장이 없다아이요. 판매전시장을 번듯하게 맹그는 것도 좋지만, 산청장처럼 전통시장을 그대로 살려 약초시장으로 특화한다든지 하는 방법도 있을낀데. 약초나 나물류는 아무래도 자연산을 좀 더 좋아헌다니께. 아, 촌시러븐 걸 좋아헌다구."

산청읍이나 시장 쪽으로 관광객 동선을 이끌 수 있는 볼거리, 먹을거리 등 곳곳의 자원들을 잘 연계했으면 좋겠다는 목소리였다.

"사람들이 마이 올 수 있도록 약초를 이용한 음식을 먹을 수 있는 식당도 있고…. 약초를 이용한 비빔밥이나 국밥 등 시장에서만 먹을 수 있는 게 있으모는 더 좋고, 약초로 만든 빵이나 과자 등 군것질거리도 있고…. 산청이 약초의 고장이구나 하는 걸 여게 시장에서도 보고 느낄 수 있어야지예."

산청군이 약초를 특화하고 있고 한의학박물관 등 관광지를 만들어 놓았는데, 시장 안에도 산청이 약초의 고장이라더니 확실히 다르더라는 걸 느낄 수 있는 게 필요

날이 풀리고 농번기가 시작되면 가장 많이 찾는 것이 일할 때 햇볕을 가리는 모자다. 시장 골목에는 아주 다양한 모자들이 진열돼 있다.

하다는 말이기도 했다.

"손님이 오면 안방에만 모실 게 아이라 마당에도 나가고, 먹을 것도 대접하고, 여게 저게 머물다 가게 해야지예. 저그 집 구경시켜주듯이 말이라예. 그리 될라모는 시장부터 구석구석 다 준비해야 되는 거 아입니꺼."

산청시장 경상남도 산청군 산청읍 산청리 (꽃봉산로)

●● '장차'라꼬 들어나봤나예?

생선 손질하는 손이 재게 움직이고 있었다.

"제사상에 쓸 고기라예. 우리 동네 사람이 주문한 건데, 난중에 장 마치고 돌아갈제 가져갈라꼬. 내가 갖다조야제."

계남 아지매는 차황 법평 만암마을에 살고 있었다. 생선 장사만 40년이 넘었다.

"차황은 쌀이 좋기로 유명하더만 우찌 생선을 파는 기라예?"

"그라니까 내도 처음에는 장차에 쌀 싣고 진주로 팔러 다니다 이 장사를 하게 됐구만."

"장차? 아지매, 장차가 머라예?"

"장차라는 기, 지금은 너도나도 차가 있으니께 그기 없는데…. 장에 내다 팔 걸 거래하는 상인들이나 시장에다 운반해주는 큰 트럭이 댕겼어예. 시장에 갖다준다꼬 장차라꼬 했제. 요새 사람들은 모른다예."

행상부터 시작해 생선 장사만 40년이 된다는 계남 아지매.

"경운기 타고 맨날 산에 약 캐러 댕기요"

산청약초할배

"농사 지으면서 약초 캐러 다닌 지는 인자 십 몇 년은 족히 된다요. 장날에만 여게 나와서 판다 아이요. 보통 때는 우리 할망구랑 맨날 경운기 타고 산에 가제. 그래가꼬는 온 산을 헤맨다 안쿠요. 산에서 사는 기라. 읍에 사람들이 내보고 약초할배라 쿠데."

시장 입구였다. 아재가 주는 명함에는 '산청(지리산) 약초할배'라고 새겨져 있다.

"내는 내가 농사지은 것, 내가 직접 캔 것만 이리 들고 나온다 안카요. 넘이 캐온 것 싸게 사서 파는 중개상이 아니라쿠네."

김점덕 아재를 읍내 사람들은 약초 할배라 부른다.

이점수 아지매는 아재가 캔 약초를 제각각 잘 말리고 다듬어서 무게를 재어 포장지에 담는다.

아재는 목소리가 좀 커졌다.

"우리 산청에서 약초축제를 헌다니께 여기저기에서 산청에 들어와 약초를 파는 기라예. 근데 약초축제에는 산청에서 나는 것만 사고 팔 수 있는 기라요. 그러니께 몇 년 전부터 우리 산청에 들어오는 상인들도 많구만."

아재가 벌여놓은 좌판에는 얼추 봐도 20가지 이상의 약초가 눈에 들어왔다. 포장은 산청군 마크가 있는 비닐 포장으로 되어 있다.

"포장지는 군에서 다 통일했다아이가. 잘 말리고 다듬어서 무게를 재어 포장지에 넣는 기제. 그냥 봉지에 조금씩 파는 기 아이라 저리 해놓고 파는 기제. 군청에서 저리하라 쿠더라. 원산지 표시도 되고 위생적이라 쿠더라."

이점수 아지매는 약재를 좌악 펼쳐놓은 좌판 앞에서 물건들을 지키고 있다.

"웬만한 건 내헌테 물어라. 내도 인자는 잘 알구만."

소쿠리나 봉지에 있는 약초들에는 마분지에 서툴지만 또박또박 쓴 약재 이름들이 적혀 있었다.

유종열 아재.

김정순 아지매.

달달한 꿀빵, 꽈배기 맛있어예

분식코너

"35년째 하고 있습니더. 배달도 하고. 장날 되모는 드나드는 사람들이 많으니께 밖에다 꿀빵, 도넛, 꽈배기 내어 놓는데 제법 잘 팔립니더."

시장 뒷길 '분식코너' 꿀빵은 알 만한 사람은 다 아는지 시장 먹을거리로 손꼽혔다.

"군청 앞에서 하다가 건물 없어져서 여게로 왔습니더. 경기가 안 좋다지만 먹는 장사야 꾸준히, 성실히만 하모는 됩니더. 적게 받고 많이 파는 게 가장 좋은 장사법이고예. 사실 나는 함양이 고향입니더. 고향에서는 안 되데예. 친구들과 놀기 좋아서 맘 잡고 일하는 기 힘들었습니더. 큰 맘 먹고 산청에 왔는데 참 잘한 거라예."

유종열 아재는 바깥으로 내놓은 진열대 위에 도넛 종류를 내놓으며 장 보러 나온 사람들이나 상인들이 주전부리 하기에 딱 좋은 게 꿀빵이라고 강조했다.

"시장마다 꿀빵이 있지예. 통영 꿀빵은 유맹혀져 비싸다쿠데예. 그런 기 있으모는 시장이 그래도 잘될 기라예."

아재는 시장이 활성화되려면 젊은 사람을 붙잡을 수 있으면 좋을 것 같다고 했다.

"산청성당 다니는데, 새로 오는 사람들은 전부 나이든 사람들입니더. 노후에 다 들어오는 겁니더. 산청 사람들도 중학교 마치면 전부 도시에 보내예. 젊은 사람들이 묵고 살 기 있어야 다른 데 안 갈끼고 그라모 시장 경기도 좀 좋아질 것 같은데예."

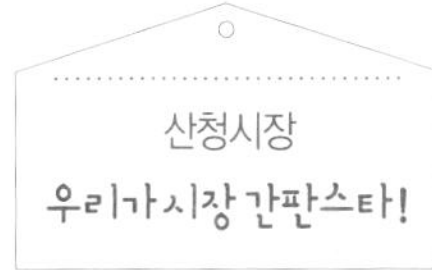

"그래도 좋은 시절이 또 올랑가 싶어…"

산청읍도 살고 시장도 살릴 길은?

"17살에 왔으니껜 인자 44년이나 됐소. 그 당시는 시장이 지금 같지 않고 완전 판자촌이었제. 칸칸이 점포는 비어 있었고. 그래도 시장에 사람들이 와글와글했었지예. 장사도 엄청 잘되었고."

황삼용(61) 아재는 인구가 줄고 읍 시장이 침체되었지만 예전에는 차황, 생초, 금서, 오부 등 산청 북부 시장이 아주 잘되었다고 말했다.

아재는 '시장가구'를 운영하고 있다. 시장가구는 산청시장 안에서 가장 잘 나가는 집 중 하나다.

"시장에서 파는 것보다 사천, 남해 등 인근 지역 학교나 기관에 영업을 마이 다니지예."

황 회장은 함양이 고향이지만 처음부터 산청에서 일을 시작하고 여기서 사니까 '산청사람'이라 했다.

"산청시장은 너무 어렵습니더. 먹을거리가 있나, 시장이 제대로 됐나, 이래저래 고민입니더. 거창이나 함양 시장에도 자주 가는데 거기는 평일에도 장이 잘됩니다. 우리도 먹을거리, 약초, 계절별 곡식과 채소시장이 다양해야 하는데…. 상인들 의지도 있어야 하고예."

아재는 언젠가 강원도 정선군에 갔을 때 보고 생각한 것을 말했다.

"관광버스가 시장에 먼저 서데예. 지역관광 코스 중에 시장은 반드시 들르게 일정을 잡았더라구요. 우리도 대형 주차장을 추진 중이고, 앞으로는 관광버스가 시장을 한 바퀴 돌아서 갈 수 있도록 일정을 짜는 것도 가능하지 않겠나 싶습니더." / 황삼용 아재·산청시청 상인회장

"직접 농사지어 뻥튀기해예"

"이쪽으로 와가꼬 이것도 함 보이소."
시장 입구 골목길에 놓인 약초 좌판 앞에서 오가는 사람들에게 말을 건네는 사람이 있었다. '산청쌀강정' 김상덕(70) 아재. 알고 보니 설날 대목장에 오면 시장 바닥이 울리도록 뻥뻥 터뜨리는 뻥튀기 장수였다.
김상덕 아재는 지금은 옛날과자로만 불리는 쌀강정, 뻥튀기 장사만 49년째였다. 간판도 달지 않은 아재의 가겟방에는 뻥튀기 기계와 뻥과자, 강정 봉지들이 가득했다.
"설 전에는 이걸 밖에다 내놓고 뻥튀기 직접 합니더. 쌀강정은 내가 직접 농사지은 걸로 하지예. 대목에는 엿이 300킬로 이상 들어갑니더. 저게 대포유과에 쌀 튀밥 해주는데, 삯만 100만 원 이상 받지예. 평소에는 전국 택배로 보내는 물량이 얼매 많다꼬예. 저게 저 주소들이 다 택배로 보내는 깁니더. 암만캐도 여름엔 뜸허니께 얼음 배달도 하고예." / 김상덕 아재·산청쌀강정

"마누라 빤스 고무줄 사가이소"

"엇, 요새도 고무줄을 파네예. 인자는 벨로 쓸 데가 없을 낀데예."
"무신 소리라예. 여게 이 까만색하고 노란 거는 독아지, 장이나 된장 그라고 요새는 매실 이런 거를 독에다가 마이 담그잖아예. 그때는 바람이 들모는 안 되니까 밀봉을 하는데 이 고무줄을 쓰제. 그라고 저게 널찍한 흰 고무줄은 아지매들 몸뻬 허리에 대는 기고."
아지매는 답답하다는 듯이 단숨에 이야기했다.
"아즉 쓸 데가 많네예. 아지매는 요기서 장사한 지 오래 됐습니꺼?"
"장사한 지 40년 됐지예. 내는 농사짓는 거는 안 해봤제. 지금은 쪼갠해도 점포가 있지만 내도 옛날에사 리어카 밀고 다니면서 장사했지예. 처음에 수세미,

참빗 팔고 나중에는 머리핀 장사, 그 다음에는 팬티도 팔고 양말도 팔았습니더. 세월 따라 파는 것도 계속 바뀌는 거지예. 사람들이 필요한 기 그때마다 다르니께."

아지매는 진주가 친정인데 산청으로 시집오자마자 바로 장사를 시작했다고 말한다.

"이름? 아이고 그런 건 묻지 마이소."

"그라모 꽃순이라고 합니더."

"아이구, 그거 좋다예. 하하." / 꽃순이 아지매·오부잡화

"지리산 약초라 해야 잘 팔리니까"

"남원에서 출퇴근하고 있어요. 약초장사는 이곳에서는 4년 했습니다. 장날에는 내가 오고 평일에는 다른 가족들이 오지요."

시장 한가운데에 있는 지리산둘레길산야초생약. 소영남(63) 아지매는 남원서도 도매상을 하고 있었다. 남원서 산청까지는 적게는 50분이 걸리는데 그 거리를 달려온다니 놀라웠다.

"본래 지리산이 명산이라 약초가 많이 납니다. 산청 쪽으로 오면 고객들에게 더 좋은 약초를 줄 수 있을 것 같았어요. 자연산 약초를 찾아 일요일마다 캐러 다닙니다. 약초 캐는 게 상노동이에요. 원래 외할머니때부터 해서 어머니랑 같이 캐러 다녔습니다."

영남 아지매는 점포는 군에서 임차한 것으로 1년 계약이라 매년 연장을 하고 있다고 말했다. / 소영남 아지매·지리산둘레길산야초생약

"점심 장사 가꼬는 살길이 안 나와"

임일규(60) 아재는 시장에서만 25년째 장사하는데 장날인데도 문을 열지 못하고 있다며 낯빛이 좋지 않았다. 알고보니 주방 일을 도맡아 하는 아내가 몸이 아파 병원에 있었다.

"처음엔 퐁퐁식당이라 해서 통닭을 취급했습니더. 근데 이름이 안 좋다캐서 바까버렸었제. 아들이 공부를 객지에서 하니까 돈이 마이 들데예. 장사가 되든 안 되든 우짜든 계속 하는 기지예."

일규 아재는 요즘 경기가 영 말이 아니어서 먹고살 일이 걱정이라며 목소리를 높였다.

"행정에서는 인구가 늘었다고 하는데 으째 이노무 장사는 잘될라는 기미가 없습니더. 식당 문이야 매일 열지예. 점심시간은 잘되는데 날 어두워지면 다니는 사람도 없고 읍내가 깜깜하기만 하니…. 맨날 점심 장사뿐이라예."

일규 아재는 시장번영회 상무로서 시장 살림도 같이 챙기고 있다고 했다. / 임일규 아재·가야식육식당

"어머이 때부터 30년 해온 기 비결이지예"

"손님들이 우리 집 소고기 곱창전골이 제일로 맛있다쿠데예."

전골냄비에 불을 붙이며 아지매는 자신 있게 말했다. 맛을 내는 비결은 함부로 가르쳐줄 수 없다며 우짜노라며 웃었다.

"어머이 때부터 해온 긴데 다 비법이 있지예. 울 어머이가 생선장수 하다가 10년 만에 돈 벌어서 이 건물을 지었다아이가. 얼매나 좋아했는지…. 어머이 하던 거 받아가꼬 내도 한 20년 됐네예."

진주식육식당은 영숙 아지매가 아들, 며느리와 같이 운영하고 있었다. 주변 사람들은 시장 안에서 가장 장사가 잘되는 곳이 이 집이라 말했다.

"저녁에 불이 켜져 있다 싶으면 우리 집이라쿠데예. 경기가 안 좋다싸도 그냥저냥 되고 있으니 고마운 일이지예." / 김영숙 아지매·진주식육식당

산청 가자!

산청군 즐기는 법

산청군은 '지리산과 동의보감의 고장'이라 자랑한다. 산과 물이 맑고 깨끗한 곳이라 이곳에서 자라는 '풀도 열매도 뿌리도 약'이라는 것이다. 당대 최고의 명의인 류의태와 허준, 조선후기에 중국에까지 명성을 떨쳤던 초삼, 초객 형제 등 명의들로 이름난 전통한방의 본 고장임을 내세우고 있다.

산청읍과 가까운 곳인 금서면 특리에는 동의보감촌이 있다. 이곳에는 한의학박물관이 있으며 매년 한방약초축제를 열고 있다.

동의보감촌

우주 삼라만상을 구성하는 다섯 가지 요소 〈나무木, 불火, 흙土, 광물金, 물水〉를 주제로 한 '산청한방테마공원'이 있다. 산책과 휴게시설 등을 이용할 수 있다. 이 밖에 약용식물원, 약초삼림욕장, 숙박시설, 휴양시설, 한의학시설, 상가시설 등을 갖추고 있다. 주변에는 구형왕릉, 류의태 약수터, 왕산과 필봉산 등이 있으며 봄에는 황매산 철쭉제를 구경할 수 있고 여름에는 경호강 래프팅을 즐길 수 있다.

위치 경상남도 산청군 금서면 특리 1300-2 (동의보감로555번길 29)

단성면 목화시배유지

산청군 단성면 사월리 터는 문익점文益漸이 우리나라에서 처음으로 면화棉花를 재배한 곳이다. 문익점의 고향이기도 하다.

고려 말 공민왕 때 원나라에 사신으로 갔던 문익점은 목화 씨 10톨을 가져왔고, 10톨의 씨 가운데 다섯 톨을 장인 정천익에게 심게 했으며 나머지는 자신이 직접 심었다 한다. 이곳은 1997년 목면시배유지를 건립하여 전시실과 사적비, 효자비, 목화밭 등을 갖추고 삼우당 문익점의 애민정신을 기리고 있다.

목화시배유지 주변으로는 문익점 신도비, 도천서원, 겁외사(성철스님 생가), 남사예담촌 등이 있다. 국가사적 제108호이다.

위치 경상남도 산청군 단성면 사월리 106-1 (목화로 887)

구석구석 애틋하여 금방이라도 달려가고픈

합천시장

산골짜기 비탈진 땅을 일구어 수확한 것들은 장터에 나오기 바쁘게 팔려 나간다. 합천시장 장날에는 사는 사람 파는 사람 구분할 수 없이 왁자지껄하다.

합천읍 가운데 있는 합천시장으로 가려면 남정교를 건너야 한다. 〈경남의 재발견〉에서 '몸집 얇은 뱀이 몸을 꼬불꼬불 틀고 있는 형상'이라 말한 황강은 합천을 가로질러 백리에 걸쳐 흐르다가 창녕 이방면 앞으로 흐르는 낙동강에 닿는다. 멀리 눈길 끝에 수백 년 동안 내로라하는 시인 묵객들이 거쳐갔던 함벽루가 들어온다. 풍경을 바라보고 있노라면 누구라도, 함벽루 한 귀퉁이를 차지한 채 황강을 바라보며 잠시 쉬고 싶어진다.

시장에서는 누구나 허물없이 만난다

합천시장. 시장 구경에 빠져 연신 사진기를 갖다 대며 쭉 이어진 점포들을 기웃거렸다. 금방 눈에 띄었나 보다. 나이 지긋한 어른이 다가와 슬며시 옆에 와서 선다.
"언젠가 중국에 갔을 때 내가 풍경이 하도 좋아 사진을 찍는데, 사람들이 와서 자기 얼굴 찍는다고 그라데예. 요새는 사진기도 함부로 못 들이대는 거지예."
아차 싶어 죄송스러운 마음으로 쳐다보는데 얼굴 가득 싱글벙글 웃음이다. 화를 내고 탓하는 게 아니라 넌지시 귀띔해 주는 표정이다. 얼른 자초지종을 말하려는데, "아이구, 그게 그렇다는 겁니다"로 마무리한다.
미안한 마음을 순식간에 떨쳐내버릴 만큼 기분 좋은 만남, 합천시장의 첫 만남이고 첫인상이다.
말을 건네온 어른은 형제건강원 이춘득(70) 아재. 아재는 구수한 말솜씨에다 침술 등 여전히 배우고 하고픈 게 많은 어른이었다. 입동을 앞두고 도라지와 배를 넣어 겨울 보약인 즙을 주문하는 곳이 많아, 이날도 아내와 뜨거운 수증기를 뿜어내는 기계 앞에 서 있었다. 아재를 붙잡고 이야기를 나누는 바람에 아지매 혼자서 파우치봉지를 나르며 동동걸음을 했다. 그래도 싫은 기색이 없다.

합천시장 장날은 3일과 8일이다. 장날이 아니어선지 더러 문이 닫혀 있다. 그래도 가장 활기를 띠는 곳은 식당이다. 국밥 한 그릇이면 한나절이 든든하다.

시장 한 바퀴를 도는데 볕 바른 곳에 오종종히 앉아있는 할머니들을 만났다.

"할매, 요서 머합니꺼?"

"택시 기다린다아이가. 기사가 금방 온다캐놓고 아즉도 안 온다."

네 명의 할머니들은 행여 택시가 오나 다 같이 한쪽 방향으로 목을 빼고 있었다.

"장날도 아인데 말라꼬 나왔는데예."

"목욕하러 왔다아이가."

"한동네 동무들인갑다예."

"하모. 시집와서 지금꺼정 같이 사는 거제. 오늘처럼 목욕도 같이 나오고. 한 사람이 목욕비 내면 다른 사람은 밥 사고, 또 다른 사람이 택시비 내고…. 머 그렇제."

사람 사는 이야기가 아무런 경계 없이, 허물없이 술술 풀리는 곳이 시장이다. 거기가 거긴가 싶다가도 하나하나가 특별한 사연이다. 내 가족 같은, 내 이웃 같은 정겨움과 애틋함이 느껴진다. 이야기가 끝나도 택시는 오지 않았다.

장날이면 관광객까지 몰려 딴 세상 같아라

그리고, 합천시장 장날에 다시 찾았다. 며칠 전에 보았던 시장이 맞나 싶을 지경이다. 점포마다 주인들은 앉을 새도 없이 손님맞이에 바빴다. 사는 사람, 파는 사람 구분할 수도 없이 입구부터 왁자지껄했다.

"점포가 110개 정도는 되는데, 장날에는 닫힌 점포가 하나도 없지예."

시장에서 제법 젊은 축인 상인은 사계절 중 겨울이 제일 경기가 안 좋지만 그래도 시골장은 장날이 제맛이라며 한껏 들떠있었다. 오가는 시장 골목길에서 사람을 피

파마 보자기를 둘러쓴 채 할매는 동무를 만나러 가거나 장터를 돌아다닌다. 장날은 평소에 단단히 벼르고 있던 일을 하나씩 풀어내는 날이기도 하다.

해 다니다 보니 역시 장날은 장날이라는 생각이 든다.

작은 가게에서 흥얼흥얼 노랫가락이 흘러나와 발길을 잡는다. 세 할머니가 도란도란 정겨워 보인다. 사진을 찍자고 하니 손을 내두르며 수줍어한다.

"이 늙은 할마시들을 머할라꼬. 쪼글쪼글 주름살 다 나온다, 아이고."

시장신발 오소순 할머니(81). 화들짝 놀란 듯이 수줍어하는 게 영락없이 18세 꽃처녀다.

"내가 이 시장에서 장사헌 기 50년 넘었다아이가."

이곳에서 생활하는 상인들에게 비가림 등 현대화 시설은 그저 반갑고 고마운 혜택이다.

할머니는 몸이 조금 불편하지만 소일 삼아, 재미 삼아 매일 문을 연다고 한다.
"그러니께 오늘처럼 동무들도 놀러오고 그라제."
"건강하이소. 울 어머니는 7년을 병석에 있다가 지난해 작고하셨는데, 일흔셋이었어예."
금세 아이구나, 우짜노, 탄식이 터져나오며 "고상했것다"며 팔을 당기며 앉기를 청한다.
옆에는 미장원을 다녀왔는지 파마 보자기를 둘러쓴 할머니와 곱게 단장한 할머니가 앉아 있다. 잠시 수더분한 며느리인 양 같이 둘러앉아 국수도 시켜먹으며 이런 저런 이야기를 나누고 싶은 그런 자리다.
채소전 주민선, 부식가게 박정희 아지매… 전대를 맨 아지매들은 더러는 수줍어했고, 더러는 흐벅지게 웃으며 맞이했다. 이것저것 묻다보면 더러 "말라꼬 물어샀노?"라며 팽하니 돌아서는 이도 있다. 모두 자식들한테 흉 된다는 이유였다. 자식들은 그리 생각지 않는데, 또 그리 조심하는 게 우리 어머니들 마음이었다.

인근 마을에서 직접 지은 농산물을 들고 와 시장 큰 길에 좌판을 벌여놓은 할머니들.

"저그 해놓으께내 겨울에는 비바람 막아주고 여름에는 시원허고, 세상 조타아이가. 옛날에는 맨날 겨울에는 추워 떨고 여름에는 햇볕도 몬 피허고 그래도 먹고 살려니 전디는 것바끼 더 있나."

시장 천장 아케이드비가림시설를 두고 하는 말이다. 도시 사람들이야 가끔씩 여행 삼아 들러거나 추억거리로 찾아와 "시장 모습이 시골장 같지 않아 어색하다"고 말한다. 하지만 정작 이곳에서 생활하는 상인들에게 비가림 등 현대화 시설은 그저 반갑고 고마운 혜택이다.

합천시장 골목에는 다른 시장에서는 볼 수 없는 절집, 철학관도 보였다. '월선사'라는 간판을 내건 절집 정해연 보살은 "대양면에 절이 있는데 아무래도 멀리 있으니까"라며 "사람 많은 곳에 절을 하나 더 두고 있는 것"이라고 덧붙였다. 상인들에게 따뜻한 차를 나르는 합천사랑교회 이인규 목사도 만났다. "장날마다 나와서 차 한 잔씩 대접한다"며 "이웃과 함께하고자 하는 작은 마음"이라고 했다.

시장 안 맛있는 집, 특별한 맛!

신소양할매선지국밥집은 평소에는 문을 안 열고 장날만 문을 연다고 했다.

"할매요. 그럼 평소엔 머하는 데예?"

"텃밭에 심은 것 가꾸고 헐 일이 좀 많나. 이거 다 내가 농사지어가꼬 쓴다아이가."

"신소양이 할매 이름이라예?"

"오데. 내 이름은 김분임이고 신소양은 우리 동네 이름이다."

시장 골목에다 솥을 걸어두고 그 앞에서 종종걸음을 하고 있었다. 시장골목식당

유혜순 아지매는 사진찍기를 한사코 거부한다. "사연이 많다"면서 "그래도 절대 안 운다" 해놓고 이런저런 얘기 끝에 눈물이 얼른거린다. 어깨를 다독여주다가 아지매 사연에 같이 울먹거리고 말았다. 돌아나올 때 마주 웃으며 인사를 나누었지만 걸음은 무거웠다. 괜히 이야기 좀 하자고 해서 아지매만 울렸구나.

은성식당 이은자(42) 아지매는 5년째 장사하고 있댔다. 30대 후반에 시장에 들어와 식당을 연 은자 아지매는 시장에 있는 식당 중 가장 젊은 주인이다.

"얼마 전 국밥데이라고 했는데 그때는 참 재미봤지예. 외지 사람들이 우찌 알았는지 마이도 왔데. 그런 날이 자주 있으면 좋제."

은자 아지매는 젊은 사람들이 일거리 없다 하지 말고 시장에 들어와서 이것저것 장사를 많이 하면 좋겠다고 말했다.

부일식육식당은 합천시장 안에서 제법 잘나가는 고깃집이다. 주인 이진영 씨는 "10년째 하고 있는데 시장 경기와는 상관없이 우리 집은 잘된다"며 "합천토박이에 집안이 많다 보니 단골이 많다"는 이유를 들었다. 이 씨는 "학교 급식에도 대주고 식당 단골 예닐곱 군데는 꽉 잡고 있으니 걱정없구만"이라고 말했다.

합천시장 경상남도 합천군 합천읍 합천리 473-1 (옥산로 53)

2대째 또는 3형제가 한 곳에서 장사하네

유달리 합천시장에서 눈에 띄는 점이 있었는데 형제들, 온 집안이 시장에서 장사를 하는 집이 제법 보인다는 것이었다.
건어물전 김영애 아지매.
"요기서 30년을 장사했지예. 아들내미는 저게서 장사허고. 요 있는 사람들이 대부분 그리 했어. 대부분이 새 시장 들어설 때부터 지금까지 한 사람들이지예."
"옛날부터 여기가 시장이었습니꺼?"
"오데예. 갯끌새미랑 교동리 학교 있는 데도 있었고… 여게가 세 번째라예."
진어물전 경일상회는 워낙 장사가 잘되는 곳이라 알짜배기로 알려져 있다. 주인 이경수 아재는 20살에 부모님과 같이 시작한 생선 장사가 이제 35년이 됐다.
"3형제가 모두 여기서 장사합니더."
이 씨는 합천시장 안 이곳 점포는 장날에만 문을 연다고 했다.
"글타고 장사를 안 허는 게 아니고 매일 합니더. 합천장 외는 가회, 야로, 대병, 삼가 등 인근 장터의 장날을 차례로 돌며 장사를 하지예. 여기 점포 상인들이 많이 그리 합니다. 그래서 문이 닫혀 있는 거지예."
삼천포진어물은 이순자 아지매와 아들 김태곤 씨가 같이 하고 있다.
진어물? 말린 생선은 건어물이라 하고 생물은 진어물이라 했다. 태곤 씨는 밀려드는 손님들에게 생선을 손질해 주기에 바빴고, 순자 아지매는 아들을 짬짬이 거들어주고 있었다. 철물상회를 하는 이춘태 아재의 형은 형제건강원, 동생은 형제보일러를 하고 있었다. 아재의 형은 시장 구경 첫날, 제일 처음 만난 이춘득 아재였다. 합천시장은 시장 전체가 마치 한 집안처럼, 한 형제처럼 이뤄져 있다.

합천을 걷고 맛을 먹고 시장을 구경하고

합천활로란 '수려한 합천'을 즐길 수 있는 테마로드이다. 해인사소리길, 영상테마추억길, 남명조식선비길, 황매산기적길, 합천호둘레길, 정양늪생명길, 황강은빛백사장길, 다라국황금이야기길 등 8개의 둘레길이 그것이다. 걷는 이에겐 평화와 치유를 불어넣고, 합천군에는 생명력을 불어넣어 줄 '열린 길'이라 말한다. 여기에다 합천엔 8경·8품·8미가 있다. 아름다운 경치를 즐길 수 있고, 꼭 가봐야 할 곳이 있고, 다른 곳에서 먹을 수 없는 특별한 맛이 있다 한다.

이 중 합천시장과 가까이에 있는 길은 정양늪생명길과 황강은빛백사장길이다.

합천읍에서 가까운 합천활로는?

정양늪생명길. / 사진 합천군

어느 날, 합천의 둘레길인 '합천활로' 중 읍과 가장 가까이에 있는 정양늪생명길을 천천히 걸어도 좋다. 아니면 물길이 빚어놓은 황강의 은빛 백사장을 따라 걷다가 쉬다가 때로는 맨발로 달려보기도 하면 좋을 듯하다. 그러다가 합천읍이나 시장에 들러 '특별한 맛'을 먹으며 다시 한 바퀴하다 보면 치유법이 따로 없을 듯하다.

합천8미를 먹어봐야 합천을 안다

합천의 특별한 맛, 합천 8미는 산채정식, 토종돼지국밥, 민물매운탕, 합천막걸리, 메기찜, 밤묵, 송기떡, 합천 한과이다.

송기떡은 소나무 속껍질과 찹쌀, 콩가루가 어우러진 떡이다. 옛적에는 보릿고개 때 구황식품으로 활용되었다지만 지금은 별미이다. 합천군에 따르면 합천읍, 가야, 초계, 가회 등 떡방앗간에서 송기떡을 만들고 있는데 주문 판매를 통해 전국으로 보내고 있다.

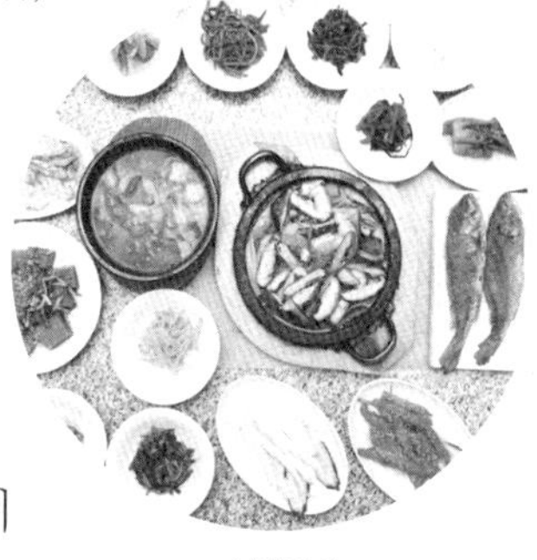

산채정식.

합천막걸리는 자연 발효 식품인 전통주로 누구나 즐길 수 있으며 전통 제조법으로 제조하여 맛과 향이 뛰어나다. 여름날 시원하게 한잔하면 피로가 싹 가실 정도란다. 여기에다 합천호와 황강에서 잡아 끓인 민물매운탕까지 곁들이면 보약이 따로 없을 듯하다.

메기매운탕.

송기떡.

/ 사진 합천군

•• 할매들 밭일에는 이기 있어야

거참, 요상허네.

출레출레, 꼼시랑꼼시랑, 시장 기갱을 허는데 암만 디리다바도 오데다 쓰는 긴 지 알 수가 없는 기 눈에 들어왔다. 둥글고 펑펑한 '자부동' 겉헌 걸 일자로 '나래비'를 세웠는데, 생긴 거시 첨 보는 기라 요래조래 들여다봤다. 만져보니 단단허맨서도 폭삭헌 거시 느낌이 그맨이다. 거참, 오데 깔고 앉는 거 같기도 허고. 줄이 달려 있는데 오데 매다는 거신지….

"아지매요, 이기 머시라예?"

"아이고, 이기 밭에서 일헐 때 궁디에 깔고 앉는 기라예."

쥔 아지매는 그기 머시 신기헌 거라꼬, 그기 먼 줄도 모린다꼬 마구 신이 나서 이야기해 준다.

"이기 참 펜헌 기라예. 쪼그리고 앉아 일허모는 맨날 허리야, 다리야 하고… 할매들은 함 앉았다 일날라캐도 그기 힘든 기라예. 근데 이기 있으모는 세사 펜타 아입니꺼."

"아. 그란데 여게 붙은 까만 줄은 머라예? 양쪽에다 머할라꼬 붙어있노예."

"아이가나. 그기 있어야 되는 기라."

궁디의자.

아지매는 퍼뜩 한 개를 집어서 양쪽에 붙은 두 개의 줄에다 다리 한 쪽씩을 끼워 넣었다. 그러자 둥글펭펭한 그기 궁디에 가서 찰싹 붙었다. 근데 보기에는 좀, 얄궂었다. 줄에 꽉 조인 가랑이가 눈에 먼저 들어오고 아지매 두둥헌 아랫배가 도드라지는 거시 거참….

"밭에서 일헐 때 아침에 함만 끼비면 저물 때꺼지 그라고 있는데, 다리 아프모는 아무데고 퍼져 안지모 되제. 관절도 센찬헌 사람들이 마이 안 앉아도 되고. 세사 펜타."

"남자들은 안 허고 여자들만 쓰것다예."

"아이가, 먼 소리고? 할배들도 잘만 헌다. 펜헌 기 최고지, 우때서?"

"이기 이름이 머라예?"

"벨로 이름 같은 건 엄고, 우리는 고마 '궁디의자'라 쿤다예."

1개에 7000원이었다. 궁디의자!

이건 와 이라노예?

•• 펄떡펄떡거리야 마이 사가제

거참, 요상허네. 이건 또 머시지?
뻘건 고무 다라이에 미꾸라지떼가 와글와글허다. 근데 다라이에 생고추 붉은 것, 푸른 거시 둥둥 떠 있다. 처음 보는 거였다.
"아지매, 이거는 와 넣어놨는데예?"
멀찌감치 있는 주인 아지매가 서너 발 다가오더니 '아, 고거?'라는 표정이다.
"하이고, 추버가지고 미꾸라지가 꼼짝도 안 허모 우짜노. 그래가꼬 맵삭헌 고추를 너어노으모는 갸들이 맵아서 펄쩍펄쩍 헌다고…."
아지매는 채 말을 맺지 못허고는 두 손으로 입을 가리고 웃었다. 동시에 옆에서 듣고 있던 사람들 모두 웃음을 터뜨리고 말았다.
"아, 그래야 갸들이 아즉 싱싱허다꼬 사람들이 사갈 꺼 아녀."
아지매는 그 말 끝에 고추 한 개를 집어 다라이 안에다 툭 던졌다. 지켜보던 사람들이 또 웃고 말았다.
"땡초라예? 그기 진짜로 효과가 있긴 헌기라예."

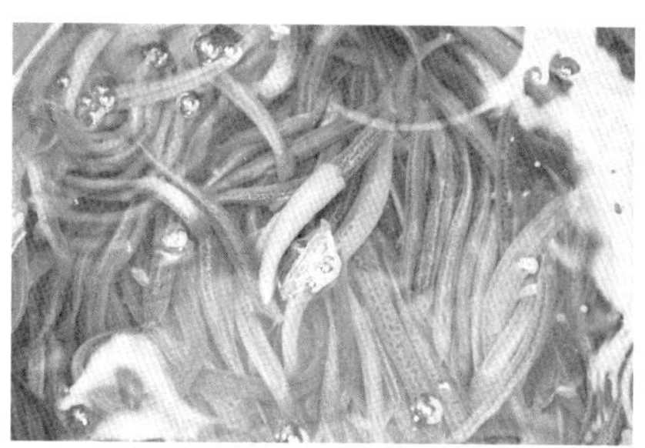

미꾸라지 대야에 땡초를 넣는 이유는 뭘까.

"몰러. 괜히 우리 생각이 그렇다 아이가."
음, 그럴싸하긴 했다. 흐흐, 소비자를 웃게 하는 '귀여운' 상술,
미꾸라지 다라이에 땡초 넣기!

도시에서 살 수 없는 기 다 있지예!

–이춘태·박문룡 아재 이야기

합천시장을 잘 알고 있는 사람을 만나고 싶었다. 수소문 끝에 이춘태 아재와 박문룡 아재를 만났다. 이춘태 아재는 시골 농사와 살림에서 가장 필요한 도구 등을 파는 부흥철물을 운영하고, 박문룡 아재는 도배, 장판 등 인테리어를 하는 성원장식을 운영하고 있었다.

"인구가 늘어야 시장도 장사가 되는데, 인구가 줄었다 아입니까. 새로 장사할 사람은 없는데, 원래 장사하던 분들이 나이 들어서 못하고, 돌아가시고…. 머라캐도 시장은 인구가 많아야 잘됩니더."

이춘태 아재의 첫 마디는 역시 침체된 시장을 고민하는 것에서 시작됐다.

합천군은 1965년 인구 20만일 때도 있었지만 현재 인구 5만 명이다. 상인들도 공무원들도 "인구가 늘어야 되는데…"라는 말을 흘릴 뿐 별 통수가 없다. 대략난감이다. 1970~1980년대 산업 성장기에 합천 인구는 줄줄이 대도시로 나갔고, 출산율은 떨어지고 남아 있는 인구도 고령화에 접어들어 여느 지방자치단체와 마찬가지 현상을 겪고 있다.

또 교통이 발달하면서 사람들은 장을 보거나 큰 일거리가 생기면 가까운 대구로, 진주로 나가는 게 태반이다. 굳이 합천시장을 찾거나 읍내를 이용하지 않게 됐다는 것이다.

"촌사람들이지만 대부분이 대구나 진주로 나가면 일단 물건이 다양하고, 많이 살 때는 싸게 살 수 있고 또 나간 김에 다른

이춘태 아재.

일들도 볼 수 있는 이점이 있다는 거지예. 급한 거야 요게서
해결하지만….”

박문룡 아재.

박문룡 아재는 그나마 합천 읍내 살고 있는 사람들도 장을
볼 때 인근 큰 도시로 가는 것에 안타까움을 털어놓았다.
지금의 합천시장은 1985년 8월에 개설한 상설시장으로 5일마다
정기적으로 열리는 시장이다. 합천군 중심부에 위치하여 농수산물과
공산품, 잡화, 음식점, 의류, 신발, 채소, 곡물, 어류, 과일, 철물 등 다양한 품목으로 지역경제 중심 역할을 하고 있다.
2009년도에는 전통시장 현대화사업으로 17억 원을 들여 비바람과 햇빛을 차단하는 아케이드를 설치했고 2013년에는 5억 원을 들여 비가림 시설 등 노후 시설을 대폭 개선하기도 했다.
“행정에서 많이 도와주고 있지예. 합천 내 시장 어디에서나 사용할 수 있는 상품권을 발행하기도 하고, 장날이면 마을버스가 마을 안길까지 들어가 사람들이 짐을 싣고 드나드는 게 수월하도록 편의를 제공하기도 하고….”
이춘태 아재는 합천군이 시장 활성화에 나름 많은 고민을 하고 새로운 방안을 내놓기도 한다는 것을 강조했다.
“앞으로 우리 상인들도 많이 노력해야 합니더. 먼저 값싸고 질 좋은 다양한 상품을 계속 내놓아야겠지예. 그래야 ‘시장에 가니까 물건이 없더라. 살 게 없더라’ 이런 소리를 안 듣습니더. ‘거기 가니 구경할 것도 많고 살 게 참 많더라’ 소리가 나와야지예. 물건을 선택하는 폭이 넓어야 주민들도 관광객들도 발걸음이 저절로 시장으로 오지예.”

시장도 살리고 지역 경제도 살리고

합천군은 지역 경제를 살리기 위해 전통시장 활성화는 물론 관광객 유입을 위한 다양한 시도를 하고 있다. 2012년부터 실시한 '합천8미' '국밥데이' 등은 합천군을 널리 알리고 전국의 관광객을 사로잡기 위한 새로운 콘텐츠다.

'국밥데이'라꼬 아십니꺼?

'국밥데이'는 합천군이 전통시장 살리기로 트위터, 카카오스토리 등 SNS(사회관계망 서비스)를 활용해 다단계 확산운동으로 전개한 사업이다.
"국밥데이로 지정한 동기는 구팔이라는 숫자의 발음이 국밥으로 어법이 비슷한 데서 착안하여 매년 행사를 갖기로 하고 올해 처음으로 합천시장에서 개최했습니다."
'국밥데이'는 '국밥 대접하기 운동'이다. 국밥을 대접받은 사람이 반드시 다른 사람에게 국밥을 대접함으로써 피라미드 형태의 확산운동을 펼쳐나간다는 것.

이 운동은 주효했다. 서민적인 음식인 국밥은 누구나 사 먹기에도, 다른 사람에게 대접하기에도 부담 없는 값이기 때문이다. 무엇보다도 옛날부터 저잣거리에서 가장 서민적인 음식이기도 했다. 또 국밥은 고기라는 주 재료 외에도 시장에서 구입 가능한 온갖 말린 푸성귀들이 들어가기 때문이다.
"합천은 황토한우와 토종돼지, 합천국밥 등 8가지 맛, '합천8미'가 있습니더. 국밥데이는 합천을 알리고 축산농가와 전통시장, 농업인들의 소득과 더불어 지역경제 활성화를 위한 기획 사업이라 할 수 있지예."

합천에서만 쓸 수 있는 상품권 발행

"지역경제 활성화를 위하여 2011년 9월부터 합천 관내에서만 사용할 수 있는 상품권을 만들었습니더. 하나는 전통시장 상품권이고예, 하나는 '수려한 합천사랑 상품권'입니더."
합천군은 '합천용 상품권'을 이야기했다.
"선물용으로도 잘 나가고, 실제 시장에서도 잘 쓰이고 있지예. 합천군민들의 호응이 큽니더. 가맹점에서만 유통이 가능한데, 실제 합천시장 안에만 해도 가맹점이 40곳이 넘으니까예. 영업하는 가게 반 수 가까이 되는 기라예."
합천군이 만든 '합천사랑 상품권'은 1만 원 권을 살 때는 9500원에 살 수 있다. 2012년 9월 19일 현재 총 306개 업소(합천시장 내 44개 점포 포함)가 가맹점 계약이 돼있다. 유효기간은 발행일부터 3년이라 언제든 쓸 수 있고, 액면금액의 100분의 80 이상을 구매하면 잔액을 돌려받을 수 있다.

합천사랑 상품권.

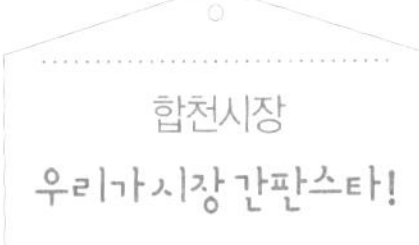

사람, 사람, 그리고 사람들…

두 차례에 걸쳐 합천시장에서 많은 사람들을 만났다. 이곳 상인들에게는 특별히 사람들을 끄는 점이 있었다. 시장이라는 공간에서 터전을 일구는 사람들끼리의 끈끈한 정이 그랬고, 스쳐가는 사람의 발길을 잡는 이야기가 그랬다. 합천은 '땅 기운이 따뜻하고 정겨운 곳'이라는 생각이 절로 드는 곳이다.

주민선 아지매 · 채소가게

김영애 아지매 · 건어물전

강옥선 아지매 · 홍농종묘사

오소순 아지매 · 시장신발

임금준 아재 · 태화신발

이추자 아지매 · 할매수제비

최호남 아지매 · 호남식당

이춘득 이윤선 부부 · 형제건강원

제각각의 사연들이 서로 부대껴
닳고 닳아져
둥글어 둥글어져
돌돌돌,
합천 황강 돌멩이처럼 바닥을 구르는구나
함벽루 위, 바람처럼 웃는구나.

이은자 아지매 · 은성식당

김분임 아지매 · 신소양할매선지국밥

윤종환 아재 · 시장돗자리상회

정해연 보살 · 월선사

신경숙 아지매 · 성원패션

이인규 목사 · 한사랑교회

이진영 아재 · 부영식육

합천 가자!

합천읍 즐기는 법

합천읍은 황강을 품고 있어 여유롭고 넉넉한 곳이다. 황강은 낙동강 지류이다. 신라충신 죽죽의 혼이 서린 충절의 고장, 신라천년의 역사가 숨을 쉬는 역사의 고장이다.

함벽루

합천 8경중 제5경인 함벽루는 조선시대 정면 3칸, 측면 2칸 목조와가이다. 최초 창건은 고려 충숙왕 8년(서기 1321년)에 합주 지군 김모(金某)로 알려졌으나 수차에 걸쳐 중건하였다. 대야성 기슭에 위치하여 황강 정양호를 바라볼 수 있게 지어져 오래 전부터 많은 시인·묵객들이 풍류를 즐긴 장소다. 퇴계 이황, 남명 조식, 우암 송시열 등의 글이 누각 내부 현판으로 걸려 있고, 뒤 암벽에 각자한 '함벽루'는 우암 송시열의 글씨이다. 함벽루는 2층 누각, 팔작지붕 목조와 누각처마의 물이 황강에 떨어지는 배치로 더욱 유명하다. 문화재자료 제59호.

위치 경상남도 합천군 합천읍 합천리 산1-1 (죽죽길 80)

涵碧樓

만나는 사람마다 살가워 사람 사는 곳 같더라

창녕시장

창녕장은 '읍내장' 또는 '대평장'으로 불렸는데 경상도에서 가장 규모가 큰 시장 중 하나로 손꼽혔다. 위로는 낙동강, 아래로는 남강 하구를 끼고 있어 농산물이 영남권에서 가장 풍부하다.

'시장 입구 만남의 장소'?

창녕시장으로 들어서는 길목이었다. 무심코 지나치려는데 약국 앞 한쪽에 걸려 있는 작은 간판의 글귀가 눈에 들어왔다. 그 주변으로 할머니 10여 명이 줄줄이 앉아있다. 약국 앞 나무로 만든 작은 데크는 시장을 오가는 주민들을 위해 만들어놓은 쉼터였다. 약국에서 그리 해놓은 거라 했다. 누구일까? 누구기에 이런 마음을 쓸 수 있을까 싶다.

주인공은 창녕약국 노기찬 약사였다.

"노인들이 시장에 와도 어데서 만날 장소가 없습니다. 그래서 원래 꽃밭이던 걸 없애면서 사람들이 앉아 쉴 수 있는 데크를 내었습니다."

노 약사는 데크 쉼터를 만든 지는 이제 8년 정도 됐다고 말했다.

"시장에 오는 사람들이 대부분 노인들인데 휴대전화도 없고 따로 연락소가 없습니다. 노인들은 그저 그런가 보다 하고 불편한 대로 견딥니다. 시장에서 사람을 만날 장소도, 잠시 앉아 쉬는 것도 마땅치 않습니다. 때로는 버스를 놓치고 택시 타고

시장 입구에 있는 창녕약국은 노인들이 앉았다 갈 수 있는 데크를 설치해놓았다.

집에 갈 때도 있는데 혼자 타고 가면 비용이 많이 드니까 몇 명 모여 팀을 이뤄 같이 타고 가려고 하염없이 기다립니다. 그런데 어디 가서 마땅히 기다릴 데도 없더라고요. 그래서 생각해낸 것이지요."

나중에 알고 보니 창녕약국은 대를 이은 약국으로, 부친 때부터 지역 봉사활동을 많이 해온 것으로 이미 소문이 자자했다. 노 약사는 현재 창녕문화원 등 지역 내에서 다양한 활동을 하고 있다.

"지역에 사는 동안에는 주민들과 함께해야 합니다. 우리 지역이 아닌 먼 데서 돈을 많이 벌고 성공하면 지역을 위해 아무 것도 안 해도 칭송을 듣지만, 지역에 살면서 돈을 벌고 성공한 사람이 아무 것도 안 하고 있으면 도리에 어긋난 거지요. 주민들 때문에 모은 거니까 일부는 주민들에게 돌려줄 수 있어야 하고 또 지역주민을 위해 일해야 한다는 생각이지요."

시장 입구에 위치한 약국에서 시작된 기분 좋은 첫인상이었다.

곡물에다 양파 · 마늘 · 고추는 최고라예

곡물전에는 둥근 대야들이 줄을 이어 있다. 검은콩, 찹쌀, 수수, 팥 등이 수북이 담겨 있다. 일일이 포장된 것이 아니라 손님이 달라는 만큼 덜어 저울에 달아 비닐봉지에 넣어준다. 정부 정책으로는 됫박 사용을 규제하고 있지만 장터 곡물전에서 만나는 나무 됫박은 옛 추억과 함께 정겹기만 하다.

"곡물전이 아즉까지 이리 잘 남아 있는데는 다른 시장에 가도 별로 없을 끼라예. 옛날에는 다 리어카에 싣고 다녔지예. 낙동강을 끼고 있어 옛날부터 온갖 물자가 풍부했어예. 풍족하지는 않았지만 몸 애끼지 않고 부지런하모는 배곯지는 않는댔으니께."

다행인 것은 창녕시장은 시설현대화 사업 후에도 옛 장터의 모습이 비교적 잘 간직되어 있다는 점이다.

곡물전에는 검은콩, 찹쌀, 수수, 팥 등이 수북이 있다. 손님이 달라는 만큼 덜어 저울에 달아 비닐봉지에 넣어준다.

수십 년 동안 곡물 장사를 했다는 아재는 되도록이면 창녕과 인근 지역에서 나오는 곡물을 사들인다고 했다.

시장 난전을 둘러보는데 한여름 더위에 땀을 흘리며 뻥튀기를 하는 아재가 보인다. 어이, 외치는 소리와 함께 길고 둥근 그물망 안으로 튀겨진 강냉이들이 와르르 쏟아진다.

시장 골목 모퉁이 외진 자리에 보자기를 펼쳐 놓고 아지매가 쪼그리고 있다.

"장날이 내 쉬는 날이제. 장날 물건 가져올라모는 며칠 전부터 내내 농사지은 거다 내놓고 손질하고 단을 만들고… 일이 좀 많나예. 오히려 장날이 편하다아이가. 사람들 만나 재미나고 돈 만들어가꼬 가고."

부추, 우엉을 팔기 쉬운 작은 단으로 묶고 있는 아지매의 손은 마디가 굵고 손톱이 닳아 있다.

양파 수확기가 한 달이나 지났는데 시장 안이나 밖 어디서든 쌓아놓은 양파 무더기들이 눈에 띈다.

"아이고, 우리 밥상에서 양파만큼 좋은 기 오데 있습니꺼? 요새는 저장 기술이 좋아가꼬 1년 내내 먹을 수 있고예. 또 중탕을 해서 즙을 내어 보약처럼 먹는다아입

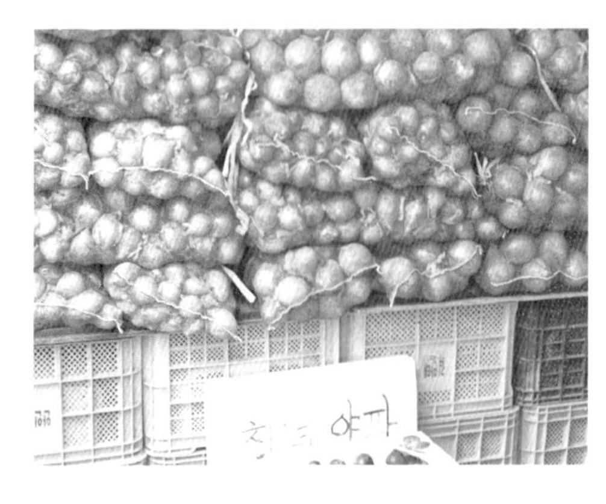

창녕은 예전부터 양파 생산량이 나라 안에서 가장 많아 '창녕' 지명 뒤에는 당연히 '양파'가 뒤따랐다.

니꺼. 요새 사람들이 기름진 음식을 마이 묵는데 양파를 같이 먹으모는 콜레스테롤 수치가 낮아진다데예."
직접 농사를 지어 가져왔나보다. 양파 장수 아지매의 '양파 예찬'이 귀에 쏙쏙 들어온다.
창녕은 채소·특용작물이 많이 나는 지역이다. 예전에는 양파 생산량이 나라 안에서 가장 많아 '창녕' 지명 뒤에는 당연히 '양파'가 뒤따랐다. 지금은 양파에 이어 마늘, 고추 재배도 점점 늘어 영남권 일대에서 수확량과 질을 따라올 지역이 없다.

장날에는 첫차가 닿으면 북새통이 된다

창녕은 구한말 보부상들의 주요 활동 지역으로 영남 지방의 상업 활동에 큰 역할을 담당하였다. 위로는 낙동강, 아래로는 남강 하구를 끼고 있어 농산물이 영남권에서 가장 풍부한 농업도시이다. 자료에 따르면 창녕장은 '읍내장' 또는 '대평장'으로 불렸는데 경상도에서 가장 규모가 큰 시장 중 하나로 손꼽혔다.
"예전보다 규모가 많이 줄어들기는 했지만 그래도 여전히 장날이면 인근 지역 장꾼들이 몰려옵니다. 대구에서도 오고, 합천에서도 오고…."
창녕시장은 상설시장과 공설시장이 붙어 있다. 상설시장은 평소에도 문을 열지만 이래저래 힘들기만 하다. 이곳도 다른 지역과 마찬가지로 마트와의 경쟁에서 속수무책이다.
"우짜겄노예? 요즘 같이 더울 때는 다들 마트 가는데. 추울 때는 춥다꼬 가고… 방법이 없어예. 근데 우리 시장 물건이 진짜 좋아예. 물건 갖꼬 장난 치질 않으니께."
이곳 장날은 3일과 8일이다. 장날이면 새벽부터 공설시장 안은 분주하다. 장옥마다 자기 자리에 물건을 진열하고, 거기에다 인근 시골에서 올라오는 농민들이 탄 첫차

옷을 사면 그 자리에서 수선해주는 노점은 맞춤옷을 사는 것 같아 주민들에게 인기가 좋다.

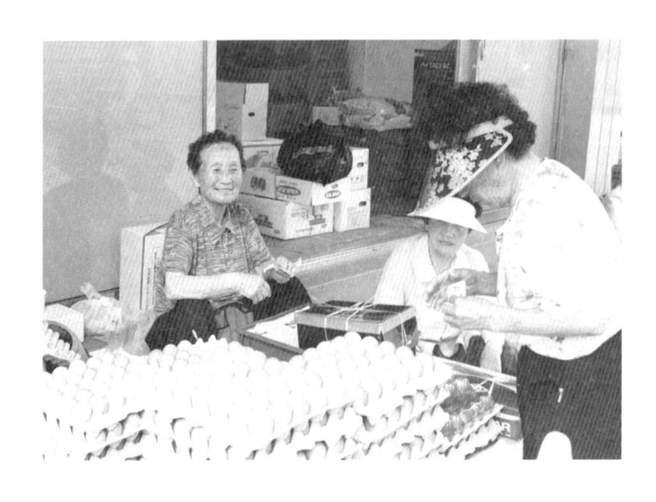

가 도착하는 시간이면 장터 안은 금세 활기가 넘친다.
"예전에는 집집마다 농사한 걸 리어카에 싣고 오거나 보따리 보따리마다 싸들고 왔는데 요즘은 다르지 않습니까? 장꾼들은 큰 트럭에다 잔뜩 싣고 오지예. 김장철을 앞두고는 장관입니더. 물량도 늘어나고 드나드는 차량도 늘어나고…. 엄청나지예."
하지만 그렇게 되면서 오히려 창녕시장 상권이 위축되고 상인들이 힘들어졌다.
"마늘·고추 시장이 따로 만들어졌어예. 창녕시장하고 좀 떨어져 있는데…. 워낙 규모가 크다 보니 시장 면적도 있어야 하고 주차장도 그만큼 확보해야 하고 도로 사정이나 접근성도 좋아야 하고…. 지금 창녕시장으로는 애로점이 많았지예. 도로가 좁고 주차장을 넓게 확보하기도 어렵고, 시장 앞 초등학교 운동장을 개방하는 방안도 나왔지만 사실상 어렵고…."
마늘·고추 시장이 따로 서면서 창녕시장 상인들이 10년 넘게 안타까워하고 있는 실정이라고 했다. 창녕군은 두 시장이 서로 상생할 수 있는 방법을 모색 중이라 했다.
다행인 것은 창녕시장은 시설현대화 사업 후에도 옛 장터의 모습이 비교적 잘 간직되어 있다는 점이다. 여전히 시골 장터 인심과 북적임이 살아있는 곳이라면 사람 발길이 그치지는 않을 것이라는 생각이 들기도 했다. 거기에다 창녕시장은 주변에 찾아볼 만한 향토 유적지가 제법 있다. 500년이 넘은 초가집 하병수 가옥이 있는가 하면 석빙고, 만옥정 등이 도보로 5분이나 10분 거리에 모두 있다. 또 자동차로 10분 거리에 화왕산이 있다.
딱히 지역 주민이 아니더라도 아이들과 어슬렁어슬렁 장 구경하기에 좋은 곳임이 분명하다.

창녕시장 경상남도 창녕군 창녕읍 술정리 45-1 (창녕시장길 66)

●● 다육이처럼 생긴 이것

김옥례 아지매.

와송.

노점이 줄을 선 시장 길을 따라 가다가 처음 보는 것을 발견했다. 펼쳐 놓은 네 개의 상자에는 잘 키워 엄청 튼실한 다육식물 같기도 한 것이 있다. 또 어찌 보면 선인장 종류 같기도 하다.

"아지매, 이기 머시라예? 내는 생전 처음 보는 긴데."

우두커니 앉아 오가는 사람들을 보던 인동띠기 김옥례(80) 아지매는 대지면 학동마을에 산다고 했다. 아지매는 말을 건네는 게 반가운 얼굴이다.

"몸에 참 좋은 기다. 와송이라꼬."

"와송예? 먹는 기라예? 다육이처럼 화분에 키우는 긴 줄 알았다아입니꺼."

"아이다, 이기 알로에처럼 갈아 묵으모는 참말 좋다. 암에 좋다 안쿠나."

"이거는 키우는 겁니꺼? 산에 가서 캐오는 깁니꺼?"

"가실에 산에 가서 쪼게헌 걸 캐와가꼬 키우모는 넉 달 지나면 굵어지면서 이리 잘 자란다아이가. 이거는 청석에 마이 있어서 내가 기어다니며 캔다아이가."

인동띠기 아지매 말이 맞았다. 와송은 바위솔이라고도 하며, 옛날부터 민간요법, 한방에서 널리 사용했다. 뛰어난 항암 효과가 있다고 했다. 〈동의학사전〉에는 열을 내리고 피를 멈추게 하고 악성종기암에 최고의 특효약으로 쓰였다는 유래를 찾아볼 수 있다. 찧거나 달여 먹었는데 요즘은 생와송을 요구르트와 같이 믹서에 갈아 먹는다고 한다. 봄~여름 시기의 것이 가장 약성이 뛰어나서 제법 찾는 사람이 많다고 했다. 와송!

•• 달여 먹으면 기운이 나지예

"이걸 달여 먹으면 기운이 난답니더. 노약자들이 마이 묵꼬 암세포를 억제하고 암환자들 기력을 돋까준다꼬 마이 묵습니더."

"아재, 이것도 약이 된다꼬예?"

부처손 또는 바위손이라고 했다. 유어면 작달마을 한병권(72) 아재는 수년 전 동의보감을 보고 부처손이 여러 병에 약효가 뛰어난 걸 알고는 험한 산 속을 다니며 조금씩 채취를 한다고 했다.

한병권 아재.

"물이 없는 절벽 바구에서도 잘 자라는데 겨울이나 가뭄에는 누런 빛으로 오그라져 있다가도 물만 있으면 새파랗게 잎을 좌악 펴는 기라예. 참 신기하지예. 몇 년이 가도 절대 잘 안 죽습니더."

부처손.

한 뿌리에서 새파랗게 자라난 잎들이 하도 무성해서 큰 나무 한 그루를 보는 듯했다. 부처손은 달여 먹거나 술로 담가 약술로 먹기도 하고 그늘에서 말린 후 볶아 가루를 내어 꿀에 재어 먹는 방법도 있다.

"이기 약도 되고 또 화초처럼 키워도 됩니더. 덜 자랐을 때 채취해가꼬 와서 잘 키웁니더. 집에서 내가 약초를 좀 마이 키웁니더. 암에 좋은 와송도 키우고예. 우리 동네 찾아와 이름만 대면 잘 알려줄 겁니더."

항암효과는 물론 난임 치료에도 효과가 있고 어혈을 풀거나 정신 안정에도 좋다는 이것, 부처손!

한데서 땀 흘리며 먹는 수구레국밥

창녕 수구레국밥

장터 난전 한가운데 펴놓은 간이 테이블과 의자에는 이미 많은 사람들이 차지하고 있다.

여름 더위에 가스불 위에서 펄펄 끓는 곰솥은 보기만 해도 숨이 턱에 차오를 것 같은데, 한 그릇을 깨끗이 비우고 일어서는 촌로는 벗은 모자로 부채질을 하며 아주 개운하다는 표정이다.

수구레국밥이라 했다. 생소하다.

"처음 듣는 긴데예?"

장터 수구레국밥집은 장날인 3일과 8일에만 연다.

창녕 수구레국밥은 수구레와 선지를 섞어 얼큰하게 끓여낸다.

"이것도 모르나예. 얼마 전에 1박2일에도 나왔는데."

인터넷에서 창녕 맛집을 검색하면 '1박2일 창녕전통시장', '이수근이 먹고 간 수구레국밥' 등 여러 글이 뜬다. 이미 매스컴을 통해 유명세를 치렀나 싶다.

근데 수구레가 뭔지 모르겠다. 듣자하니 소가죽 아래 붙어 있는 고기를 '수구레'라고 한다. 돼지고기로 치면 돼지껍데기 같은 건가 싶다.

"창녕 수구레국밥은 수구레하고 선지를 섞어가지고 얼큰하게 끓여내는 기라예."

소고기국밥과 크게 다르지 않아 보이는데 또 다른 맛이라 한다. 시장 주변의 식당 간판에서도 '수구레국밥'은 쉽게 눈에 띈다. 3일과 8일, 장날에만 장터 한가운데 전을 펴는 가게도 몇 된다.

팔러 나온 사람이든 사러 나온 동네 주민이든 일단 배를 채워야 장날 인심이 제대로 나오는 법. 국밥집 큰 곰솥 앞에서 주인 아재는 땀범벅이 되고도 콧노래를 흥얼거리고 있다.

창녕 장터에선 소고기국밥이 아니다. 수구레국밥을 찾아야 한다.

장사가 잘되니 아들에게 물려주지예

시장족발

박종준·김점련 부부.

"이 집 족발 맛있다꼬 소문났어예. 족발장사로 부자 된 사람들이라예."

창녕장에서 잔뼈가 굵은 부부다. 족발 장사만 20년을 했다. 그 전에 10년 동안 부식과 통닭을 팔았다. 이 집만의 족발 만드는 비법이 있다.

"우리 집은 배달 같은 거는 안합니더. 손님들이 사러 오지예. 낱개로 나가는 것보다 보통 단체로 나가는 기 많아예. 모임이나 관광 갈 때 대량 주문합니더. 1상자가 10만 원 정도 하지예."

가업 이어가는 아들 박동순 씨.

맛도 맛이지만 박종준(63) 김점련(62) 부부의 편안하고 고운 웃음이 손님들에게 신뢰를 줄 것 같았다.

칼질이 보통이 아니다. 가게 앞 좌판대에 서서 족발을 썰어 담는 손길이 재다. 박동순(35) 씨. 스물여덟 총각 시절부터 부모님 가게인 시장족발에서 일하고 있다. 가게 일을 하면서 결혼하고 세 아이의 아빠가 되었다.

"8년째 전수하고 있는데 우리보다 더 잘합니더. 인자 아들헌테 물려주고 우리는 쉬는 기지예." 김점련 아지매는 말없이 열심히 일하는 아들이 미덥기만 하다.

대표 메뉴 청국장. 가격은 6000원.

화왕산 오면 '보약 한 그릇' 잡수세요

양반청국장순두부

화왕산군립공원 입구에 있는 식당이다. 알고 보니 이미 입소문이 많이 나 있다. 청국장, 된장, 순두부 등 콩을 주재료로 하는 음식을 주로 하고 있어 웰빙 바람과 함께 인근 사람들의 입맛을 사로잡고 있다.

이 집에서 한 끼 식사를 하면서 네 번 놀랐다. 첫째, 화학조미료를 전혀 쓰지 않고 맛을 내고 있다. 또 깔끔하고 먹음직스러운 상차림에, 거기에다 푸짐하기까지 하다. 젓가락을 어디에 둘지 모를 정도다. 그렇게 대접을 받았는데 아주 착한 가격이라 또 한 번 놀란다. 그런데 의외로 이 집 사장은 젊고 잘생겼다. 청국장 집이라면 나이 지긋한 부부가 주인일 것 같았는데 예상 밖이었다. 34세의 권호 대표.

"이 식당을 맡아 운영한 게 28살 때였으니 벌써 6년 됐습니다. 창녕 계성면에 '화왕산식품'이라고 본사와 공장이 따로 있는데 거기는 형님이 맡아 하고 있지요. 저희 집 장류가 이 일대에서는 제법 유명한데 청국장 등 전통장류 생산은 선친 때 시작해 20년은 훌쩍 넘었습니다."

양반청국장순두부는 '건강 담은 우리 음식'이라는 슬로건을 걸고 자신하는 만큼 입맛 까다로운 식객들을 사로잡고 있다. 창녕시장에서 자동차로 5분 거리다.

권호 대표.

발길이 멈추는 장터 풍경

아지매 아지매, 양궁띠기 아지매…

장정순 아지매.

여든넷의 양궁띠기. 드나드는 사람도 적은 창녕 장터골목에서 말린 고사리 등 산나물 몇 가지 전을 펼쳐 놓고는 점심이라고 찬밥 한 덩어리 물에 말아 달랑 새우젓 하나로 먹고 있었다.

"어머이, 그리 무가꼬 되나예? 고마 아들 며눌한테 펜케 있지."

양궁띠기 그 선한 얼굴로 나를 올려다보며 대답했다.

"어이다, 내는 아즉 혼자서도 잘 사는데. 여태까지 농사 없시도 근성이 있어가꼬 머시든 하고 살아왔는데. 아즉은 뭐든지 허고 산다요. 산에 가서도 이고 지고 일허고, 요기 있는 이기 전부 내가 다 캐고 베고 헌 것들이라예."

"그래도 어머이, 며눌헌테 따신 밥 좀 얻어묵고 집에 있제?"

"어이라에. 울 며눌, 아무 것도 없는 우리 아들 데꼬 살아주는 것만도 내사 얼매 고마운데 내까지 머시…."

왈칵, 눈시울이 뜨거워진다. 차마 자리를 못 뜨고 있으니 양궁띠기 아지매, 어여 가라고 자꾸 밀어낸다. 홀로 사람을 기다리는 일도 참 따뜻한 거구나. 양궁띠기 아지매는 오늘 밤에도 어머이 잘 있십니꺼, 라며 문을 열고 들어올 아들네를 기다리고 있을 것이다.

창성참기름

신소분 아지매.

가스불 앞에서 깨가 볶이는 것을 쳐다보며 앉아 있다. 여름 더위에도 불 앞을 떠나지 못하고 있으니 지쳐 있는 표정이 역력하다. 창성참기름 신소분(80) 아지매. 50년 동안 참기름 장사를 하고 있다.
"지금은 가스를 쓰지만 옛날에는 마메탄을 썼제. 그래도 그때는 장사는 참 잘됐다아이가."
"마메탄이 머라예?"
"하모, 너그는 모를끼다. 석탄가루를 싹싹 모아가지고 물을 조금 넣어 이래저래 뭉쳐가지고 다시 말려서 불을 지피는 거라."
마메탄. 나중에 찾아보니 조개탄, 석탄을 가리키는 일본어였다.
"가스값도 마이 올라서 이것도 못허는 기라. 1되 삯이 2000원인데 올릴 수도 없제. 뻥튀기는 것도 4000원 아이가. 근데 참기름 짜는 기 일이 좀 많아야제. 볶고 짜고 병에 담고, 하이고. 글타고 다른 수도 없고. 우리 집 꺼는 전부 진짜배기아이가."
이름을 다시 묻자 그제야 마구 웃으며 묻지도 않은 말까지 읊는다.
"우리 집에 딸이 셋인데 우리 언니가 큰분이라꼬 대분이, 내는 작다고 작은분이 소분이, 내 동생은 또 딸이라고 또분이아이가, 아이구 하하."
아지매가 볶은 깨를 다시 짜는 기계에 올려놓으니 아래서 기름이 졸졸 나온다.
"여게도 뜯기야 되는데 못 뜯고 있다아이가. 내는 인자는 보상받아가꼬 좀 펜허게 살다가모 좋것다."

"장을 합치모는 더 잘될 낀데…"

"마늘·고추 시장 옮겨왔으모는…"

"선친 때부터 시장에서 장사를 해왔습니다. 창녕시장은 옛날부터 농산물이면 농산물, 고기면 고기… 다 풍부했습니다. 영남권 동부를 잡고 있었지예. 지금도 장날에는 이 일대 장꾼들이 다 오니까 큰 편이지예."

권병오 아재는 점포 수 100개가 안 되어도 장날에 나오는 노점 수가 많아 시장 규모가 자료보다 크고 활기차다고 말한다.

"창녕장이 1947년 개설됐다지만 훨씬 옛날부터 있었습니다. 안에 상설이 1980년 개설하고. 장날은 매월 3일, 8일입니다. 요새는 장날이 주말과 겹치모는 관광객도 좀 오니까 훨씬 잘되데예. 마늘·고추 시장만 이짝으로 왔어도 시장이 확 커져서 잘되었을 낍니다."

이미 10년도 더 지난 일이지만 아재는 마늘·고추 시장이 오리정사거리 옆에 형성된 것이 안타깝기만 하다.

"그것만 요게 오고로 하모는 훨씬 잘될 낀데…." / 권병오 아재

"다 옮겨가삐니 장사가 안 되지예"

"창녕장은 예전에 창녕객사가 있던 자리입니다. 인자 객사 건물을 만옥정으로 옮겼지만. 옛날에는 창녕시장이 경남에서 1등이었어예. 지금도 곡물전이 다른 데보다 훨씬 크지만 예전에는 아주 컸습니다. 그러잖아도 시장 경기가 안 좋아지고 있는데 저게

주차장 있는 데 마늘·고추시장이 따로 생기는 바람에 영 말이 아닙니더. 다 같이 모여 있어야 시장이 북적거리고 좋지…."

김희근(71) 아재는 자신도 35년 동안 이곳에서 장사했지만 부친도 객사 있을 때부터 곡물전을 했다. 하지만 요즘처럼 경기가 안 좋을 때가 없었다면서 10년 전 주차장 접근성이 좋지 않다는 이유로 고추장이 터미널 근처에 서는 바람에 상인들이 불만이 많다고 했다. 옆에 있던 차금자(67) 아지매가 아재보다 더 목소리를 높인다.

"불법 시장인데 그걸 단속을 안 하고 그대로 두고 있으니 우리는 속이 탑니더. 저기 장옥도 잘못되었습니더. 지붕만 있어가꼬 됩니꺼. 칸칸이 제대로 되고 바닥도 좌판을 벌일 수 있게 해야제. 더 조졌놨어예. 예전에 비하면 택도 아입니더."

애는 타고 하소연할 데가 없는 참에 털어놓는 마음이었다. / 김희근 차금자 부부·한일상회

"옷 사모는 딱 맞고로 고쳐주예"

"함 입어보이소. 이거는 지금 입어보고 길이를 맞춰 봐야 되는 거제."

시장 안에서 특이하게도 여자보다 남자들이 많은 곳이었다. 몇몇 아재들이 줄줄이 서 있는 곳은 남성복 노점. 옷걸이에 바지들이 걸려 있고 시원한 여름 셔츠가 당장 눈길을 끈다.

"아침 6시면 도착합니다. 옛날에는 인근 지역에 다 다녔는데 지금은 의성, 창녕장에만 다닙니다. 대구에서 20년 동안 공장했는데 IMF 때 부도 맞고는 하던 일이 이거니 장사 시작한 거지요."

방금선(71) 아지매는 흥정을 하고 박재곤(72) 아재는 손님의 다리 길이를 재는 등 불편사항을 그 자리에서 바로 직접 수선했다. 수선은 전부 공짜였다.

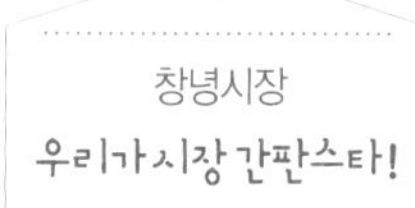

"그걸 받는가? 서비스로 해주제. 수선집 가모는 2000원, 4000원 받는데 할매할배들이 그라모는 몬 사입는다아이가. 바로바로 수선을 해주니께 단골이 많다예." / 박재곤 방금선 부부

"약주 한 잔해서 기분 좋으니 싸게 팔제"

"이기 우엉 이파리라니께. 이건 호박 이파리고."

합천군 초계면이 고향이랬던가, 사는 곳이 창녕읍 아파트 뒤랬던가? 시장 입구 곱게 차려입고 앉아있는 정곡띠기(80) 아지매는 말을 걸자 횡설수설했다. 벌써 약주 한잔 기운으로 앞에 쌓아놓은 부추를 일일이 다듬는다.

"어무이, 이거는 우찌 묵으면 되나예?"

"껍질을 벗겨가꼬 호박잎 찌듯이 쪄 묵으면 된다. 니가 해묵것나? 안 사도 된다."

안 사도 그만이라는 듯 정곡띠기는 그저 웃기만 했다. / 정곡띠기 아지매

"장날 찾아 댕기면서 자식 키웠어예"

온갖 채소들이 다라이마다 담겨 있다. 종이에 직접 적은 가격표도 인정스럽다. 화장을 곱게 하고 있는 김화자(56) 아지매는 시장 상인들 중 젊은 축이었다. 사진기를 갖다대자 옆에 있던 아재가 좀 더 가까이 다가선다.

"좋아보이제요. 잘 찍어보이소."

"아이고 장난칠라요. 우리 아재는 저기 있것만."

화자 아지매 남편은 양배추를 진열하고 있다가 힐끗 쳐다보고 웃기만 할 뿐이다. "아이고, 이리 부부인 줄 알았다"며 같이 웃었다.
"20년 우산 공장 일하다가 IMF 때 공장을 닫았는 기라. 자식 키우고 먹고는 살아야제 할 수 없이 시장으로 나섰어예. 처음에는 잘됐는데 몇 년 전부터는 촌에도 마트가 시도때도 없이 생기니 전같지 않아예. 마트 허가를 너무 남발하는 것 아입니꺼? 없어도 안되지만 시장 주변에는 좀 규제를 해야지예. 옛날에는 사고파는 사람이 많아 비좁아 다닐 수 없었다아입니꺼." / 김화자 아지매

상인들도 놀러오는 창녕시장 사랑방

"창녕에는 양파 아입니꺼?"
롯데건강원은 창녕시장 사랑방인가 싶었다. 상인회 사무실보다 이곳으로 사람들이 몰려들었다. 사람 좋아뵈는 윤병호 아재는 오는 사람들을 마다치 않고 반기며 탁자에 양파즙을 내놓았다. 가게 앞에는 여러 약재들도 있고 또 주문대로 즙을 내거나 달여 주는 듯했다. / 윤병호 아재·롯데건강원

연탄, 쌀 등 제일 필요한 것만 팔아

"시어른이 점포에서 장사하고 우리 집 양반은 차남이라 장을 돌며 장사했어예. 우리가 농사짓는 게 아니니깐 그때는 장마다 리어카에 싣고 다니며 사오고, 또 정미소에 가서 리어카에 싣고 왔어예. 요새는 전화만 하면 갖다준다예. 새사 수월하제."
이판선(75) 아지매는 시어른 때부터 장사한 세월이 60년이랬다. 가게는 하나지만 여러 개를 취급하면 장사가 더 잘되었기에 쌀을 하면서 연탄도 팔았다.
"연탄배달을 30년 했고 쌀은 50년 이상 팔았제."
채소도 같이 파는지 곡물 가마니보다 가게 앞에는 양배추며 오이, 당근 등이 눈에 띈다. / 이판선 아지매·대성상회

창녕 가자!

창녕군 즐기는법

창녕읍 시내에는 도유형문화재 제231호 창녕객사昌寧客舍 등을 비롯해 많은 문화유적이 있다. 특히 창녕 박물관에는 고분 등에서 출토된 가야시대 이전의 유물 총 240종 706점의 유물이 전시되고 있다.
창녕은 가야시대부터 번창하여 온 고대 부족국가의 하나인 비화가야의 옛터이다. 아기자기한 읍내 거리를 거니는 맛이 쏠쏠한 곳도 이곳 창녕이다.

창녕우포늪

우포늪은 천연기념물 제524호로 지정된 우리나라 최대 자연늪이다. 창녕군 대합면 주매리와 이방면 안리, 유어면 대대리, 세진리에 걸쳐있는 습지 면적은 약 2.31㎢ 정도(70만평). 우리나라 어디에서도 찾아볼 수 없는 '원시'의 아름다움과 신비를 지닌 곳이다. 열 마디 말보다 한 번의 걸음으로 단번에 알 수 있는 '살아있는 자연박물관' 그 자체이다. 우포늪은 1997년 7월 26일 생태계보전지역중 생태계특별보호구역으로 지정되었으며, 국제적으로도 1998년 3월 2일 람사르협약 등록습지이며, 1999년 2월 8일 환경부에 의해 습지보호지역이다.

위치 경상남도 창녕군 유어면 세진리 232-1 (우포늪길 220)

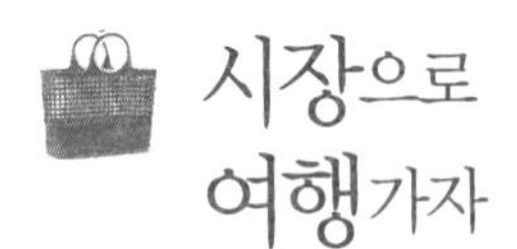

꼭 가보고 싶은 경남 전통시장 20선

제4부 고깃배가 들어오면 아버지는 바다를 실어 나른다

- 남해전통시장
  남해 물괴기가 와 맛있는고 허며는예…
- 진해중앙시장
  시장이 변한다, 진해가 변하고 있다!
- 고성공룡시장
  손대지 않아 옛 모습 그대로인
- 거제 고현종합시장
  해금강 구경하고 한 바퀴하고 갈거나

남해 물괴기가 와 맛있는고 허며는예…

남해전통시장

철이 철인지라 시장 안이 온통 물메기로 가득했다. 납작한 소쿠리에 열을 지어 있는 것도 말린 물메기고, 시장 2층 줄에 널어놓은 것도 물메기였다.

"옴마야, 장날이라캐도 날 치븐께네 썰렁한 기 손님이 벨로 없다아이가."

상설시장이지만 평소보다 장날에 한몫을 하는지라 장날 운때를 기다리고 있건만 마수걸이 겨우 하고 난 뒤 소식이 없다. 오전이 다 가는데도 전을 펼쳐놓은 아지매들은 앉아 있거나 여기저기 어울려 이야기를 나누고 있을 뿐이다.

공산품 골목이나 채소골목은 드나드는 사람이 적었다. 바다를 낀 동네라 그런지 사람이 붐비고 장사하는 아지매들의 목소리가 활기찬 곳은 어물전이었다.

"서대, 낭태, 개불, 물메기… 남해에서 나는 괴기들이야 알아주지예. 원래 괴기는 동해안보다 서해안이, 서해안보다 남해안이 맛있다 아입니꺼. 그중에서 남해괴기를 젤루 쳐줍니더. 멸치도 유명하지예. 죽방렴 멸치야 두말할 것도 없고 정치망 멸치도 남해멸치만큼 좋은 기 있을라고예."

건어물전을 하는 남해 토박이 아재의 말이다.

"남해가 원래 밀물과 썰물이 맞닥뜨리는 곳이고, 난류와 한류가 만나고, 강진만과 섬진강이 만나는 곳이라예. 게다가 물살이 아주 세거든예. 이러니 물속 괴기들은 얼매 기운이 있겄나예. 펄떡펄떡허니 남해 괴기가 맛있는 깁니더."

아재는 한참 동안 남해에서 나는 괴기를 자랑했다. 어물전은 생어물과 건어물로 나누어 있었는데, 철이 철인지라 시장 안이 온통 물메기로 가득했다. 납작한 소쿠리에 열을 지어 있는 것도 말린 물메기고, 시장 2층 줄에 널어놓은 것도 물메기였다. 띄엄띄엄 말린 서대며, 가자미가 눈에 띄었다.

남해시장보다 배 건너 여수로, 삼천포로

"옛날에는 장 보러 여수로 갔어예. 남해읍 장날에 오는 기 참말로 에려븐던 기라예. 우리야 서면에 사니께 그때는 배 타고 여수 쪽으로 가는 기 더 나았지예. 읍으

남해전통시장은 아주 깨끗했다. 새로 지은 건물이라서만은 아니었다. 관리가 아주 잘 되어 있었다.

로 오는 버스는 하루에 2번밖에 없지만 눈앞의 여수로 가는 배가 더 자주 있었으니까예. 시간이 안 맞으모는 저그 집에 배가 있는 사람들은 저그 배 타고 휙 가모 됐으께. 자가용 배타고 제사장 보러 가는 기지예."

서면에서 장을 보러 왔다는 덕이 아지매는 다 옛날이야기라며 떠올렸다.

"창선 사람들이야 배 타고 삼천포 시장으로 물건 사러 나가고 장사하러 갔지예. 남해 본섬하고 창선도가 떨어져있으께내 우리보다 더 남해읍 오기가 힘들었을끼라예. 창선교가 생긴 게 한 30년 됐나. 그라고나서야 읍내 들어오는 기 좋아졌지예."

드나드는 일이 그리 수월치가 않은 시절이었다. 남해도 안에서도 면단위를 넘거나 읍내를 가는 것이 만만찮은 일이었다. 남해 본섬 내륙에 살고 있는 사람들은 배편을 이용하는 것이 힘드니 걸어 걸어 읍내 시장을 이용할 수밖에 없었다.

"지금은 남해 인구가 5만 명도 안된다꼬 난리지만 많을 때는 15만 명도 됐던 기라. 그라모는 그 많은 사람들이 오데 가서 물건을 사고팔것노. 요게 읍내 시장밖에 더 있것나예. 그때는 참말 시장 경기가 좋았지예."

시장에서 40년을 장사했다는 아재는 지금의 시장이 한숨만 나온다고 했다. 시설이야 예전에 비해서 천지차이로 좋아졌지만 사는 사람도 파는 사람도 없는 시장이 '우찌 이리 됐는가 싶다'고 말을 흘렸다.
"젊은 사람들이 이런 델 와야제. 마트다, 백화점이다 편한 데가 얼매 많은데. 남해읍만 해도 마트가 몇 갠 줄 아요? 좀 있다 일본 마트까지 들어온다쿠더만. 자식들 키워놓았으니께 한 시름 놓는 기제 한창 키울 때면 목심줄이 달려 있는 깁니더."

시장 골목에서 마주친 인연들

시장 입구 가운데 통로에 좌판을 깔고 시금치, 배추를 진열해 놓았다. 신기부락에서 온 김희선 아지매. 시금치를 한 움큼 쥐고 "이거 함 묵어바라"고 내밀었다. 희선 아지매는 텃밭에서 조금씩 키운 시금치를 장날이라 바리바리 싸온 거라 했다.
인화양곡상회 김화자 아지매는 다라이마다 온갖 곡물들에 됫박까지 올려놓고 점포 앞에서 넉넉하게 웃고 있었다. 곡물장수야 옛적부터 동네에서 제일가는 부자지 않던가. 잠시 아지매한테서 그런 여유가 느껴졌다. 화자 아지매는 "우리 집은 50년 전통"이라며 엄지손가락을 세웠다.
유정희 아지매. 좁은 시장 골목길에서 서로 길을 비켜 서다가 얼떨결에 인사를 나눈 사이이다. "우리 시장 잘되라꼬 글 쓸끼라꼬? 그라모 내를 한 방 박아보래이. 우리 건어물 장사 자알 되고로."
짐 끄는 카트에 상자를 싣고 가던 여든의 아지매는 나이가 무색할 정도로 적극적이고 활달했다. 정희 아지매가 이끈 대로 따라간 곳은 점포 밖에서부터 온갖 건어물을 재어놓은 차면건어물이었다.
생선전 골목을 따라 가다가 고객쉼터 옆 호야네콩죽에서 정영리 아지매를 만났다.
"내는 주인이 아이고 알바하는 사람이다아이가. 우리 집은 이동면이라. 장날만 되모 알바하러 나온다안쿠나. 콩죽을 한 번도 안봤나예. 이거 보제."
영리 아지매는 펄펄 끓는 콩죽 솥뚜껑을 열어젖혀 솥 안의 콩죽을 보여준다. 올록볼록하게 솥 안의 새알들이 보인다. 금세 돌아앉은 영리 아지매는 깍두기를 버무린다. 그러다가 맛을 보라며 쑥 내밀었다.
시장 입구 통로에서 부부가 즉석 어묵을 만들어 팔고 있었다. 조용팔·김민희 부부.
"우리는 삼천포 동금동 사람입니더. 남해시장 장날이면 여게 남해읍으로 옵니더."
시식을 해보라며 접시 위에 담아놓은 어묵에서 허연 김이 풍풍 솟는다. 그 앞에 어린 아이들과 젊은 엄마가 섰다. 5살 민건이는 사달라고 졸랐다.
"나는 한국 사람 아닙니다. 베트남 사람입니다." 어눌하지만 또박또박 말하는 민건이의 엄마는 베트남에서 시집온 김미란 씨였다.
오동상회 하진평 아재는 50년 동안 신발을 팔았다. 번영회 직전 회장이라고 했다.
"남해전통시장이라모는 내가 다 알고 있제"라고 말하는 아재의 얼굴에서 남해전통시장의 역사가 순식간에 지나가는 듯했다. 아재가 50년 동안 판 신발은 대체 몇 켤레일까? 뜬금없는 생각이 불쑥 솟구쳤다.
남해제일죽방멸치 이정대 아재는 상인회 부회장이다. 점포 안으로 들어서니 말쑥하고 환한 두 부부가 웃는 얼굴로 맞이했다.
"청과상을 하다가 건어물로 업종을 바꾸었어예. 시장에서만 이제 25년 정도 장사했습니더. 아무래도 전국으로 가는 택배주문이 많지예."
시장회센터 김훈 아재는 40대 중반, 남해전통시장에서 가장 젊은 축이다.
"고향 남해로 돌아온 뒤 시장상인회와 협의해서 시장 안에서 가장 큰 식당을 마련했습니다. 시장 투어나 단체 관광객이 몰려오면 시장 안에서 여유있게 밥 먹을 곳이 없었거든요. 마주보는 점포를 하나 더 마련해서 식사도 하고 회의나 교육을 할 수 있는 용도로 꾸며 놓았습니다."
김훈 아재는 젊은 사람답게 블로그를 통해 식당 홍보는 물론 남해와 남해전통시장

바다를 낀 동네라 그런지 사람이 붐비고 장사하는 아지매들의 목소리가 활기찬 곳은 어물전이었다. '남해' 이름답게 물좋은 생선이 가득하다.

에 대한 글을 수시로 올리고 있었다. 김훈 아재 같은 사람들이 점점 늘어난다면 남해전통시장이 자립적인 활로를 찾을 수 있지 않을까 하는 기대가 들었다.

남해전통시장 경상남도 남해군 남해읍 북변리 282-11 (화전로 110)

•• 한 솥 끓여주모는 10만 원

"아지매, 무신 이런 기 있는 기라예? 별별 죽 이름을 다 들어보았지만…?"
새알이 든 콩죽은 어떤 맛일까 궁금해서 들른 원조죽집이었다. 안에 들어가 차림표를 살피다가 뜨악해져버렸다.
초상죽 10만 원. 콩죽도 생소한데 초상죽이란다.
"아, 초상집 대준다꼬 초상죽이다아이가."
한정자 아지매는 벌써 한 솥을 다 팔았는지 솥바닥을 싹싹 긁으며 재미있다는 듯 모로 쳐다보았다.
"무신 초상집에서 죽을 먹나예? 생전 처음 들어보는데예."
"우리 남해에서는 초상집에서 밤참으로 죽을 묵는다아이가. 새알을 넣은 팥죽을 마이 무꼬 간혹 콩죽도 찾제. 저그는 한 솥에 10만 원이라는 기다. 초상집에서 밤샘하는 사람들이 출출할 때 얼마나 달게 묵는다꼬. 일단 아무리 먹어도 속이 편하고 든든한께."
팥죽은 귀신들을 쫓는댔는데… 초상집에 모인 사람들이 묵는다꼬? 아이고, 남해는 역시 달랐다. 초상죽!

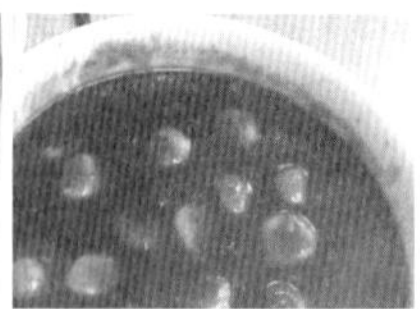

남해에서는 초상집 밤참으로 팥죽을 먹는다. 이를 초상죽이라 하는데 죽집에서는 대량 주문을 받고 있다.

•• 몬생긴 저게 얼매나 시원타꼬!

딱 보자마자 고개부터 돌렸다. 흐느적거리며 축 늘어져 있는 것이 보기에는 좀 그랬다. 아귀하고는 또 달랐다.
"대가리가 엄청 크제. 지 몸의 반인기라. 그래가꼬 옛날에는 묵을 게 없다꼬 내다팔지도 못했던 기라. 인물은 저래봐도 함 먹으모는 얼매나 시원타꼬. 입에 착착 달라붙는 기, 요새 젊은아들 말로 중독성이 있다쿠대."
바람 통하고 볕 있는 데는 죄 말린다고 줄에 매달아놓았다. 그래도 줄에 매달린 것이나 꾸득꾸득 반쯤 말린 것은 '생선다웠다'.
예전에는 생선 축에도 들지 못했다던 이것. 고기를 잡다가 그물에 걸리면 버리거나 그도 아니면 뱃사람들이 그 자리에서 해장으로 푹 고아 먹어 없애는 그야말로 돈 안 되던 이것. 몇 년 전만 해도 시중에서 별로 찾아보기 힘들었다. 원래 이름은 꼼치라는데 지역마다 물텀벙, 물잠뱅이라고도 불린다. 양식도 되지 않아 모두 자연산이다.

이것은 탕으로 푹 곯여 한 그릇 먹는 순간 생각이 달라진다. 어이쿠 시원타, 죽이네 소리가 연신 나온다. 맑은 탕을 후루룩 마시면 씹을 새도 없이 고깃살이 꿀떡꿀떡 목구멍으로 바로 넘어갈 듯하다. 물컹물컹하고 흐물흐물거리는 맛.

12월부터 3월까지 산란기라 이때가 제철이다. 겨울 수산물 골목에서 보이는 고기는 생물이든 건조든 이것뿐인 듯했다.

좌판 앞에 앉은 아지매의 퉁퉁 내뱉는 소리가 다시 귓전을 때린다.

"아이가, 인물도 안 되는 저기 얼매나 시원타꼬." 물메기!

말린 물메기.

●● 어물전에서 제일 싼 생선이라예

희한타. 생긴 건 뾰족조기하고 비슷하다. 그런데 색깔이 불그죽죽 빨간 생선이다.

"아지매, 이기 머시라예?"

니는 거기 머신 줄도 모르냐는 듯 아지매 표정이 뜨악하다.

"달00라 안쿠나."

뒷말을 알아들을 수가 없었다.

"옛? 머시라예? 달데? 달만대?"

한참을 더듬거리니 아지매는 답답해했고, 급기야는 공중에다 글자를 써가며 겨우 확인할 수 있었다.

"처음 들어보는 생선 이름인데예. 요서만 글쿱니꺼?"

"내도 모리것다. 요짝에서는 다 달근대라고 헌다아이가."

달근대. 남해전통시장 안 어물전에서 제일 싼 생선이다. 어른 손바닥보다 큰 것 7~8마리가 5000원이었다. 1970년대 울 어머니는 비릿한 생선 한 마리 밥상 위에 올리자면 주머니에 든 돈을 몇 번이나 만지작거리다가 시장에서 제일 싼 고등어, 갈치, 정어리를 사오듯이 남해전통시장에서 가장 수월한 마음

달근대.

으로 봉지에 싸달라고 할 수 있는 게 요놈, 달근대였다. 요즘이야 고등어, 명태, 갈치가 쉽게 사 먹을 엄두도 못내는 생선이 됐지만.

"달근대가 먼 뜻이라예?"

"내도 모린다. 그냥 다들 글쿤다."

무슨 뜻인지 고기 맛이 어떤지… 남해전통시장에서 생전 처음 들어본 달근대!

•• 인자는 이기 자식농사 밑천

'꼬시고 달다'고 소문난 남해의 그것, 전국적으로 알아준다는 바로 그것. 정작 남해시장 안에서는 찾기가 힘들었다. 시장을 돌고 돌아 겨우 한 다라이에 담아놓은 것을 발견했다. 어찌나 반갑던지.

"아지매, 이건 얼마라예?"

"5000원이다. 이거 다 싸주까?"

"아이쿠, 비싸다더만 에나로 비싸네예."

"아이가, 그기 비싼 기 아이거만."

아지매보다 지나가던 아지매가 되레 펄쩍 뛰며 말한다.

"근데 아지매, 와 요게서 나는 기 맛있는 기라예?"

"참말 맛있제. 땅은 따신데, 바닷바람은 차고…야들이 탱글탱글 맛날 수밖에 없다아이가. 그라고 겨울에 이거 농사는 딴 데는 안되고 남해땅이 딱인거라. 이번에도 다른 데는 폭설에다 날이 치버가꼬 다 망했다대. 남

시금치.

해는 말짱하다아이가. 귀하니까 더 대접을 받꼬. 옛날에는 유자 팔아서 자식 농사 짓는 다캤는데 요새는 이거 팔아가꼬 자식 사업 밑천 댄다쿤다아이가."

"아이구, 잘 팔아봤자 맨날 자식새끼들 밑구멍으로 들어가구만예."

올해 말 그대로 금값이었다는, 그래서 '대박'쳤다는 남해 시금치!

•• 조기, 민어랑 와 같이 있나예?

"철이 좀 지나서 그런가 시장 안에 통 안 보이네예."

"청과상회에 가모 있을끼라예. 아이가, 지금은 생물은 없것네. 다 설탕에 절여가꼬 병에 든 것만 있을낀데. 유자차말이라예."

남해안 일대 통영, 거제 등에서 재배를 다들 한다지만 유독 향이 진해서 많이 찾는 것이 또 남해 이것이다. 여름에는 진초록 빛에 우둘투둘 곰보딱지 같은 것이 늦가을이 되면 노오란 빛깔로 눈길을 끈다. 11월 무렵 남해대교에서 읍으로 갈 때면 차면이나 고현 어디쯤 어느 길목에서나 만날 수 있는 풍경이 이것 파는 할매들이다. 다라이에 쌓아두고, 그도 아니면 아예 바닥에다 산더미처럼 쌓아두고 있다. 달리는 차 안에서도 노란 빛이 눈에 쏙쏙 들어온다.

남해3자 중의 하나면서 지금까지 그 명성을 이어오는 남해 이것. 남해전통시장까지 와서 이걸 안 찾아볼 수는 없다 싶었다. 그런데 청과상에 닿기도 전에 희한한 데서, 남해시장에서만이 가능한 장소에서 이놈을 발견했다. 생선장수 아지매의 좌판 위에 노란 유리단지가 떡하니 있다. 민어, 서대, 물메기와 나란히 놓여 있었다.

"우리 집에서 딴 기라. 내가 장날에 가지고 올라고 며칠 전에 절여가꼬 안왔나예. 지금쯤은 맛이 잘 들었을끼라. 딱 한 단지밖에 업시니께 얼렁 사가제."

유독 노오란 빛깔이 선명하고 향이 진하다는 남해 유자!

남해 유자로 만든 유자차.

"관광 인구를 시장 안으로 유도할 방안 모색 중"

박용주 · 남해군 지역경제과 계장

박용주 계장은 예산을 상인들 기대만큼 지원하지 못하는 것이 난감하기도 하고 아쉽기도 한 것 같았다. 남해군은 남해전통시장에 2002년부터 2012년까지 67억 4500만 원을 지원했다. 그렇다면 예전에 비해 시장의 환경 조건은 얼마나 달라졌을까.

"환경·위생이 정말 좋아졌지예. 흙밭이라 비가 오면 바닥이 찌륵찌륵했는데 비가림 시설이 다 되어 있어 이제 그런 걱정 없고 위생적입니다."

시장을 돌다가 공용화장실을 사용한 게 떠올랐다. 남해전통시장 내 공용화장실은 아주 깨끗했다. 새로 지은 건물이라서만은 아니었다. 관리가 아주 잘 되어 있었다.

"상인들과 행정은 제각각 노력을 하는데, 환경적으로 열세인 부분도 있지예. 남해 인구가 옛날에는 15만 명까지 갔는데 지금은 5만이 채 안됩니다. 자연히 시장이 쇠락할 수밖에 없습니더. 그리고 아무래도 젊은 사람들이 마트를 많이 가지예. 저녁 늦게 뭘 사려고 해도 시장은 문 열어 놓은 곳이 없으니 마트에 가게 되는 거라예."

박 계장은 그래도 새로 시도하는 시장 사업들에 기대를 거는 것 같았다.

"남해군 내의 전통시장상품권을 만들어 활용해보려고 합니더. 중기청에서 발행하는 온누리상품권하고는 다른 것이지예. 남해시장에서만 사용할 수 있는 것입니더."

남해전통시장은 자체적으로 관광회사와 협의해서 전통시장 투어도 실시하고 시장 소비자들의 편의 제공을 위해 시장 안에서 차량을 이용할 수 있는 곳까지 짐수레에 물건을 운송해 주는 배달사업도 할 예정이라고 했다.

빈 점포는 젊은 상인들이 활용할 수 있도록

김봉주 아재

"왜정시대 남해에서 3·1만세운동은 여기 남해전통시장에서 일어났답니다. 당시 1000명 이상 모였다고 해요. 육지에서 떨어져 있다고 세상이 어찌 돌아가는 줄 모르는 건 아니었지요."

김봉주 아재에게 남해전통시장 역사를 물으니 대뜸 만세운동을 이야기한다. '남해전통시장은 이런 곳이다'는 자부심이 배어 있었다.

남해전통시장은 2012년부터 빈 점포를 적극 활용하고 있다고 했다.

"점포주와 젊은 상인을 연결해 시장에서 필요한 업종을 협의해서 만든 거라 할 수 있습니더. 그게 여기 입구에 있는 시장회센터입니다. 타지에서나 관광객들이 시장 투어를 와도 시장 안에서 50명 이상이 단체로 밥 먹을 곳이 없다아입니꺼. 마침 고향으로 들어와 새로 일을 꾸리는 젊은 사람이 나섰지예. 시장회센터 가면 빔프로젝터를 갖춘 작은 회의실도 있어예. 음식도 맛있고 싸다고 소문이 자자합니더."

하지만 남해전통시장은 당면 과제에 대해서도 고민이 많았다.

"당장은, 읍에 들어온다는 일본 기업 트라이얼컴퍼니인가 하는 마트하고 싸워야 합니다. 또 주차장 옆에 남해특산품코너 마련하는 사업이 있는데 이곳 상인들 대부분은 직접 농사짓고 고기 잡아 가져오는 건데 팔기가 더 힘들까 봐 그것 때문에 논란이 많습니다. 시장이 살 방법이 있다고 보는데…"

김봉주 아재는 상인들 의지가 중요하다고 강조했다.

남해전통시장
우리가 시장 간판스타!

하진평 아재 · 오동상회

이정대 아재와 부인 · 남해제일죽방멸치

고영희 아지매

양성자 아지매

이상만 아재 · 대계청과

베트남서 시집온 김미란 씨와 아이들

시장회센터에서
만난 강창욱 아재

한정자 아지매 · 원조콩죽

김화자 아지매·인화양곡상회

시금치가 금치라는 김희선 아지매

장날마다 삼천포서 건너
오는 조용팔 아재

김문자 김대이 부부

장상이 아지매

즉석 어묵 파는 김민희 아지매

김말식 아지매·즉석
손두부

유정희 아지매·차면건어물

남해군 즐기는법

남해전통시장에서는 가까이 용문사나 남해유배문학관 등을 둘러볼 수 있다. 하지만 남해는 바다를 따라 어디든 둘러봐도 눈에 쏙쏙 들어오는 풍광들에 마음을 빼앗기는 곳이다. 조금 시간이 걸리더라도 남해 일주도로를 타고 한 바퀴 도는 것을 권하고 싶다. 아름다운 바다와 낮은 구릉과 바닷가 마을들의 그림 같은 풍경에 금세 마음을 빼앗긴다.

독일마을

독일마을은 '남해 속 작은 독일'이라 해도 과언이 아니다. 50년대 광

부와 간호사로 머나먼 이국땅 독일로 건너갔던 이들이 고국에 돌아와 정착한 마을이다. 건축방식에서부터 생활여건이 독일식으로 꾸며져 있어 많은 사람들이 독일 문화를 경험하기 위해 찾아오고 있다. 인근 은점마을에 있는 해오름예술촌과 연계하여 독일전통 와인을 맛볼 수 있다. 또 얼마 전부터는 독일맥주축제를 열어 많은 관광객들이 전통 독일 맥주를 접할 수 있게 됐다.

위치 경상남도 남해군 삼동면 물건리 1074-2

물건방조어부림

물건방조어부림은 아름다운 물건항에 자리한 숲이다. 이 숲은 태풍과 염해로부터 마을을 지켜주고 고기를 모이게 하는 어부림으로 천연기념물 제150호이다. 숲길이 1.5km, 너비 30m의 반달형이다. 숲에는 팽나무, 상수리나무, 느티나무, 이팝나무, 푸조나무인 낙엽수와 상록수인 후박나무 등 300년 된 40여 종류의 수종이 있다고 한다.

위치 경상남도 남해군 삼동면 물건리 산12-1

시장이 변한다, 진해가 변하고 있다!

진해중앙시장

진해중앙시장 골목들은 바둑판처럼 구획 정리가 잘 되어 있다. 각 골목 입구마다 같은 품목끼리 집중시켜 놓았다. 덕분에 처음 오더라도 금방 시장 안을 파악할 수 있다.

한눈에 찾을 수 있는 시장 골목

시장 공영주차장에 들어서서 주차를 하는데, 바로 눈앞에 작은 광장이 들어온다. 공연을 할 수 있는 무대가 있고 제법 쉴 만한 자리도 마련돼 있다. 시장으로 들어서는 길목에는 밤이면 조명이 들어올 듯한 LED 벚나무가 서 있다. 그 뒤로 시장 아케이드 아래 '진해중앙시장' 간판이 선명하게 보인다. 아직 조성된 지 얼마 되지 않은 듯 깔끔했다. 첫 느낌이 좋아선지 시장을 둘러보는 내내 깨끗하고 밝은 분위기로 다가왔다.

"아이고, 이걸 말라꼬 찍노? 우리 시장 알려줄라꼬? 그라모는 사람들한테 잘 좀 알려주이소."

노점에 자리를 차지하고 앉은 생선장수 아지매가 환하게 웃으며 말을 건넸다. 좌판에는 방금 손질하다 만 듯한 볼락이 한가득이다.

진해중앙시장 골목들은 바둑판처럼 구획 정리가 잘 되어 있다. 각 골목 입구마다 같은 품목끼리 집중시켜 놓았다. 1동에서 9동까지 청과물, 음식코너, 수입품코너, 여성의류, 한복 등 블록마다 비슷한 업종들끼리 집중돼 있어 한눈에도 이용객이 시장 골목에서 자신이 원하는 곳으로 찾아갈 수 있게 되어 있다. 덕분에 처음 왔음에도 금방 시장 안을 파악할 수 있다. 시장 중앙 몇몇 점포가 비어 있는 듯이 보였지만, "비어 있는 게 아니라 다 창고로 쓰이고 있는 것"이라고 상인들이 말했다.

전국 최초로 시장상품권 발행하기도

진해중앙시장은 창원시 진해구 관문에 위치한 대표 전통시장이다(화천동 60번지, 행정동은 충무동). 1975년 8월 상설 종합시장으로 개설했다. 시장 역사는 1945년

"아이고, 이걸 말라꼬 찍노? 우리 시장 알려줄 라꼬? 그라모는 사람들한테 잘 좀 알려주이소." 노점에 자리를 차지하고 앉은 생선장수 아지매가 환하게 웃으며 말을 건넸다.

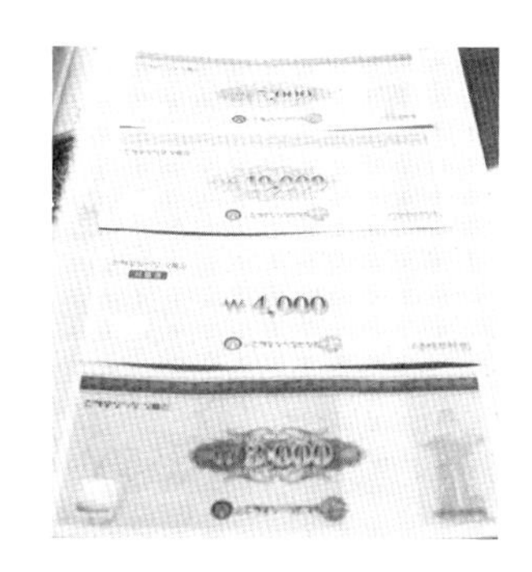

1999년 진해중앙시장 자체적으로 발행한 전통시장 상품권은 전국 최초라 할 수 있다.

광복 이후로 거슬러 올라간다. 해방 당시 일본에서 귀향한 사람들은 배가 닿는 통영, 마산, 부산은 물론이고 이곳 진해 화천동 일대에도 자리를 잡았다.

"당시 사람들이 판자로 하코방을 지어 살았다데예. 그 뒤에 6·25 때는 피난민들이 엄청 많이 몰려들었는데, 집은 없고 사람은 많고… 판자로 주택 겸 점포를 짓고 사람이 많으니 자연스럽게 장사꾼들과 난전이 들어섰지예."

진해 화천동 일대는 한국 근대사와 함께 변화했다. 점차 시장이 형성되고 번화가가 되었다.

진해중앙시장은 대형마트가 들어오기 전에는 진해 중심가의 유일한 상권이었다. 현재도 350여 개의 점포수를 유지하는 것으로 보아 번성기의 시장 규모가 짐작되었다. 시장이 발전하면서 점차 시장 주변의 충무동 일대에 상점가가 형성됐을 것이다.

이곳 시장은 전국 최초로 전통시장 상품권을 자체적으로 발행한 곳이기도 하다.

"1999년 우리 시장이 상품권을 발행했는데, 시장에서 상품권을 발행한다는 것은 그때만 해도 생각지 못할 일이었지요. 온누리상품권은 훨씬 뒤에 나왔으니까요."

시장번영회 사무실에서 만난 박창원 부회장과 이유석 이사, 서병진 사무장은 이곳 시장이 한때는 상권이 활발했고, 상인들도 '쏠쏠했던 시절'을 알기에 한때 시장 활성화에 남다른 노력이 있었고, 의욕적이었음을 강조했다. 임원들이 펼쳐 보여준 것은 1999년 최초 발행에서 조금씩 형태를 바꿔온 상품권들이었다. 안타깝게도 상품권은 지금 잘 활용이 되고 있지는 않다. 소비 형태가 바뀌면서 시장은 점차 활기를 잃어 왔던 것이다.

남북정세에 따라 시장 상권이 위축되기도

"예전에는 참말 큰 전통시장이었지예. 요즘에야 소비자들이 마산, 창원 등 인근 대도시로 쉽게 가버리지만…. 진해는 해군 도시니까 당시는 군인들 회식이 참 많았어예. 시장 지하 어시장과 횟집이 와 이리 잘되겠십니꺼? 질은 좋고 값은 싸고 여럿이 와도 넉넉히 먹을 수 있고 그리 하니께 많이들 찾는기라예…."

진해는 해군 도시이고, 진해항이 해군 주둔지이다 보니 인구의 상당 부분은 해군들과 그 가족들이다. 그래서 웃지 못할 일도 있다.

"이용객들이 군인이 많다 보니 남북 정세에 따라 상권이 위축되기도 합니다. 남북 정세가 어려워지면 비상명령이 떨어져 금세 군대 내에서 긴장 상태가 되니 함부로 외출도 안 되고 쉽게 술자리를 못 만드니까요."

특이한 것은 지하에 어시장이 있다는 점이다. 지하는 선어, 활어센터만이 아니라 건어물, 초장, 횟집 등이 집중돼 있다. 지하 1층이지만 어시장으로 내려가는 계단 옆에는 엘리베이터가 있다.

"아직도 사람들이 많이 찾는 곳이지예. 진해 최대 활어, 선어, 해산물 판매장이라고 할 수 있습니다. 항구 주변에 횟집이야 많지예. 하지만 이곳에서 직접 사서 초장집에 가서 먹으면 훨씬 싸고 많이 먹을 수 있으니 단체 회식이나 주민들이 많이 이용하는 곳입니다."

진해중앙시장은 대형마트가 들어오기 전에는
진해 중심가의 유일한 상권이었다.
현재도 350여 개의 점포수를 유지하는 것으로
보아 번성기의 시장 규모가 짐작되었다.

지하 1층이지만 어시장으로 내려가는 계단 옆에는 엘리베이터가 있다.

이곳이 초행길이라면 다들 어시장으로 내려섰다가 눈이 휘둥그레질 듯했다. 시장 지하에 대규모 활어 시장이 있다는 건 상상치 못 할 일이었으니, 놀라운 광경이다. 오후 10시까지 영업하는데, '밤장사'가 진짜 장사라며 점심시간이 지나자 상인들의 분주함이 눈에 띄게 활기찼다. 오밀조밀 모여 있는 횟집들에는 왁자지껄하니 기분 좋은 설렘이 있었다.

원도심이 살면 시장도 살아날 것

"지하 어시장은 진해중앙시장 특색이라면 특색인데, 시설이 워낙 오래돼서 문제지예. 어시장을 지상으로 옮기자는 의견도 있어 지난해까지 시도를 해봤는데 그게 쉽지가 않습니다. 어쨌든 지금 상태에서 손을 보긴 해야 하는데, 예산이 많이 들기도 하고…. 점차적으로 개선해야 할 사항입니다."

진해중앙시장 담당 정순길 계장(창원시 도시재생과)은 이곳 시장을 어렸을 때부터 들락거렸던 진해 토박이로 시장 활성화에 고심이 컸다. 정 계장은 "문화관광형시장 선정이 계기가 돼 향후 상인과 고객이 함께 윈윈Win-Win하는 시장으로의 발전이 기대되고 있다"고 말했다.

2014년 말까지 진행하는 문화관광형시장 육성사업은 전체 지원 예산 규모가 20억원이다. 지난해는 상인아카데미, 일상일예, 쉼터 조성 등을 추진했다. 올해 주요 사업으로는 특화사업 발굴·지원, 지하어시장 및 주차장 주변 벽화 정비사업, ICT융합사업, 자생력사업 등을 추진해나갈 계획이다.

이곳 시장 현대화 사업은 2011년부터 점차적으로 추진해나가고 있다. 창원시 관계자에 따르면 현재까지 진입도로 개설, 주차장 확충, 교차로 개선사업, 다목적광장 등을 준공했고 앞으로는 지하어시장 현대화, 소방배관과 오수관 매설 공사 등을 추진해나갈 계획이다.

"교통로가 확보되니까 군항제 풍물시장을 이전 유치하자는 여론과 상인들 움직임이 생길 정도랍니다. 주차장 입구 다목적광장은 만남의 광장으로 앞으로 문화관광형시장 육성사업과 관련한 문화공간으로 적극 활용될 전망입니다."

진해중앙시장 활성화와 관련해 '에코뮤지엄시티진해' 사업이 주목된다. '에코뮤지엄시티진해' 사업은 근대 계획도시 해군항으로 성장해온 진해의 원도심을 재생하고 활성화하자는 사업이다. 진해 원도심에 산재해 있는 근대 건축물 및 방사형 도로 등 각종 문화 유산의 역사적 상징성을 되살려 중심 시가지를 재생하고, 군항근대역사체험 테마거리 조성, 축제문화 활성화 등이 주요 사업이다. 이 사업에서 진해중앙시장을 빼놓을 수는 없을 듯하다. 이곳 시장이 원도심 한가운데 자리잡고 있기 때문이다. 진해중앙시장 활성화와 관련해서 이 사업에 어느 정도 기대 심리가 생기는 것도 무리가 아니다.

진해중앙시장 경상남도 창원시 진해구 화천동 60-1 (벚꽃로60번길 25)

이기 머시라예?

•• 소고기 한 근 먹는 것보다 낫제

꾸득꾸득 말린 생선을 가지런히 엮어 한 두름으로 만들어놓았다. 몸통이 기다랗고 주둥이가 뾰족하다. 꽁치와 비슷하지만 꽁치는 아닌 듯하다.

"아지매, 이거는 머시라예?"

"이것도 모리나예. 살림 초보가?"

순간 머쓱해지는데 아지매는 얼굴 가득 웃음을 달고 있다.

"이기 요새 맛있는 기라. 동해바다 가모는 요즘 이거 먹을라꼬 사람들이 많이 온다네. 꾸버도 묵꼬 찌저도 묵꼬…소고기 한 근 묵는 것보다 더 보약이라데."

등푸른 생선으로 단백질이 풍부해서 어민들이 겨울 내내 말리고 얼리고 해서 보약처럼 먹었다는 이것. 강원도 강릉, 고성 등 동해안에서 12~3월까지 많이 잡혀 1만 원어치를 사면 양동이로, 삽으로 퍼준다고 한다. 속초에서는 12월 초 이것 축제를 연다하니 가히 짐작이 된다.

"고등어조림처럼 멸치와 다시마로 맛국을 내어 넓적한 무를 썰어 조려 먹으면 밥 한 그릇이 뚝딱이라예."

양미리.

요놈을 그냥 생물째 요리해 먹어도 맛있지만, 꾸득꾸득 말린 것을 구워 먹거나 조려 먹어도 별미다. 동해안에서 나는 겨울 별미이자 보약, 양미리!

•• 난전 상인들 절대 필수품

시장 상인들에게 겨울은 유난히 추운 계절이다. 엉덩이를 붙이는 작은 바닥에는 전기요를 깔고 난로를 켠다. 하지만 이것도 점포 상인들에게나 가능한 일이다. 노점 상인들에게는 가당찮은 일이다.

노점 아지매가 허리께까지 담요를 덮고 있다.

"아지매 추운 데 난로도 없이 있어예?"

그러자 마구 웃는다. 슬그머니 담요를 걷어내더니 그 안에 난로를 보여준다. 온기가 빠져나가지 않도록 작은 난로 위에 큰 종이상자를 덮고 그 안에 다리를 넣고 다시 담요를 덮은 것이었다.

"아이고, 이런 방법이 있었네. 얼굴은 얼어도 밑에는 따뜻하겠네예."

또 잠시 시장 골목을 돌다보니 벌써 파장을 하고 간 상인들이 한쪽에 정리해둔 것들이 눈에 띈다. 숯을 넣어 사용하는 작은 화로, 휴대용 가스레인지에 온기와 불이 새어나가지 않도록 둥근 철판을 두른 것…. 시장 상인들이 추위를 이기는 방법들이다. 거기에다 이 작은 열기구들은 이미 식어버린 음식을 후다닥 데워 옆에 있는 상인들과 한술 나눠 먹을 수 있는 주방기구이기도 하다.

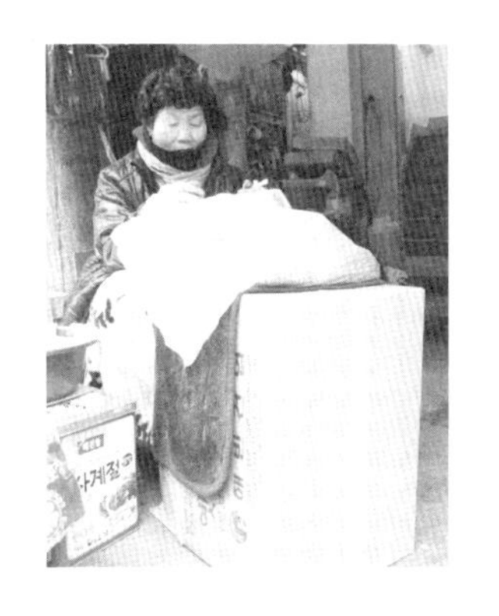

난전 상인들의 추위를 달래주는 소중한 기구들.

이제 3월, 추위가 물러간 듯 하지만 새벽에 나와 늘 한데서 일하는 상인들에겐 여름 무더위 말고는 일 년 내내 필요한 살림살이들이다. 추위를 이기는, 시장에서 꼭 필요한 것들.

명절 때면 양말·내복 등 군부대에 배달

중앙BYC 다모아

중앙 통로 입구에 있는 제법 큰 속옷 가게다. 정숙경 아지매. 이곳 시장의 이사로, 부녀회장으로 활동이 왕성하다. 나이보다 훨씬 젊어 보였고, 활달하고 밝은 기운이 들어오는 손님마다 웃고 가게 만들었다.

"시댁 형제가 전부 경남 전역에서 속옷 가게를 하고 있어예. 시누이가 르네시떼에서 속옷 매장을 하고 있고. 우리도 2003년 김해에서 이곳으로 이사 오면서 시작했으니 이제 11년 차네예."

정숙경 아지매

숙경 아지매는 내의는 날씨가 추워야 팔리는데 올해는 날씨가 따뜻해서 예상보다 장사가 안됐다고 말했다.

"장사 시작하고 3~4년은 정말 장사가 잘됐습니다. 정신없이 바빴지만 재미는 있었지예. 예전에는 크리스마스이브가 그때만 해도 명절이었어예. 진해는 경남에서 IMF가 없는 곳이라 했습니다. 군인들 월급날이면 시장통이 북적거렸어예. 군인들이 상사들한테 내복 선물한다고 문을 닫았는데도 전화를 해대는 바람에 하룻밤에도 몇 번이고 문을 열었다 닫았다 했지예. 2006년까지는 그랬던 것 같습니다."

그녀는 그 시절에는 명절 때면 양말, 내복 등을 직접 군부대에 배달을 가기도 했다고 말했다.

"그때야 명절 대목 하루 매상이 천만 원이었습니다. 밥 먹을 시간이 없었지예. 그 시절이 언제였던가 싶네예. 삼삼오오, 젊은 사람들이 시장에 많이 찾아왔지예."

숙경 아지매는 그래도 요즘 다시 젊은 층 고객도 늘어나고 있고, 속옷 중에 아직은 내의가 가장 잘 팔린다고 했다.

"속옷은 겨울 장사가 제일 낫습니다. 학기 초도 경기가 괜찮고. 아무래도 학생들 브라, 러닝이 잘 팔리고…."

중앙BYC는 숙경 아지매가 인수하기 전부터 속옷 가게였고, 50년 된 자리라고 했다.

"워낙 오래된 가게라 손님들 중에는 연세 많은 분들이 많습니다. 시장에서 메리야스 가게는 이 집뿐이거든예. 한 분씩 돌아가시지만 그 딸이 고객이 다시 되기도 하고 손녀가 고객이 되기도 합니다. 한 번은 할머니 없이 손녀가 혼자 와서 대뜸 할머니 안부를 물어봤더니 3개월 전에 돌아가셨다고 하더라고요. 그 자리에서 얼마나 울었던지…."

숙경 아지매는 시장에서 속옷 장사로 제법 재미를 봤고 지금도 잘 되고 있지만 먹고살 정도라고 했다. 그녀는 "사람살이는 넘치게도 잘 안 준다. 딱 고만큼 주신다"고 덧붙이며 또 소리 내어 웃었다.

장터에서 드립 커피를 즐기다

후니'스 커피

전통시장 안에 드립 커피를 하는 집이 있다고?

경남 전역의 시장을 돌아다녔지만 드립 커피를 하는 곳은 없었다. 리어카로 이동하는 길커피거나 작은 점포에서 인스턴트 커피를 파는 곳은 있어도.

이곳 시장에서 누가 어떤 마음으로 커피집을 하고 있는지 사연과 생각이 궁금했다. 시장 앞 공영주차장과 다목적광장에서 가까운 커피집은 가게 앞에 데크를 내어 다른 가게와는 분위기가 달랐다. '후니'스 커피' 입간판이 눈에 들어온다.

이정훈(35) 씨. 구레나룻의 건장한 체격을 가진 그는 첫인상만으로는 어떤 사람인지 알 수가 없었다.

"이곳은 부모님 소유 점포입니다. 전에는 막창구이 등을 하는 연탄구이집이었고요. 이제 7개월째인데 아직은 할 만해요."

정훈 씨는 몇 년 전까지만 해도 직업군인이었다. 8년 동안 해군 특수부대에 있었다. 2006년 전역을 하면서 영어 공부를 하기 위해 뉴질랜드로 갔다. 동기는 단순했다.

"영화를 보는데 잘 알아듣지 못하고 제대로 못 느끼겠더라고요. 그래서 갔어요."

1년 정도 거기 있다가 호주에 8개월 있었다. 커피에 대한 관심을 가진 건 호주에서였다. 한국으로 돌아온 정훈 씨는 커피를 좀 더 적극적으로 공부하기 시작했다. 콩

이정훈 씨.

을 직접 볶고, 직접 내려 마시고….

“부산 등 여기저기 맛있는 커피집을 찾아다니고, 어떻게 하면 맛을 낼 수 있는가 고민하고…. 관심이 있으니 몸이 따라서 움직이게 되더라고요.”

가게 리모델링을 할 때도 업자와 같이 일했다. 자신이 원하는 가게 분위기를 끌어내기 위해서였다.

“계속 관심을 가지고 공부를 하니 어떤 커피 맛이 최상인지, 어떤 콩이 좋은지 자연스레 익히게 되더라고요. 프랜차이즈 커피는 맛이 균일하지 않잖아요. 콩 상태나 그라인더 등 시스템에 따라 다르기도 하고 커피를 내리는 시간에 따라 다르고 하니 맛이 같을 수가 없어요.”

핸드 드립 커피 맛이 균일하지 않을 것 같았지만 정훈 씨 말을 들으니 프랜차이즈 커피가 맛이 없는 이유를 조금 알 수가 있었다.

이곳에서 얼마 동안 할 수 있을 것 같냐고 물었더니 자신이 현실적인 스타일이라 잘 해낼 수 있다고 답한다.

“부모님이 진해에서 아구찜으로 유명한 ‘다정식당’을 운영하고 있어 장사라면 많이 봐왔지요. 식당을 하기 전에는 이곳 시장 앞에서 채소가게를 했고, 어렸을 때 부모님을 도와 채소배달도 다녔으니까요.”

정훈 씨는 이곳이 90년대 중반만 해도 땅값이 비싼 동네였지만 진해의 다른 지역들이 주거지로 개발되면서 인구 분산이 됐고 그에 따라 시장도 예전에 비해 장사들이 많이 줄고 이용하는 소비자들도 대폭 줄어든 것이 느껴진다고 했다.

“예전에는 이곳 주변에 해군 가족들이 많이 살았고, 대형마트 등이 없으니 군대 식자재 살 곳도 여기뿐이었거든요.”

문영숙 아지매.

웰빙 바람 덕에 장사하는 재미 쏠쏠해

낙원떡집

시장 안 유명한 떡집이다. 낙원떡집 우창수 사장은 떡을 전문적으로 연구하며 만든다고 했다. 설날 대목이 끝났는데도 장사가 잘되고 있었다. 점심때가 지난 시간인데 진열대에 남은 떡이 별로 없었다. 가게에는 우 사장의 아내 문영숙(48) 아지매 혼자 있었다. 가게 입구에 기다란 현수막이 눈에 띈다. '경남사랑 황토식품경연 도대회 금상 수상. 떡 세계화를 위한 작품발표회 금상 수상'.

"친정 동생이 떡 만드는 기술이 있었는데 우리가 떡 만드는 것 배우고 장사 시작했어예. 13년 됐는데, 새벽 5시 문 열고 오후 8시까지 합니다. 주문 있으면 더 일찍 나오는 날도 있고…. 전에는 쉬는 날이 없었는데 이젠 첫째 일요일은 쉬는 기라예."

영숙 아지매는 몇 년 전부터 웰빙 바람이 불어 떡장사는 잘되는 편이라고 했다.

"제일 잘 나가는 떡은 꿀백설기, 영양떡, 호박떡 등입니다. 나이 든 손님이 많을 것 같지만 빵보다 건강에 좋고 식사 대용으로 먹기 좋아선지 젊은 손님도 많습니다. 아무래도 가까이에 해군부대가 있어 그런지 군인 가족들이 많이 사가지예."

영숙 아지매는 친정인 전북 진안에서 맞춤해온 절구에다 일주일에 세 번 팥을 찧고, 하루에 팥 네 솥을 쪄낸다고 했다. 양을 어림잡을 수가 없었다. 그만큼 장사가 잘된다는 말이었다.

새벽에는 사위가, 오후에는 장모가 사장

붕어떡방앗간

떡집 이름이 '붕어'라니! 정석자(63) 아지매는 남다른 사연이 있었다.

"여기 점포로 오기 전에, 맨 처음 시장 바깥에서 장사를 시작할 때 붕어빵을 했어예. 이제 30년 됐나. 먹고살 길이 없어 무작정 빵통을 들고 나왔던 기라예. 그 뒤에 떡볶이랑 분식을 15년 했고 떡집을 한 지는 5년 됐네예. 장사하는 품목은 달라져도 이름을 그대로 가져왔어예."

낱낱이 말은 안 하지만 석자 아지매의 후덕한 표정에는 붕어빵으로 시작해 점차 가게를 넓혀갔고 이제 살 만한 것이 붕어빵장사 덕분이라 여기는 마음이 읽혔다.

"떡집은 사위랑 같이 합니다. 딸은 시장에서 다른 장사하고. 사위는 새벽부터 나와서 일하고, 나는 오후에 일하지예. 사위가 트럼펫을 잘 부는데…. 재주가 좋아예."

석자 아지매는 진해에는 예전에 즉석 떡볶이가 유명했다고 알려줬다.

"지금은 시장에서 한 곳 하는데, 그것만 하는 게 아니라서 주문을 해야 내줄 거라예."

진해에서 한때 유명했다는 즉석 떡볶이는 미리 해놓은 떡볶이를 담아주는 게 아니라, 주문을 받아 바로 눈앞에서 육수를 부어 각종 채소와 떡을 넣어 조리를 하는 것이었다. 진해 즉석 떡볶이는 쫄깃하고 담백한 것이 제맛이라고 했다.

정석자 아지매.

“벚꽃축제 활용한 콘텐츠 개발이 먼저”

남희종 · 문화관광형시장 육성사업단장

“벚꽃축제와 연계된 것을 놓치고 있는 것 같아요. 벚꽃 조명등, 벚꽃 체험, 벚꽃 축제 캐릭터상품 등으로 쉽게 사갈 수 있는 기념 특산품을 개발하고 진해중앙시장에 가면 어느 가게에 가더라도 살 수 있도록 말입니다.”

지난 하반기 문화관광형시장 육성사업단은 시장신문, 시장내 문화지도 등 홍보 팸플릿과 청년기자단 등을 만드는데 주력했다. 사업단은 ‘장나래’ ‘벚나래’ 2개의 시장 캐릭터를 만들고, 캘리그래피도 만들었다. ‘장나래’는 시장 장바구니를, ‘벚나래’는 벚꽃을 이미지화한 것이다. 시장 상인들 호응도 크다. ‘일상일예’ ‘상인예술단’ 등 시장 상인들이 적극 참여할 수 있는 프로그램을 기획하기도 했다.

“획일화된 정책을 따를 수는 없습니다. 그 지역과 시장의 특성에 맞는 콘텐츠를

진해중앙시장 광장. 공연을 할 수 있는 무대가 있고 제법 쉴 만한 자리도 마련돼 있다. 시장으로 들어서는 길목에는 밤이면 조명이 들어올 듯한 LED 벚나무가 서 있다.

왼쪽부터 남희종 사업단장, 임재환 홍보팀장, 황진영 기획실장, 조영혁 사무차장.

개발하고 판로를 개척할 수 있어야 하는데…."

이곳 시장의 키워드는 '어시장·야시장 특화거리, 문화광장'이다. 어시장을 현대화하고, 문화광장 앞 시장 도로를 따라 특화거리를 조성한다는 것이다. 또 문화광장 활용도를 높인다면 시장 이용객을 끌어들일 수 있다는 생각이다.

"4월 벚꽃 축제에 관광객이 350만 명 오는데 그중 10%만 시장으로 올 수 있다면…. '벚꽃빵'은 다른 데서 선점했지만, 그래도 벚꽃 콘텐츠 개발이 살길입니다."

남 사업단장은 전통 시장으로 가는 게 더 맞춤일 수도 있겠다고 강조했다.

"한 골목이라도 옛 시장 분위기를 한껏 살린 '전통시장테마파크'를 넣고 싶습니다. 전통문양을 넣은 시장 간판을 만들고, 아케이드 내부에 '살레길'을 조성하는 것이지요. 사람들이 자연스럽게 구경할 수 있도록 구매코스, 산책코스 등…."

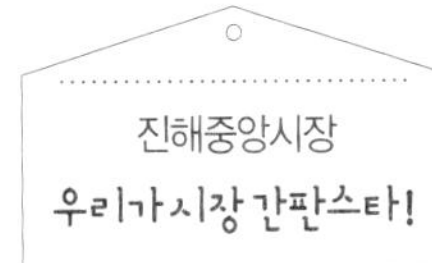

“상호보다 내 얼굴 보고 찾아오지예”

“젊은 상인들이 마이 들어와야지예”

“시장에서 장사한 지 20년입니다. 올해 같은 때가 없었던 것 같아예. 예전부터 시장 침체는 다소 느끼고 있었지만, 시장은 이제 미래가 없는가 싶네예.”

정명수 아재는 시장에 젊은 상인들이 많이 들어오고, 지하 어시장이 1층으로 올라오면 시장이 훨씬 활성화될 것 같다고도 말했다. 또 시장 주변 상권이 너무 확대되는 바람에 소비자들이 시장 안으로 들어오지 않는다며, 소비자를 시장 안으로 유입할 수 있는 방안이 절실하다고 말했다.

“문화관광형 시장으로 선정되고 상인들이 의욕을 가지려고 해예. 개인적으로는 지난해부터 상인교육도 열심히 다니고, 예술단 활동도 했지예.”

정명수 아재는 클래식 기타 연주를 즐겨 상인예술단에 들어가 활동했고, 지난해 12월에는 첫 번째 공연을 마쳤다. 시장 활성화에 대한 확신은 아직 미지수지만 정부가 투자를 하고 나섰고, 자신도 할 수 있는 한 적극 호응하고 같이 하고 싶다고 말했다. / 정명수 아재·신신식육점

직접 반죽하고 양도 넉넉해서 인기가 좋아

번영회 사무실 앞에 있는 가게다. 점심시간이 되자 자리가 없다. 시장 칼국수 하면 이미 이 집을 꼽을 만큼 소문나 있다고 한다.

“요기서 장사한 지는 인자 올매나 됐노? 몇 년 안 됐는데….”

주인 아지매는 김이 펄펄 나는 솥에 연방 면다발을 집어넣으며 대답할 새도 없다.

"이 집 칼국수는 아지매가 직접 반죽하는 기라예. 나물에서부터 고명까지 아지매 손맛이 보통이 아니라예. 깔끔하게 하고 양도 넉넉히 주니까 사람들이 좋다 안쿠나예."
옆에 있던 손님이 대신 말했다. / 할매전통칼국수

"매일 새벽 진주에서 장사하러 와예"

점포 한쪽 둥근 다라이에 있는 곡물들이 진열이 잘 되어 있다. 어느 시장이나 둥근 다라이는 가장 활용도가 높다. '진주상회'. 주인은 보이지 않는다. 사진을 찍고 있으니 웬 아지매가 "와 그라는 기라예?"라며 다가선다. 이렇게 시작된 이야기는 "친정이 진주라예?"로 이어졌다.
"아이라예. 집이 진주라예."
잘못 들었는가 싶었다. 진주상회 아지매는 집이 진주 명석면인데, 매일 새벽 버스를 타고 진주에서 온다고 했다. 어떻게 진해까지 매일 출근한단 말인가. 어림잡아 버스를 세 번은 갈아타야 하고 진주에서 진해까지 직행버스는 아침 8시경 한 번 있었다.
"저도 진주 신안동이 집인데 아침에 진해중앙시장 구경하려고 왔어예."
아지매 얼굴에는 금세 반가운 기색이 뚜렷했다. 딱히 사연을 밝히지는 않았지만 자신이 농사지은 것들과 이런저런 곡물들을 팔고 있다고 했다.
"오늘도 많이 파시고, 날이 궂은데 조심해서 댕기이소." / 진주상회

"틈틈이 몸 움직여 돈 만들어요"

"여기 쑥도 찍어가세요."
벌써 살진 쑥이다. 새파랗게 물이 올랐다. 이제 입춘 지난 지 며칠밖에 되지 않았는데…. "아침 일찍 밭두렁이나 산 아래 양지바른 곳에 가면 쑥이 많아예."

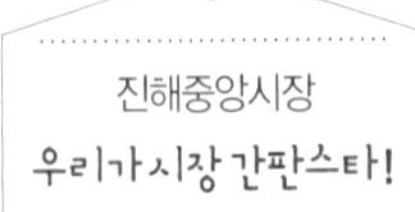

눈매가 곱고 친절한 아지매는 쑥 다라이 2개와 몇 개의 다라이를 앞에 놓고 있다.

"오전에만 여기서 장사하고 오후에는 저기서 일해예."

아지매가 가리키는 곳을 보니 반찬 가게다. 남편은 군인이라 진해에 와서 살게 됐다는데, 일하지 않는 오전 시간에도 뭣이든 몸을 움직여 일을 하는 아지매였다.

2월 초, 아직은 귀한 쑥이라 한 다라이에 5000원. 말을 주고받는 사이에도 두 손은 계속 쑥을 가리고 있다. 내내 웃음을 잃지 않고 물음에도 귀찮아하지 않는 아지매 때문에 시장이 더욱 정겹게 느껴졌다. / 쑥 파는 아지매

"내보다 울 집 물건들이 좋은데…"

상호는 '진해어패류'지만 채소·조개류 등이 진열돼 있다. 건너 난전에 쪼그려 앉아 쑥을 다듬는 아지매를 부르더니 따뜻한 커피를 건네준다. 사진을 찍으려니 "아이고 엉망이라 안 되는데. 우리 집 물건이 좋으니 물건들만 찍어예"라고 피한다. "아지매, 예뻐요! 근데 웃으모는 더 예쁠건데." / 진해어패류

지하 어시장에는 펄떡이는 활어가 있고 차려주고 끓여주는 초장집도 있다

"어시장에서 제일 나이 많은 분일 거예요."

누군가 귀띔을 했다. 선산횟집 아지매는 이곳 지하 어시장 터줏대감이다. 고령이지만 상인들 선진지 견학에도 열심히 다니고 의욕적이다. "나이 들어도 자기 할 일이 있고 일할 곳이 있는 게 어데고"라고 말한다. 선산횟집 아지매는 젊은 사람들보다 더 젊게 사는 듯했다. 얼굴 가득 웃음을 달고 있다.

/ 정화자 아지매 · 선산횟집

김용숙 아지매 · 선영횟집

설경아 아지매 · 53호횟집

진해 가자!

진해구 즐기는 법

진해구는 경남 어느 도시보다 근대 도시문화가 뚜렷한 곳이다. 다른 지역에 비해 이색적인 건물과 이야기가 있는 장소들이 많다. 진해만을 끼고 자리 잡은 진해시는 벚꽃 피는 봄철이면 우리나라에서 가장 낭만적인 곳으로 알려져 있다. 진해중앙시장 인근에 있는 여좌천은 연인들이 곧잘 찾는 곳이다.

중원쉼터

중원쉼터는 2006년에 조성된 도심 속 휴식 공간이다. 이색적인 것은 60년 동안 진해시민의 치안중심지로 활용되었던 진해경찰서 옛터에 지어졌다는 점이다. 여름철에는 음악분수가 있어 아이들과 시민들의 피서 공간이 되고 있다. 진해시 원도심의 새로운 문화 공간이기도 하다.

위치 경상남도 창원시 진해구 중원로터리 광장 일원

제황산공원

제황산은 해발 90m로 산 정상에는 진해탑과 전망대가 있다. 진해탑은 1967년에 건립한 해군 군함을 상징하는 탑이다. 탑 내부에는 진해구에서 발굴된 다양한 문화재와 유물이 전시돼 있다. 전망대에서는 진해 도심과 바다를 한눈에 조망할 수 있다. 꼭대기에 오르는 승강기가 설치되어 있다. 또 중원로타리 방향에서 탑산에 오르는 1년 365계단이 있다. 마치 부엉이가 앉은 것과 같다하여 부엉산이라 하였지만 해방이후부터는 제황산으로 불리게 됐다 한다.

위치 경상남도 창원시 진해구 제황산동 산 28-6

진해루

진해루는 아름다운 진해만의 풍경을 한눈에 볼 수 있는 해안가에 있다. 연면적 477㎡에 높이 15.2미터, 주심 삼포양식의 팔작지붕(RC조 한식기와)으로 건립된 누각이다. 진해만을 찾는 지역민은 물론 관광객의 휴식과 만남의 공간으로 진해구의 명소이다.

위치 경상남도 창원시 진해구 경화동 1007-14 해변공원 내 (진희로 150)

손대지 않아 옛 모습 그대로인

고성공룡시장

읍 아래쪽 새로 생긴 고성시장이 몇백 개의 점포를 가진 중형 시장이라면 공룡시장은 점포가 100개도 채 안 되는, 하지만 오래된 동네 시장이었다.

"읍에 가모는 새 시장도 있지만 우시장도 있는데…."

"우시장? 소 시장이라쿠는 거는 전부 상설이 아이고 장날이 정해져 있을 낀데."

"그기 아이고 읍에서 위쪽에 있다꼬 우엣시장, 우시장이라쿠데예."

"아하, 우엣장."

"어쨌든 그 시장이 우리 어렸을 때부텀 있던 장이라예. 원래 중앙시장이었어예."

고성에서 고등학교까지 다녔다는, 지금도 친정집이 고성군청 앞에 있다는 40대 여성의 귀띔을 듣고 떠난 길이었다.

"한 20년 넘게 폐쇄됐던 겁니더. 고성시장 취재한대서 새 시장 취재하는 줄 알았습니더. 아무래도 주민들도 새 시장을 이용하고 또 더 규모가 큰 시장이라…."

고성군청 관계자는 뜻밖이라는 표정이었다.

"새 시장도 좋겠지만 오래전부터 동네 주민들이 이용하던 공룡시장은 좀 남다른 것 같네예. 오히려 이야기가 많을 것 같습니더. 새로 정비한 고성시장보다 규모는 훨씬 작아도 고성 사람들과 역사가 보이던데예."

"그렇기야 합니더. 고성읍성 생길 때 생긴 시장이라허니. 얼마 전에는 전국시장박람회에서 국무총리상을 받았습니더. 동네 시장이라도 시장 상인들 단결력이 대단하지예."

아침마다 호루라기 불며 인사 나누는 곳

"고성공룡시장으로 바뀌었네예."

고성 웃장이라 알고 찾아간 곳은 고성공룡시장이라는 새 이름을 달고 있었다. 시장의 규모에 비해 '공룡'이라니, 어울리지 않는 듯했다. 하지만 고성군이 내세운 트레이드마크가 '공룡'인 걸 생각하면 바뀐 시장 이름이 금방 이해가 된다.
공룡시장은 고성군청 옆 담벼락을 따라 바로 붙어 있었다. 여느 지역을 가더라도 대부분의 시장은 행정기관과 그리 멀지 않다. 마을이 형성되면서 이쪽저쪽 걸음하기 쉽게 형성된 것이다. 그런데 마을 규모가 커지면서 시장이 여럿 생기고 또 그 시장들 중 없어지는 것도 있다.
장날도 아닌데다 추위가 들이닥친 이른 아침이라 오가는 사람들은 별로 없었다. 문이 닫힌 가게들도 있고 문을 연 가게는 주인장들이 바쁘게 움직이고 있었다.
작은 시장이었다. 읍 아래쪽 새로 생긴 고성시장이 몇백 개의 점포를 가진 중형 시장이라면 공룡시장은 점포가 100개도 채 안 되는, 하지만 오래된 동네 시장이었다.
두리번대며 사진기를 들이대니 모자를 쓰고 콩나물을 다듬던 할아버지 한 분이 가까이 다가온다.
"머하는 기고? 이 추븐데…. 우리 시장 홍보해줄 끼가? 그라모 이것도 함 찍어가라."
이렇게 말을 건네준 구구상회 여상조 아재는 딸을 시집보낸 뒤에 할머니가 다치는 바람에 가게 일을 도맡아 하고 있었다.
그때였나 보다. 갑자기 요란한 호루라기 소리가 시장 안에 울렸다.
"안녕하십니까? 반갑습니다. 고맙습니다. 또 오십시오."
웬 사람이 큰 소리로 구호를 선창했다. 그러자 여기저기 가게 안에서 상인들이 나와 구호를 따라한다. 어디서도 보지 못한 광경이었다.
호루라기를 목에 걸고 시장 안을 돌아다니며 구호를 외치는 사람은 김광우 아재였다.
"매일 아침 상인들끼리 인사 나누고, 오늘도 열심히 일하고, 소비자들에게 친절하게 하자고 시작했는데, 벌써 2년이 넘었습니다. 이리 하니까 상인들끼리 단합도 잘되고, 아침 8시면 매일 모여 시장 쓰레기 청소부터 합니다."

"내는 구암부락에 살고 있는데, 맨날 새복 4시나 되모는 택시 타고 여게 온다아이가. 택시비가 한 달에 30만 원이라안쿠나. 자가용 기사 두고 시장에 장사하로 오는 사람이 내말고 또 있는가 찾아바라. 없을끼다."-정갑순 아지매.

남다른 감동이 있었다. 달달 긁어모아도 상인 100명이 안 되는 작은 시장이 대형마트나 현대화 시설을 갖춘 다른 상권 속에서 '살아남기 위한' 안간힘을 쓰고 있었다.

1세대 상인들이 있어 동네 사랑방 같아

공룡시장의 상인들은 대부분 1세대였다. 30년, 40년, 50년 가까이 이곳에서 장사를 해온 사람들이 아직도 가게를 지키고 있었다. 노점이 아니라 점포에서 장사를 하면서도 상호가 없는 집도 많았다. 그렇게 수십 년을 지내다 보니 그냥 옆에서 자식들 이름이나 장사하는 사람 이름을 붙여 말하는 것 같았다. 식이상회, 영자상회, 옥순상회 등….
"상호가 머꼬? 이곳에서 55년 동안 장사혀도 그런 것 없다아이가. 그냥 식이상회라고 하모는 다 안다아이가."
건어물 파는 김정숙(80) 아지매는 겨울 찬바람 때문에 머리끝에서 발끝까지 동동 두른 채 얼굴만 내놓고 가게 앞에 앉아 있었다.
"아지매는 추븐데 말라꼬 나와 있습니꺼. 넘들은 화로라도 가지고 있더만."
"아이다. 내도 요 궁디 밑에 전기요 깔고 있다아이가."
아하, 같이 웃고 말았다. 그 옆에는 한마음상회라고 간판을 달고 있었다.
"어장도 끝나고 추워서 아무 것도 안 온다아이가. 그래도 문은 열어야제. 아파서 이태 동안 드러누워 있었다아이가. 아들이 2년 동안 하다가 돈도 안 벌리고 자식도 몬 챙긴다꼬 몬하겠다더라."
친정이 진주라는 정숙희(78) 아지매는 전기난로를 옆에 바짝 당겨 두고도 반쯤 담요를 두르고 있었다.
"열이 딴 데로 새지 말고 내 앞으로만 오라꼬 이래노코 있다."

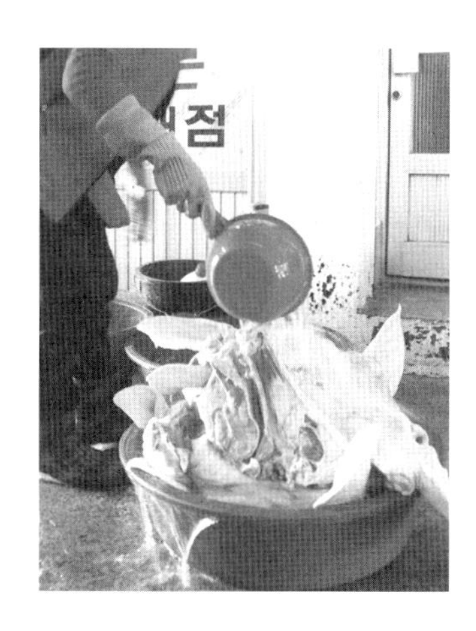

간만에 손님이 오는가 싶더니 며느리 구덕순 씨였다.

동원상회 이윤선(82) 아지매는 김장용 스티로폼 상자를 팔고 있었다. 잔돈이 없는지 옆에 있는 각시방 화장품으로 들어가 돈을 들고 나왔다.

"우리 시어머니라예."

각시방 천두옥(54) 아지매. 시장 안에서 '새파랗게' 젊은 축이었다.

"시어머니랑 한집에 살고 장사도 이리 같이 허고 있어예. 요즘 시어머니하고 24시간 붙어 있는 며느리는 보기 드물지예(웃음)."

며느리는 화장품 팔고 시어머니는 그릇을 팔고 있었다.

시장골목 밖에서 생선을 파는 정갑순(79) 아지매는 53년째 생선장사를 하고 있었다.

"내는 구암부락에 살고 있는데, 맨날 새복 4시나 되모는 택시 타고 여게 온다아이가. 택시비가 한 달에 30만 원이라안쿠나. 자가용 기사 두고 시장에 장사하로 오는 사람이 내말고 또 있는가 찾아바라. 없을끼다."

"장사도 안 될낀데 그냥 집에 펜히 있제 말라꼬 나옵니꺼?"

"그래도 이리 나와야 맴이 펜허다. 집구석에 있어모는 벵이 들끼거만. 몸 움직일 수 있을 때 움직이고 사람 만나는 기 젤인거라. 요새 우리 시장이 또 좀 잘나간다아이가."
갑순 아지매는 그리 말해 놓고 장단 맞추듯이 빈 도마를 칼등으로 통통 쳤다.

작지만 이야기가 있는 시장으로

시장을 돌아나오는데 희끗희끗한 눈발이 날리더니 금세 흰 떡가루 같은 눈이 쏟아졌다.
"이제나 저제나 한바탕 올 것 같더니만, 끝내 오시네예."
부식가게 아지매가 하늘을 올려다보며 중얼거렸다. 밖에 내놓은 손수레와 다라이에도 줄에 걸어 놓은 생선들에도 눈이 차곡차곡 쌓이고 있었다.
"우리 공룡시장은 상인들이 정말 열심인 것 같습니더. 시장이 침체되다 보니 오히려 깡다구가 생긴 것 같습니더."
문득 고성군청 관계자가 했던 말이 떠올랐다.
고성공룡시장도 아케이드 사업을 할 계획이랬다.
"상인들도 소비자들도 불편한 것이 많으니 현대화 사업을 해나가야지예."
옛 모습을 살리면서 상인들은 편하게 장사할 수 있고, 소비자는 옛 시장의 추억과 역사를 느낄 수 있는 그런 시장으로 만들 수는 없을까.
"옛 시장 모습을 그대로 살려 오히려 잘되고 있는 데가 삼랑진시장이나 함평시장입니더. 거기 비하모 동네 시장이지만 우리 공룡시장도 그런 곳으로 할 수 있지예."
고성공룡시장은 옛 이야기를 발굴하고 1세대 상인들의 이야기들이 기록되면 좋을 것 같았다. 시장이 지역문화를 엿볼 수 있는 곳이 되려면 사라지는 이야기와 역사

상인들은 한겨울 추위를 피하는 것도 일이다. 장터에 굴러다니는 나무 조각 하나 허투루 쓰지 않는다.

공룡시장 먹자 골목. 점심을 앞두고 준비하는 손길은 추위에도 아랑곳없다.

를 한데 모으는 작업이 먼저 필요하다. 그래야 지역이 살고 시장이 살 수 있다. 고성공룡시장의 살 길은 이야기를 풍성하게 만드는 것에 있을 법했다.

고성공룡시장 경상남도 고성군 고성읍 성내리 212-3 (성내로112번길 75-8)

웃장새미가 아직 남아 있네

여상조 아재 · 구구상회

"이 시장이 원래 고성장이다아이가. 이거 함 바라."

구구상회 여상조(80) 아재가 손짓을 했다.

"이기 먼고 알겄나?"

허리까지 오는 사각진 돌담불이었다. 그 안에 뭔가를 덮어두었을 뿐이었다.

"함 디리다 바라."

여상조 아재는 그 앞에 있는 오토바이를 힘겹게 치워주었다. 황급히 같이 오토바이를 들려고 하니 "손 대지마라, 내가 아즉 이것쯤은 헐 수 있다이"라고 뿌리친다.

안을 들여다보니 깊고 어두컴컴했다.

"아재, 우물아입니꺼?"

"맞다아이가. 이기 120년도 더 된 기라. 여름에는 얼매나 시원하다고. 겨울에는 또 얼매나 따뜻하다고… 이기 보통이 아니제."

상수도가 없던 시절, 하지만 시장 바닥에서 제일 필요한 건 물이었다. 바닷가 근처 마을이라 수산물이 많은데다 날마다 씻고 말려야 하는 것이 또 일이었다. 그때 이 우물이 온 시장통 사람들의 보물이었음이 짐작되고도 남았다.

"하나밖에 없는 거라 많이 쓰면 많이 쓴다고 타박을 받제. 염치없는 사람이 있어 물 마이 쓴다꼬 싸움박질도 일나기도 혔디만 무탈하게 썼다아이가. 아즉도 사용헐

시장 안 오래된 우물 어시정漁市井.
지금도 쓸 수 있다지만 편하게 쓸 수 있는
수도가 있어 이제는 거의 사용치 않는다.

수 있지만 요새 누가 힘들고로 이걸 쓰것노? 인자는 두레박으로 퍼올리는 기 아이고, 모터를 달아서 쓰제. 지금도 물이 아주 좋다아이가."

'어시정漁市井'. 돌담불에는 세월에 닳았지만 희미하게마나 알아볼 수 있는 한자어가 새겨져 있었다.

소가야 때 고성읍성 축성을 할 때 읍성내城內에 4개의 우물을 팠다고 한다. 그중 하나로 짐작됐다. 읍내 원 시장터였던 이곳 공룡시장 안의 '어시정'은 '웃장새미'라 불렀다. 대부분 이곳 어물전 사람들이 사용했을 것으로 짐작됐다. 바다가 근처에 있어 아무래도 수산물이 많이 쏟아졌을 거고, 시장에서도 어물전이 성행을 했을 터였다.

"여게 긴 장대 두레박으로 긷게 되어 있었다아이가. 지금이사 수도만 틀모는 물이 팡팡 나오지만…."

어시정은 고성읍성과 이곳 시장의 역사와 이야기가 있는 소중한 유물이었다. 이 우물을 중심으로 시장 이야기를 발굴하고, 고성읍성의 역사를 기록하는 것도 좋을 듯했다.

소홀히 되고 있는 것이 조금 안타까웠다.

•• 요게 자식 눔들보담 효자아이가!

"할매, 이래 추븐데서 화롯불 하나 가꼬 되나예?"

생선전 입구를 들어가자마자 화롯불에 고구마 얹어놓고 그 앞에 쪼그리고 앉아 불을 쬐고 있는 할매가 눈에 띄었다.

그런데 둘러보니 한 사람 앞에 한 개, 생선전 상인들은 모두 화로를 끼고 있었다. 조개를 까는 할매도, 담요를 둘러쓴 채 아침밥을 먹고 있는 할매도, 지나는 손님을 소리해서 부르는 할매도 모두 하나씩 가지고 있었다.

"하, 이기 있어 올매나 조은데. 옷을 여러 개 껴입어도 떨리는데 이기 있어가꼬…. 니도 요 와서 안자라. 고매 다 익으모는 항 개 무꼬 가라."

화롯불.

명태만 판다는 여든 김순덕 할매.

실내 점포를 가진 상인들이야 전기난로를 켜거나 전기방석을 깔고 앉아 있지만 생선전이나 노점 상인들은 사정이 여의치 않으니 작은 화로 하나씩은 피워 추위를 달래는 것이었다.

"할매, 숯을 넣는 기라예?"

"숯도 쓰고 나무 똥가리 어데 남는 기 있으모는 말렸다 쓰기도 허고 종도 없제. 새북부텀 집에 갈 때꺼정 야가 내 동무 아이가. 밥 묵을 때도 데파 무글 기 있으모는 여게 언저노코, 입이 심심허모는 이리 고매도 언저노코…. 추븐데 서 있지 말고 요 와서 안자라쿠니깐."

아침부터 눈발은 날리고 날은 꾸무리한데 할매는 그만 다니고 그냥 옆에 앉아서 말동무나 하란다.

"니, 이거 첨 보나? 장에서는 이기 엔간헌 자식 눔들보다 더 효자아이가."

몸만 데워주는 게 아니라 시린 맘도 데워주는구나. 화롯불!

•• 어물전에선 이기 왔다야!

"1년 365일, 이기 내 삐딱구두다. 이 시장 바닥에선 이기 만년물짜아이가."

모퉁이를 돌아가니 서로 다닥다닥 붙어 있었다. 어둡고 침침한 골목 좌판 앞에서 조개를 까는 아지매도 있고 웅크려 졸고 있는 아지매도 보였다. 다시 바깥으로 난 골목 모퉁이를 돌아가니 불빛은 좀 더 밝았지만 바닥은 온통 젖어 있다. 물을 뿌리는 사람, 거기에 빗자루로 쓰는 사람도 있고…. 붉은 다라이마다 온갖 해산물이 들어있어 거기에다 끊임없이 깨끗한 물을 대어야 했다.

아지매는 겹겹이 껴입은 바지 위에 양말을 두 켤레, 세 켤레 껴신고 그 위에다 장화를 신는다고 했다.

"여름에는 땀이 채여가꼬 힘들제. 겨울에는 발이 시리제. 그래도 사시사철 이리 물에 저저가꼬 사는데 이기 엄스모는 안 되는기라. 시장에서 머신 뽄진다꼬 운동화를 신으랴, 구두를 신으랴 맨날 물이니까 금세 물이 들어와 발이 다 젖어삔다 아이가. 내사 아무리 비싼 삐딱구두도 필요엄꼬… 이기 왓따야!"

고무장화. 여름에는 통풍이 안되고 겨울에는 보온이 안되지만 어물전 물일하는 데는 없으면 안되는 것이다.

내복에 두꺼운 몸뻬 입꼬 양말은 있는 대로 다 끼신꼬 마지막으로…. 그라모는 겨울 한 철이 잘도 지난다고. 어물전의 아지매들은 빨간 다라이를 든 손에 빨간 고무장갑을 끼고 발에는 빨간 고무장화를 신고 하루종일 몸을 재게 움직인다. 이기 있어 발 젖을 일이 엄다멘서.

아침 구호, 쓰레기 청소부터 자발적으로

홍정식·김광우 아재의 이야기

"우리 시장은 옛날 소가야 시절부터 생긴 자연 시장이라예. 1910년에는 여게를 중앙시장이라 했어예. 100년 전통이지예. 저 아래 새 시장이 생기고는 고성 사람들은 구분한다꼬 여게를 우시장이라 했지예. 우에 있다꼬. 한 20년 동안은 시장을 폐쇄했던 기라예. 그래도 상인들이야 장사를 하고 있었지예. 오데 다른 데 가서 할 데도 없는 기고…. 그러다가 2010년에 정식으로 '시장'으로 등록이 된 거라예."

상인회 사무실에서 만난 홍정식 아재는 고성공룡시장이 고성읍에서 오래전부터 있던 '원래 시장'임을 강조했다. 아재의 말에는 대형마트와 주류 상권에서 '밀려나 있던' 시장, 그 시장에서 생업 활동을 하는 상인으로서의 막막했던 심정도 들어 있었다.

"우리 시장이 이래바도 상인들 단결심 하나는 끝내줍니더. 매일 아침 8시면 다 같이 나와 시장 안은 물론이고 시장 주변까지 싹싹 청소하고 쓰레기 치웁니더. 또 한 달에 한 번 노인들을 위한 무료급식을 상인회 사무실에서 하고 있지예. 또 …."

김광우 아재는 상인들이 얼마나 변화하고 있는지를 강조했다.

"상인대학 경영혁신 교육을 마치고부터 우리 시장에는 매일 아침 구호를 외치고 인사 나누기를 실천하고 있습니더.

홍정식 아재.

'안녕하십니까? 반갑습니다. 고맙습니다. 또 오십시오'라는 인사를 모여 외치는데 이게 참 재미있습니다. 상인들끼리 단합도 잘 되고, 시장을 찾는 소비자에게 좋은 이미지를 심어주니, 파는 사람도 사는 사람도 웃는 얼굴로 마주하는 기라예. 시장 분위기가 좋아지니 자연스레 시장 상인들도 '인자 머 쫌 할 수 있것다, 우리 시장이 잘 되려나 보다' 이리 긍정적인 생각들을 가지게 되고, 시장 일이라면 협조도 척척 되더라니까예."

김광우 아재.

시장 2층에 있는 상인회 사무실은 이제 지은 듯했다.

"군에서 22대를 주차할 수 있는 공영주차장과 사무실, 전기·수도·소방·가스 시설 등 예산 지원을 마이 해주었습니다. 시장을 이용하는 소비자들이 주차하기가 힘들었는데 문제가 해결되었지예. 또 사무실이 있으니께 상인들 교육을 마음껏 할 수 있고, 노인들 무료급식도 여게서 할 수 있게 됐지예. 전선도 다 낡고 수도가 불편했는데 인자 마이 좋아졌습니다. 30년, 40년 장사한 사람들이 '하이고, 조타!'고 하루에 열두 번도 더 말합니다. 하하."

상인회 사무실 앞에는 깨끗이 손질한 명태며 대구며 조기들이 줄에 매달려 겨울 찬바람과 햇볕에 꾸득꾸득 말라가고 있었다.

"사무실 주변 여유 공간을 조금씩 분양해 준거지예. 상인들이 생선 말릴 데가 마땅찮은데 여게서 생선을 말릴 수 있도록 말입니다."

고성공룡시장은 눈에 보이지 않는 작은 것에서부터 상인들의 마음 씀씀이와 지혜가 엿보였다.

고성공룡시장

우리가 시장 간판스타!

윤병열 김정순 부부 · 삼진상회

김정희 아지매 · 식이상회

이창근 아재 · 가야부식

이윤선 아지매 · 동원상회

방앗간에 고추 빻으러 왔다는
읍주민 이영애 아지매

전정숙 아지매 · 팔도식육

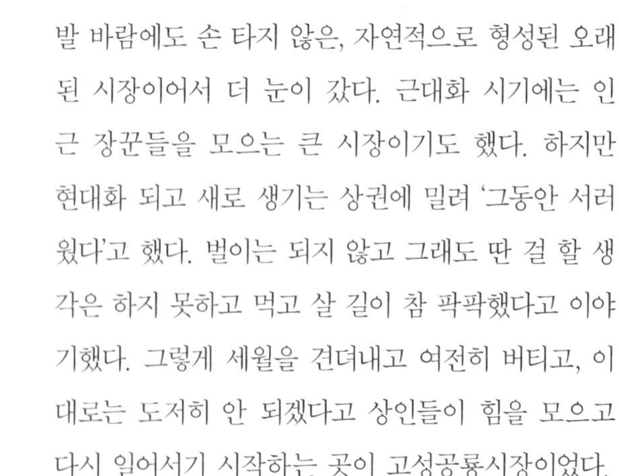

작은 시장이어서 더 애틋했다. 무분별한 현대화 개발 바람에도 손 타지 않은, 자연적으로 형성된 오래된 시장이어서 더 눈이 갔다. 근대화 시기에는 인근 장꾼들을 모으는 큰 시장이기도 했다. 하지만 현대화 되고 새로 생기는 상권에 밀려 '그동안 서러웠다'고 했다. 벌이는 되지 않고 그래도 딴 걸 할 생각은 하지 못하고 먹고 살 길이 참 팍팍했다고 이야기했다. 그렇게 세월을 견뎌내고 여전히 버티고, 이대로는 도저히 안 되겠다고 상인들이 힘을 모으고 다시 일어서기 시작하는 곳이 고성공룡시장이었다.

2010년 경남도에서 정식으로 시장으로 인가받고, 2012년 10월 전국시장박람회에서는 전국의 내로라하는 1500여 개의 시장들을 제치고 우수시장으로 '국무총리상'을 받았다. 70, 80이 다 된 상인들이 2년 넘게 친절과 마케팅 교육을 받고 "우리 시장 살리자"는 마음으로 힘을 모은 결과였다고 한다. 점포 100개도 채 안 되는 작은 시장, 고성공룡시장은 흔한 말로 사람이 경쟁력이었다.

천두옥 아지매 · 각시방화장품

정숙희 아지매 · 한마음상회

생선 파는 정갑순 아지매

조개 파는 김옥순 아지매

채소 파는 조봉애 아지매

김용선 아재 배부미자 부부

김순덕 아지매 · 영자상회

고성읍 즐기는 법

고성읍은 옛 소가야 도읍지다. 자란만을 끼고 남해안 쪽빛 바다와 다도해의 풍광을 자랑한다. 읍내를 가로질러 흐르는 송학천과 고성평야의 넉넉함도 고성읍을 찾는 이들에게 푸근한 인상을 안겨준다. 중요무형문화재 제7호인 고성오광대와 제84호 고성농요를 비롯하여 송학리 고분군, 동외리 패총, 교사리 삼존석불, 고성향교, 고성성지 등 무형·유형의 문화유적이 남아있다.

갈모봉 산림욕장

70여ha의 임야에 편백, 삼나무 등으로 이뤄진 산림욕장으로 1.6㎞의 산책로를 비롯하여 숲속의 교실, 팔각정, 삼림욕대, 야외탁자, 쉼터 등의 휴식공간과 체력단련시설이 갖춰져 있다. 특히, 30~50년생의 편백림에서 대량으로 뿜어져 나오는 피톤치드는 스트레스 해소와 알레르기 예방 등의 효과가 탁월한 것으로 알려져 있다. 가족 쉼터는 물론 산림욕과 트레킹을 즐기는 이들이 많이 찾는 곳이다.

위치 경상남도 고성읍 이당리 산183 일원

고성탈박물관●

고성탈박물관은 1988년 갈촌탈박물관으로 시작하였다. 전국 각지의 신성탈(얼굴에 착용하기 이전의 탈)과 예능탈(무형문화재 탈)을 비롯하여, 그림으로 된 그림탈, 문자가 들어 있는 문자탈, 자연적으로 생겨난 자연탈 등을 발굴·전시하고 있다. 전시관, 야외장승마당, 체험실 등을 갖추고 있으며, 전시관에는 갈촌 이도열 선생이 갈촌탈박물관을 경영하면서 수집, 기증한 국내탈 100여점과 중국, 일본, 동남아시아 등 해외 여러 나라 탈 100여점이 전시되어 있다.

위치 경상남도 고성군 고성읍 율대리 666-19 (율대2길 23)

해금강 구경하고 한 바퀴하고 갈거나

거제 고현종합시장

"호박부침개도 해묵꼬 죽도 해묵꼬 해묵을 게 올매나 많은데." 호박속을 파내는 아지매의 손놀림이 더 빨라졌다.

시장 풍경 하나

고현 사거리 옆. 시장을 둘러싼 도로변에 상인들이 진을 치고 있다. 마침 일요일에 다 추석 아래 대목이라 그런가 싶다.
"할매, 일요일이라 그렇나예? 마이도 나왔네예."
"아이다, 맨날 나온다. 요는 다 이리 나오거만. 대목 아래라서 좀 더 많기는 허네."
"대목에는 노점상 단속 안할끼고 평소에는 합니꺼?"
"하모, 지금이 대목이니께 헐 수 없는 기고 보통 때는 단속 나오제. 그라모는 퍼뜩 싸서 내삔다. 어떤 때는 마구 사정도 하고, 하다하다 안 되모는 싸우기도 하고…."
할매는 청각 등 해조류와 백합, 소라 등 조개류를 빨간 대야마다 담아 놓고 쪼그리고 앉아 지나는 사람들을 구경하며 담배를 피우고 있었다.
"이거는 직접 잡은 겁니꺼?"
"아이다, 저그는 내가 잡은 기고 나머지는 우리 옆 집 할매끼다. 사가서 함 묵어봐라. 요서 나는 기 얼매 좋은 긴데."
삶아 먹으면 맛있다는 뿔소라 1만 원, 참소라 1만 원 어치를 달라하니 까만 봉지 두 개가 수북하도록 넣어준다. 다 못 먹으니 덜어내라고 하니 "그라모는 이우지 조라" 한다. 사진을 찍자 하니 퍼뜩 앞치마로 얼굴을 가리고 "내는 죽어도 안 된다, 우리 자식들 볼까 무십다. 요 있는 이것들은 찍어도 된다아이가. 내가 모델비 안 받을끼니께 마이 찍어라"라고 말한다. 통사정해도 막무가내, 같이 웃고 말았다.

시장 풍경 둘

시장 초입에 앉아 누렇고 큰 호박을 다리 사이에 놓고 호박속을 파내는 아지매는 자분자분 말을 받아주면서도 손을 놀리지는 않았다. 아지매의 손끝에서 노랗고 부드러운 호박속이 수북이 쌓여 갔다.

"이거가꼬 머해 먹으모는 되는데예?"

"호박부침개도 해묵꼬 죽도 해묵꼬 해묵을 게 올매나 많은데."

한 뭉치씩 올려놓은 호박속이 사람들의 발길을 잡았다.

"아지매, 이거 얼마라예?"

"한 봉다리 3000원이요. 이것도 얼매 지나면 없을 끼요. 자자, 퍼뜩 가져가세."

두어 사람이 값을 묻더니 달라고 한다. 그러자 뭐가 있는지 빼꼼히 들여다 보던 옆 사람도 한 뭉치 달라고 한다. 손님을 보내고 다시 호박을 다리 사이에 끼고 앉은 아지매는 신이 났다. 호박속을 파내는 손놀림이 더 빨라졌다.

거제에서 가장 큰 시장, 내년엔 주차타워 완공

"쭉 둘러보면 알겠지만, 고현은 주산이 계룡산인데 좌악 펼쳐져 있지예. 또 서북쪽으로는 고현만이 있는데 경치가 좋고 뱃길이 잘 이어져 있지예. 포로수용소 유적박물관은 6·25 때가 잘 기록되어 있어 학생들이나 일반 관광객이 많이 찾는 곳이고예."

거제시 고현의 소개말이다. 이런 고현의 중앙에 자리잡은 것이 바로 거제 고현종합시장이다.

거제 고현종합시장은 1980년에 개설된 거제시를 대표하는 전통시장이다. 시장을 한 바퀴 돌다보면 다른 지역의 전통시장과는 다르다는 것을 금방 알 수 있다. 다른 지역의 시장이 중심 골목을 따라 길게 뻗어있는 모양이라면 거제 고현종합시장은 사방으로 뻗은 시장 길목을 따라 점포를 이루고, 시장을 둘러싼 네 도로를 따라

거제 고현종합시장은 사방으로 뻗은 시장 길목을 따라 점포를 이루고, 시장을 둘러싼 네 도로를 따라 노점상이 빼곡히 들어서 있다.

거제 고현종합시장은 1980년에 개설된 거제시를 대표하는 전통시장이다.

노점상이 빼곡히 들어서 있다.

이곳 시장은 사단법인 고현종합시장번영회가 있고 현재 보유한 점포수 100개 미만의 소형시장으로 분류된다. 하지만 직접 둘러본 시장은 자료로 보았던 것보다 규모가 제법 컸다.

"그래도 거제에서 제일 큰 시장 아이요. 거제대교가 생겨 교통이 편하니까 사람들이 통영시장으로도 마이 나가지만 예전에는 5, 10일 장날이 되모는 거제 사람들이 요기 다 모였는 기라예. 삼성, 대우조선소가 갓 들어왔을 때는 엄청 났제. 그래봤자 금방 대형마트가 들어서는 바람에 손님을 몽땅 뺏겼지만서도…. 그래도 아즉 여기 점포수가 100개는 훨씬 넘고 노점상이 점포 상인보다 더 많다 아입니꺼. 저게 장사하는 사람들이 맨날 나오는 사람들인데, 머시."

장평에서 식당을 한다는 김삼석 아재는 12년째 매일 아침 거제 고현종합시장으로 장을 보러 온다고 했다. 아재의 이런저런 이야기에서 거제도 다른 지역과 마찬가지로 대형마트와 SSM[기업형슈퍼마켓]이 들어왔고, 시장을 비롯한 원도심 상권이 예전보다 훨씬 위축되어 있음을 알 수 있었다.

"대형마트도 대형마트지만 거가대교 개통으로 상권이 많이 침체했지예. 머시 살 게

바닷가 아지매들이 직접 캐고 잡은 해산물이 장터 골목마다 가득하다.

있으모는 비싼 거, 좋은 거는 부산으로 넘어가뻬고 관광객도 실컷 여기서 놀다가 먹고 자는 건 부산으로 가뻬고…. 상인들은 부산에 다 뺏긴다고 걱정 마이 했심니더. 그래도 보이소. 이만한 위치의 시장이 어딨소. 상권도 좋은 곳입니더."

옆에서 김삼석 아재의 이야기를 듣고 있던 상인들 두어 사람은 우리도 할 말은 좀 하자는 듯이 목소리를 높여 이야기했다.

사실상 거제 고현종합시장은 소형시장이라기보다는 시장 인근의 점포들과 노점들까지 포함하여 250개 정도의 중형시장이라 할 수 있다. 하지만 점포와 상인수, 시장 규모에 비해 아직 주차장 등의 시설은 미비한 상태였다.

"시장 주변에 주차하기가 힘드니 요새 사람들이 누가 오겠어예. 도로 주변에 있는 유료주차장을 사용할 수밖에 없는데 쌩돈 나가는 거 같아가지고 거기 그리 됩니꺼. 공휴일에는 돈 안 받는카더라만서도…. 그래도 곧 주차장이 생긴답니더. 그리되모는 시장 오기가 훨씬 좋아지니 이용하는 사람들이 좀 늘어나겠지예."

거제 고현종합시장은 시설 현대화사업 중 하나인 주차장 사업을 앞두고 있었다.

거제 고현종합시장은 소형시장이라기보다는 시장 인근의 점포들과 노점들까지 포함하여 250개 정도의 중형시장이라 할 수 있다.

2014년까지 150억 원(국비 90억 원 시비 60억 원)을 들여 250대 주차 가능한 3층 규모의 주차타워를 건립할 예정이라 했다.
“인자 주차장이 생기니까 주민만이 아니라 관광객들도 마이 오모는 좋겠어예.”
시설이 현대화되면 상권이 활성화되고 ‘지금보다는 훨씬 경기가 좋아지겠지’라는 상인들의 기대가 컸다.

20분 달려가면 바람의 언덕이 있다

거제 고현종합시장은 몇 블록 거리에 관광객 유입이 많은 거제포로수용소 유적박물관이 있고, 이곳을 거쳐 해금강으로 갈 수 있다. 또 최근 몇 년 전부터 젊은 층의 관광객을 끌고 있는 바람의 언덕은 이곳에서 20분만 달려가면 있다. 그곳에는 거제의 비경과 남해 바다의 이국적 풍경을 느낄 수 있는 신선대가 맞은편으로 있고 다시 그곳에서 10분만 달려가면 해금강이다.
거제 고현종합시장 안 충남식당에서 국밥을 먹다가 대구에서 놀러 왔다는 젊은 부부와 이야기를 나누었다.
“바람의 언덕이나 신선대는 정말 우리나라 경치 같지 않았어요. 지중해 어디에 온 것 같아서 정말 좋데요. 근데 사람들은 많이 몰리는데 상대적으로 식당 수가 적어 먹을 곳이 별로 없었어요. 숙소 주인 아주머니가 이곳 시장이 해산물 싸고 잘 해주니 사가지고 숙소에 와서 해먹으라 하더군요.”
젊은 부부는 시장 안 물건들이 싸고 싱싱하고 정말 좋다며, 놀러 와서 동네 주민들이 다니는 시장에 오니 기분이 남다르다고 말했다.

거제 고현종합시장 경상남도 거제시 고현동 98-27 (거제중앙로 1883-2)

빠뜨릴 수 없는 이곳

대우조선 건설 초기 형성된 '노동자들의 시장'

거제 옥포시장

거제는 거제 고현종합시장만이 아니라 눈길을 끄는 시장이 또 있다. 옥포항과 대우조선해양을 옆에 끼고 있는 옥포시장이다. 형성된 지가 그리 길지 않다. 옥포 하면 우리 입에 붙어 있는 '옥포대우조선소' 건설 초기에 시작된 시장이다.

"70년대 중반인가 조선소가 생겼는데 농사짓고 배 타던 사람들이 죄 공장 잡부로 들어갔제. 또 일손이 모자라니 딴 데서 사람들이 몰려들었고…. 공장에서 일하는 사람들이 고현시장까지 장 보러 갈 시간이 오데 있겄노. 그라고 동네에 사람이 팍팍 느니까 머시 필요한 게 많다아이가. 그러니께 시장이 그때 만들어진 거여."

옥포시장에는 골목 어디쯤에 둘러앉아 한 끼 밥술을 뜨며 더러는 한잔 술을 마시며 하루를 달래던 노동자들의 이야기가 전설처럼 떠돌고 있었다. 지금은 도로 사정이 좋아지고 자동차가 생겨 노동자들도 먼 거리에 있는 대형마트를 찾고, 백화점으로 몰려갈 것이다. 이제 옥포시장은 노동자들의 시장이 아니라 가까이 있는 주민들의 차지가 된 것일까.

옥포시장은 대우조선소 건설 초기에 형성된 시장이다.

현대적인 상가건물형이 돋보여

규모는 작지만 잘 정비된 옥포시장.

"대목 아래는 더 장사가 안 되네. 평소에는 조금씩 사니까 그래도 시장으로 오더만. 이것저것 사는 것도 많고 평소보다 마이 사야 하고… 그니까 큰 마트 쪽으로 다 몰려가는 기라."
대목을 앞둔 시장은 오히려 한산해 보였다. 생선가게 아지매는 말려야 할 생선을 줄에 매달며 푸념이었다.
옥포시장은 규모는 작지만 시설 현대화 사업이 잘 되어 있다. 쭉 뻗은 넓은 시장 길목 위로 아케이드 아래에서 날씨에 상관없이 시장 이용이 가능하다. 또 시설 현대화와 함께 2006년 말 시장 간판을 깨끗하게 정비하고 상인 친절교육, 위생교육 등이 진행돼 현재의 모습을 갖추게 된 것이다. 현재는 마치 단일 동의 상가건물형 시장 같다. 약간 경사를 이루고 있는 지대라 아케이드가 끝나는 자락에서 시장을 뒤돌아보면 시장 풍경이 한눈에 다 들어온다.
더러는 거제 고현종합시장보다는 물가가 조금 비싼 편이라지만 또 그곳 시장과는 다른 시장 풍경이 눈길을 끈다. 이곳 시장과 가까운 거리에 옥포대첩기념공원과 덕포 해수욕장 등 유명 관광지가 많이 있다. 가는 길에 장 보기는 옥포시장이 맞춤일 듯하다.

거제 옥포시장 경상남도 거제시 옥포동 529-1 (옥포대첩로3길 8)

•• 이리저리 무쳐서 묵는 초록색 실 같은 이것

이상하다. 아무리 봐도 모르겠다. 난생 처음 보는 것이다. 조금 굵은 실 같은 게 가는 줄기인지, 뿌리인지 대야에 한가득인데 지나가다 걸음을 다시 뒤로하고 들여다봤다.

"와? 살 끼라요?"

"그게 아이고, 아지매 이기 머시라예? 처음 보는 긴데예."

"서…. 그기 3000원이라요."

"옛? 서…머라꼬예?"

"서시일."

아지매의 대답은 간단했지만 알아듣기 힘들었다. 몇 차례 물었더니 더 이상 대답하기 싫었던지 되레 묻는다.

"요 사람 아인가보네. 오데서 왔노예?"

서실.

"아, 진주서 왔는데예."

"서. 실. 거제 앞바다에서 마이 나는 기라요. 요기 사람들은 부드럽고 먹기 좋아 잘 해묵는긴데. 톳나물처럼 끓는 물에 살짝기 데쳐 가꼬 찬물에다 매매 씻어 초무침으로 새콤달콤 묵어도 되고 된장에 무쳐 묵어도 좋고. 요서는 회 묵을 때도 같이 묵는다아이요."

겨울이 끝날 때 가장 번식을 잘 하고 봄부터 가을까지 이곳 거제 아지매들은 바다 나물인 이걸 따러 간다. 함초보다는 가늘고 색이 푸르딩딩하니 흐리고 매생이보다는 굵다. 바닷가 바위에 붙어 사는 이것, 서실!

•• 채취 시기에 따라 효과가 달라

노점 좌판에 진열해 놓은 것, 이게 뭐더라. 긴가민가 싶어 다시 들여다본다.

"아지매, 이기 함초라예."

"하모. 그기 요새 사람들이 마이 찾는 함초라요. 산삼, 녹용보다 좋다쿠데."

"서해안서 마이 난다더만. 요서도 납니꺼?"

"요는 안 나지. 그기서 배로 가꼬 온 기제."

함초는 짤 함鹹 풀 초草라 하여 경상도 식으로

함초.

말하자면 '짜븐 풀'이다. 우리말로는 퉁퉁하고 마디가 튀어나온 풀이라 하여 '퉁퉁마디'라고도 한다.

최근 함초가 뜨는 것은 약초로서 놀라운 효능을 지니고 있기 때문이다. 어떤 식물에서도 찾아볼 수 없는 다량의 미네랄이 들어 있다 한다. 해조류 중 철분, 칼슘, 칼륨, 요오드 등이 가장 많다. 채취 시기에 따라 효과가 다른 것이 특징이다. 4~5월 연한 것은 신장 방광 불임증 생리통에 효력이 있고, 늦은 봄 것은 간염 간경화 지방간에 효과가 있고, 한여름 것은 위염 위궤양 장염 장무력증 소화기 계통에 효과가 있다. 또 가을 것은 심장에 열을 내리고 협심증 고혈압 심근경색에 효과가 있고 겨울 것은 폐열 폐렴 기관지 기침 천식 폐결핵 등에 효과가 있다 한다.

아지매가 산삼, 녹용보다 좋다는 이것, 함초!

•• 요새도 밥반찬으로 별미제

오징어라기에는 좀 작은 편이다.

"이기 꼴뚜기다. 올매나 깨끄티 말린 건데."

중학시절 한 친구는 꼴뚜기볶음을 더러 도시락 반찬으로 가져왔다. 설탕, 진간장에 졸여 쫄깃하게 씹히는 그것은 제법 먹을 만했다. 그땐 그저 '새끼 오징어'라 여겼다.

많은 사람들이 나처럼 꼴뚜기라 하면 작은 오징어 또는 오징어 새끼라 생각한다. 둘은 같은 것 같기도 하면서 다른데 모양이 비슷해 일반인들은 쉽게 구별할 수 없다고.

"한 봉지 주까? 요새는 별 기 다 나온다카지만 이기 그래도 별맛이다아이가."

'어물전 망신 꼴뚜기가 시킨다', '망둥이가 뛰니까 꼴뚜기도 뛴다', '장마다 꼴뚜기 날까' 등 온갖 속담을 낳은 장본인, 꼴뚜기!

꼴뚜기.

●● 봄꽃게는 알이요, 가을꽃게는 살이 제 맛이라

바다를 낀 동네 시장이라서 그럴까? 시장 바닥에 널어놓은 좌판 위로 톱밥 가루에 묻은 꽃게들이 집게발을 움직이다가 숨을 죽이다 한다. 한 걸음 가다보면 다시 꽃게 좌판이다.

"아지매, 이기 얼마라예?"

"낱개로 사면 8마리에 2만 원인데…. 박스로 사는 기 훨씬 싸다요. 한 박스에 15마리가 넘는데 2만 3000원이니까."

무슨 이런 장사셈이 있는가 싶다. 박스로 사는 것과 낱개로 사는 게 너무 차이가 났다.

"요새가 꽃게 철이라예?"

"하모예. 봄꽃게는 알이요, 가을꽃게는 살이 제 맛이라 지 서방도 안 주고 묵는다는 기 가을꽃게 아입니꺼."

꽃게는 6~8월 금어기가 끝나고 9월부터 제철이다. 가을꽃게는 암컷보다 수꽃게가 좋은데 살이 꽉 차 있다는 것이다.

"올여름에 더운 날씨로 서해안 꽃게가 대풍이랍디더. 딴 때보다 좀 싼기라. 아, 이럴 때 맛보지 온제 맛보겄노예."

온 가족 모였을 때 쪄서 먹으면 딱이라는, 꽃게!

꽃게.

•• 예전에는 쌌지만 요새는 돈 더 얹고도 먹는 꼬신 요것

수족관의 전어가 아니다. 대야 가득 전어들이 펄떡거리고 있었다. 가는 고무 호스를 통해 물이 공급되는 대야에는 포말 같은 거품이 희게 인다.

"아지매, 이거 우찌 사가는 기라예?"

"아이구, 묵고 싶은대로지예. 회로 떠달라하면 그래줄거고…. 요거는 지금이 제일 맛있을 때구만."

예전에 전어는 아주 싼 생선이었다. 둥근 밥상에 둘러앉은 식구들이 한 마리씩 먹기엔 참 좋았다. 그 시절 어머니는 밥상 위에 아이 손바닥만 한 전어를 식구 수만큼 구워놓았다. 살이 별로 없는 전어는 고등어보다 먹기에 좋은 게 아니었다. 대가리와 내장을 빼놓고 나면 젓가락질 한두 번이면 끝났다. 어머니는 우리가 헤집고 남겨 놓은 전어 대가리와 내장을 통째로 다 먹었다. 그리고 오랫동안 어머니는 전어를 참 좋아하신다고 생각했다.

전어.

돌아가시기 몇 해 전이었을까. 밥상 위에 오른 전어를 물리며 "야아야, 언제 시장 가거든 야들야들한 굴비 한 마리 사와라. 인자 좀 먹어보자"고 우물우물거렸다.

하지만 돈 생각 하지않고 먹는다는 이것. 집 나간 입맛도 돌아온다는 이것. 며느리가 친정 간 사이 문을 걸어 잠그고 먹는다는 이것. 전어!

근데 집 나간 며느리는 전어 굽는 냄새에 정말 돌아왔을까.

거제시 즐기는 법

2010년 12월 개통한 거가대교는 거제시 장목면 유호리(시점)~부산시 강서구 천가동 가덕도를 연결하는 침매터널 3.7km, 사장교 2개소 4.5km의 총 8.2km의 다리다. 낮에는 끝이 없는 바다풍경을, 밤에는 아름다운 야경을 감상할 수 있는 것으로 널리 알려져 있다.

신선대

도장포 마을 앞에서 오른쪽 산책로를 따라가면 신선대가 나온다. 신선대는 바닷가 바위 절벽이다. 남해안 푸른 바다 빛이 눈이 시릴 정도다. '갓'처럼 생겨 갓바위라고도 불리는 신선대는 그 주변의 해안 경관과

더불어 경치가 아름다운 곳이다.

위치 경상남도 거제시 남부면 갈곶리 도장포마을 바닷가

바람의 언덕

'거제도' 하면 '해금강', '외도'라는 관광지도를 깨버린 곳이 이곳이다. 해금강과 외도가 배를 타고 즐길 수 있는 곳이라면 이곳은 좀 더 가벼운 마음으로 거제 안에서 둘러보기 좋은 곳이기 때문이다. 면적이 그리 넓지는 않지만 제주도나 우도의 분위기를 살짝 느낄 수 있는 곳이다. 이곳의 원래 지명은 '띠밭늘'이었으나 2002년경부터 '바람의 언덕'으로 알려져 있다. TV드라마는 물론 영화 촬영지로 각광을 받는 곳이다.

위치 경상남도 거제시 남부면 갈곶리 산14-47

꼭 가보고 싶은 경남 전통시장 20선

제5부 장터 옛 이야기에는 눈물과 웃음이 전설처럼 흐르고

- 진주중앙유등시장
  장날에는 경남 서부 사람들이 다 모였제
- 마산어시장
  경남을 대표하는 이곳 '아직 살아있네~!'
- 통영 서호전통시장
  해방 후 매립지에 궤짝 행상들로 시작되다

장날에는 경남 서부 사람들이 다 모였제

진주중앙유등시장

진주중앙유등시장은 물건을 사고파는 것만이 아니라 문화가 유통되는 곳이었다. 놀이패, 공연패, 풍물패가 공연을 하고 그 속에서 고유한 시장 문화를 꽃피웠었다. 지금도 파라솔 아래 북적북적한 시장 분위기는 멀리에서도 느껴진다.

진주중앙유등시장은 알려진 바에 따르면 예전부터 전국 5대 시장으로 손꼽힐 만큼 규모가 큰 시장이다. 이곳은 2010년 진주중앙유등시장, 장대시장, 청과시장으로 분리됐다. 이들 시장은 도로 하나를 사이에 두고 붙어 있다. 시장이 처음 형성될 때부터 '한 덩어리'였던지라 주민들은 굳이 이곳 시장을 따로 구분하지 않고, 상인들도 굳이 구분하여 말하지 않는다. 하지만 경남 서부 지역민들과 오랫동안 함께해 온 경제 생활의 터전 '진주중앙시장'은 2013년 진주의 관광브랜드인 '유등'을 붙여 진주중앙유등시장으로 불리고 있다.

딴 데 새복장허고는 말도 안 되제

"참 희한타아이가. 이리 잘생기다니…. 오늘 아침에는 와 이리 더덕뿌리가 마이 팔리노. 웬수 겉헌 남펜 줄랑가, 아들놈 줄랑가?"
"밥상에 올라온 장어가 휘떡 요동치는 것 함 보실라우?"
길 양 옆으로 쭈그려 앉아 있는 상인들이 설렁설렁 주워섬기는 말들이 장 보러 나온 사람들의 발길을 잡아챈다.
진주중앙유등시장 새벽시장은 오전 5시부터 9시까지 열리는 시장이다. 새벽 1시가 되면 멀리 거창, 함양에서부터 하나 둘 달려온 트럭이 물건을 부려놓기 시작한다. 4시가 되면 이미 시장은 손님을 맞을 모든 준비를 끝낸다. 채소며 생선이며 과일이며 심지어 상인들조차도 마치 늘 그 자리에 있었던 것인 양 나름의 질서대로 자리를 잡고 있다.
"중앙시장 새복장 오면 엄는 기 엄고 우찌 다들 그리 사는지 몰라. 딴 데 새복장 있다캐도 진주 장만큼 큰 데도 없제. 원체 시장이 크니께 요서 100리 넘어서도 팔러 오고 사러 오고 그리 헌다아이가."

매일 이곳에 와서 10년 넘게 장사한다는 산청 아지매는 자식 자랑하듯 말했다. 희끗희끗한 어둠 속에서도 채소를 다듬는 손길이 여유가 있었다.

시내 한가운데지만 모든 점포들이 문을 닫은 시간이라 캄캄하기만 하다. 이곳 새벽시장은 도로에 형성된 시장이라 전기를 끌어 쓰지 못한다. 가까이 있는 사람 얼굴을 겨우 알아볼까 싶은데 파는 사람이 있고 사는 사람이 있다. 드문드문 일렁거리는 불빛 아래서 돈을 받는 것도 거슬러 주는 것도 익숙하기만 하다.

오전 7시, 날이 밝아지면서 파는 사람도 사는 사람도 마음이 바빠지는 시간이다. 시장은 더욱 활기를 띤다. 어디가 끝인지 모를 노점 행렬 사이로 밥차가 지나고 죽차가 지난다. 한 그릇 1000원, 2000원 하는 요깃거리들이다. 리어카를 잠시 세워 앉아 있는 상인들 사이로 재게 배달을 한다.

"이거 함 먹어봐, 주까?"

콩죽을 파는 아지매는 봉래동에서 매일 새벽 리어카를 끌고 나온다. 더울 때는 시원한 콩물을, 추울 때는 뜨거운 콩물에다 잘게 썬 찹쌀도넛을 뿌려 판다. 한 그릇 먹고 나면 금세 속이 든든해지는 게 아이들 과자 한 봉지 값인 1000원이다. 여기저기 건네받은 밥그릇에서 허연 김이 풀풀거린다. 국물 한 숟갈에 새벽 추위가 한순간에 물러가는 듯 얼굴들이 환해진다. 오전 9시가 되면 시장은 감쪽같이 사라진다. 도로 위는 깨끗이 청소된 채 비어 있다. 그제야 상가의 점포들은 문을 열고 진주중앙유등시장은 다시 2막을 준비한다.

점포마다 붙여놓은 세일, 세일!!!

날이 추워지는 10월이지만 햇볕도 따뜻한 것이 한낮의 시장은 조금 여유가 있다. 상인들이 옆 가게에 마실도 가고 잠깐 자리를 비우기도 한다. 노점에선 삼삼오오

"중앙시장 새복장 오면 엄는 기 엄고 우찌 다들 그리 사는지 몰라. 딴 데 새복장 있다 캐도 진주 장만큼 큰 데도 없제. 원체 시장이 크니께 요서 100리 넘어서도 팔러 오고 사러 오고 그리 헌다아이가."

진주중앙유등시장 입구.

모여 늦은 점심을 먹고 있다. 과일장수 아지매는 국밥을 한 솥 끓여 주위 사람들을 불러 같이 먹으면서 무슨 이야기가 많은지 밥숟을 뜨면서도 웃고 박수 치고 떠들썩하다. 지나는 사람들도 괜히 웃고 만다.

나란히 붙은 점포마다 붙여 놓은 게 눈에 들어온다. 30% 세일, 70% 세일…. 심지어는 '마진 꽝'이라는 문구도 보인다.

"이리 써놔야 손님들이 그냥 가다가도 한 번씩 들릅니더. 얼마나 싼지 가격을 물어도 보고, 구경도 하지에. 시장은 물건이 싼데다 흥정할 수 있다아입니꺼. 말만 잘하몬 공짜라는 말이 상인들 고정 레퍼토리아입니꺼."

속옷 가게 젊은 주인의 말이다. 그만큼 소비자들의 눈과 발을 필사적으로 붙잡는다는 것이다.

채소 가게에는 물건마다 두꺼운 종이에 가격을 써놓기도 했다. 대개의 물건 값이 한 바구니 3000원, 5000원… 1만 원을 넘지 않는다. 옛날과자를 파는 점포에는 '통일되는 그날까지 먹는 것은 공짜'라는 플래카드를 내세우고 있다. 내세운 홍보 문구가 맞아떨어졌나 보다. 점포 앞에 사람들이 길게 줄을 서 있다. 시장만의 덤과 인정이 느껴지기도 하고 주인의 여유가 느껴지기도 한다.

양말장수 아지매는 허리에 두른 전대에서 돈을 꺼내 일일이 세더니 고무줄로 친친 묶어 한 뭉치로 만들어 다시 전대에 넣었다.

"평일 낮에 오는 손님들은 대부분 주부아이가. 그라고 단골들이고. 아무래도 오전보다 오후에 사람들이 마이 오고, 파장 때 되면 또 좀 마이 온다안쿠나."

오후 5시 시장골목 유등마다 불이 켜지고

한로가 지나자 오후 햇살은 많이 짧아졌다. 금세 어두워진다.

진주중앙유등시장에는 비단 주산지라는 명성 때문인지 한복가게가 많다.

오후 5시가 지나자 전기를 끌어 쓰지 못한 난전 상인들은 이미 파장을 서두르고 있다. 천막으로 물건을 덮고 주변 청소를 시작한다. 하지만 이 시간이면 진주중앙유등시장만의 볼거리가 제대로 펼쳐진다.

시장 골목에 달려 있는 유등마다 불이 켜진다. 한복거리에 들어서면 유등은 좀 더 휘황찬란하다. 전시된 오색의 주단과 한복 빛깔에 어우러져 거리는 마치 큰 전시장인 듯하다. 지나는 사람들 중 더러는 머리 위에 켜진 다양한 모양의 유등들을 신기하다는 듯 올려다보고 더러는 감탄을 하며 사진을 찍기도 한다.

"밖에만 구경하지 말고 안으로 들어와서 보이소. 사진도 마음껏 찍고예."

한일주단 소숙희 씨는 기웃대는 사람들을 소리해서 자기 가게로 들인다.

"10월 축제 기간에는 사진 찍으러 오는 젊은 사람들이 많아예. 그 사람들이 물건을 안 사도 우리 시장을 인터넷에다 올리고 진주 비단이 최고라고 홍보를 해주더라고요. 구경 오는 사람들이 단순히 구경꾼이 아닌 것 같아예."

진주중앙유등시장은 비단의 주산지인 진주의 대표적 시장인 만큼 한복거리가 잘 되어 있다. 10월 초부터 중순까지 진행되는 진주 축제 기간에 '퓨전 한복 패션쇼'를 주관할 만큼 이곳 상인들의 관심과 결집력이 강하다.

"상인들이 직접 작품을 만들고 모델이 되기도 합니더. 상인회 가족 7팀이 모델로 나서고, 또 이주민 여성 6명을 모델로 세우기도 하고…. 상인들은 패션쇼장에서 난타 공연을 하는데, 장사하랴 연습하랴 땀을 빼지예. 유등 제작 강습 받은 걸로 자기 가게 유등도 만들고…."

번영회 사무실에서 만난 시장 관계자는 시장 골목에 걸려 있는 유등이 진주중앙유등시장만의 특색, 상징이 되고 있으며 무엇보다 시장 이용객들의 반응이 아주 좋다고 말했다.

또 그는 시장 활성화를 위해 상인들이 얼마나 애를 쓰고 있는지 강조했다.

"다목적 광장, 이벤트 광장이 조성되모는 생활공간으로만이 아니라 문화공간으로서의 시장이 되것지예. 지역민과 관광객에게 볼거리를 제공하고 시장도 활력을 찾을 수 있기를 기대합니더."

진주중앙유등시장은 2011년부터 특성화시장 육성사업 중 문화관광형 시장으로 선정돼 2013년까지 지원을 받은 바 있다.

"최대 3년으로 지원 기간은 끝났는데 아직 자력을 갖추지 못했습니더. 솔직히 여력이 안 되네예. 지원 덕택에 상인들이 활력을 찾았고, 시장 살리기에 좀 더 관심을

진주의 상징이 되고 있는 유등으로 장식한 시장골목.

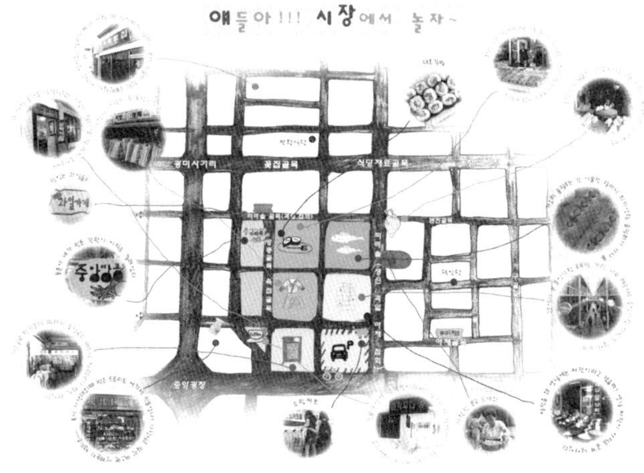

진주중앙유등시장 지도.

갖게 된 것은 큰 성과입니더. 하지만 문화관광형 시장이 되려면 앞으로는 기획도 하고, 전문성 있는 역량이 필요하지 않을까 싶네예."

진주중앙유등시장 상인들은 이곳 시장이 문화관광형 시장으로서 자원을 충분히 가진 곳이라고 입을 모아 말한다. 가까이에는 경남 서부의 젖줄인 남강이 있고, 진주성과 촉석루가 있다. 다른 지역 사람들은 도시 한가운데 큰 강이 흐르고 있다는 것은 축복이라고 말한다. 그만큼 도시 경관이 뛰어나다는 의미이기도 하다.

"이곳 시장에서 진주성까지 걸어서 10분 정도라예. 이동 거리가 이리 짧은데 연계된 관광 상품이 없습니더. 시내 관광지도를 생각해볼 수 있지 않습니꺼. 진주시 문화관광 홈페이지에다 진주중앙유등시장을 소개하는 것도 필요하고예."

진주중앙유등시장이 기존의 생활형 시장에다 문화관광형 시장을 접목하는 과정이라면 지금까지와는 다른 새로운 방안이 필요할 듯하다.

진주중앙유등시장 경상남도 진주시 대안동 8-600 (진양호로547번길 8-1)

경남 최대 곳간,
인근 17군을 관할하던 물류 집산지

"기갱꺼리가 업떤 시절에 시장이 젤루 기갱거리가 많은 데였제. 장에 오면 오만 사람들이 다 쏘다지는데, 벨벨 일도 많았다아이가. 신기한 것 많고, 사람도 젤 많은 데였으니께. 하동에서 시집와가꼬 여게 시장 처음 왔을 때, 아이구 여가 무신 벨천지인 줄 알았다아이가. 세상에 이런 시상도 있구나 싶었제."
지난 10월 8일 시장 길목에서 만난 김화자(76·이현동) 할머니는 새댁 시절 처음 본 장날 풍경이 눈앞에 떠오르는지 목소리가 커졌다.

LG·GS 그룹도 이곳 포목점에서 출발

진주중앙유등시장은 오래된 전통 문화의 도시 진주 경제를 상징하는 곳이다. 이곳은 경남 서부지역 농·수·축산물의 집산지이자 유통의 요충지 역할을 담당한 경남 서부의 유서 깊은 시장이다. 이곳 시장을 돌다보면 군데군데 오랜 전통과 역사를 홍보하는 것이 제법 눈에 띈다. 공영주차장 안 휴게소에는 이곳 시장의 옛 사진들이 전시돼 있다. 1910년대의 장날 풍경 사진도 눈에 들어온다.

1913년 진주중앙유등시장 장날 모습.

〈진주중앙시장 100년사〉(1982년 출간)에 따

진주중앙유등시장 옛 모습이
담긴 사진들.

르면 이곳은 전국 5대 시장으로 꼽혀 왔다.

근대 시장으로서의 진주장에 대한 기록은 진주상무사에 보존되어 있는 〈사전청금록·1884〉에 잘 나타나 있다. 기록에 따르면 경상남도에는 진주에 상무회의소를 두고 임금의 지시와 인장과 개혁할 내용들을 내려보냈다. 당시 진주에는 '우도반도수'지역의 우두머리 부보상를 두어 북으로는 거창. 함양, 남으로는 남해. 통영 등 인근 17개 군을 관할하게 했다. 또 매매되던 물류에 따라 포전포목, 어과전생선, 과일, 금전비단, 지전종이 등을 분류했던 기록이 남아 있다.

물론 이건 근대 시장으로서의 기원이다. 그 이전 훨씬 오래전부터 이미 시장이 활발하게 형성됐다고 한다. 진주상무사는 진주상공회의소의 전신으로 당시 사용하던 건물은 이곳 시장과 인접한 옥봉동에 아직 남아 있다. 이 건물은 지난해 제533호 경남도 문화재자료로 지정됐다. 현존 상무사 건물은 천안시와 진주 2곳

뿐이다.
이곳 시장은 우리나라 재벌기업의 모태이기도 하다. LG·GS 그룹의 전신인 럭키금성 그룹 구씨, 허씨 집안이 이곳 시장에서 출발했다. 진주의 60대 이상 어른들은 다 아는 사실이다.
〈진주중앙시장 100년사〉에 따르면 럭키금성 그룹은 1931년 창업주인 고(故)구인회 명예회장이 이곳 시장에서 작은 포목상을 열었다. 이후 해방 직후 부산에서 조선흥업사를 세우며 사업을 확장한 구회장을 사돈지간인 진주의 만석꾼 허만정 씨가 찾아가 출자를 하면서 LG·GS 구허 동업이 시작됐다. 풍수가들은 진주 시내를 가로지르는 남강은 재와 부를 상징해 재벌이 나올 수밖에 없다고 말한다. 더러는 이 풍수설을 좇아 기업인이 된 사람이 많다고도 한다.

지역·민중문화를 꽃피운 곳

진주중앙유등시장은 물건을 사고파는 것만이 아니라 문화가 유통되는 곳이었다. 옛 시장에는 볼거리와 놀거리가 있었는데 놀이패, 공연패, 풍물패가 5일장을 찾아 공연을 하고 그 속에서 고유의 시장문화를 꽃피웠다.
일제강점기, 이곳 시장 근처에는 일본인 거주지역이 많았던 것으로 알려져 있다. 1980년대까지 시장 근처 가옥들을 살펴보면 일본식 2층 목조 건물인 다다미집을 쉬이 볼 수 있었다 한다. 시장 근처에 있는 천황식당이 100년의 역사

천황식당은 100년의 역사를 지닌 일본식 건물로 안으로 들어가면 작은 정원이 있다.

1923년 형평사운동의 시발지인 옥봉리교회 현 진주교회. 진주중앙유등시장에서 걸어서 5분 거리에 있다.

를 지닌 일본식 건물이라는 것은 관광객들에게 이미 많이 알려져 있다.

하지만 시장을 둘러싼 외부 환경과는 상관없이 이곳 시장에는 독립된 상인들의 자치와 공동체가 있었고 그에 따른 고유의 문화가 있었다고 한다. 1년 365일 지역문화, 민중문화를 펼칠 수 있는 마당이 펼쳐졌고 시장은 그런 문화를 보호하고 이어오는 해방구 역할을 해온 것으로 알려져 있다. 이는 1923년 형평사운동의 시발지인 옥봉리교회[현 봉래동 진주교회]가 바로 지척에 있어 짐작할 수 있을 듯하다.

지역민들은 한결같이 “진주중앙유등시장은 130여 년 그 긴 역사만큼 경남 최대의 곳간이었고, 민중문화의 산실”이라고 말한다.

경남 서부 혼사는 다 치렀다

진주 비단

진주중앙유등시장에 가면 가장 눈에 많이 띄는 가게가 비단, 한복을 다루는 주단가게이다. 시장 내 30여 곳이 밀집해 있고, 시장 2층에 올라가면 재단하고 바느질하는 한복상회가 빼곡히 줄을 이어 있다.

"아들딸 혼사 때 경남 서부 사람들이 꼭 오는 데가 진주중앙유등시장 비단 가게였지예. 여기 와야 일을 치를 수 있으니까."

진주 인근 지역에서 예순 넘은 어른들은 백이면 백, 다 하는 말씀이다.

옛날부터 진주 하면 비단실크, 비단 하면 진주라 했다. 진주 비단은 그만큼 널리 알려져 있는 '명품'이다. 진주 비단은 국내 생산의 80%를 차지하고 있다고 한다. 그래서인지 진주중앙유등시장에는 비단 가게는 물론 삯바느질하는 가게가 많다. 시장 안 한복거리에 들어서면 알록달록한 '날개옷'이 소비자들을 한눈에 사로잡는다. 서울 광장시장과 함께 전국 비단 시장 중 최대 최고의 시장이라 함이 틀리지 않을 듯하다.

이정악 아지매·제일주단

알려진 바에 따르면 진주지역은 삼한시대부터 견직물을 생산해왔으며, 근대에 들어서는 1920년대에 진주에 설립된 동양염직소가 견직공업의 출발이라 할 수 있다. 섬유산업의 호황과 진주 상평공단의 입주로 진주 비단은 전국적인 명성을 가지게 됐다. 지금의 진주 비단

박회임 아지매·신라주단

주단가게 안은
색 고운 비단들로 가득하다.

강대운 아재·명신주단

소숙희 아지매·한일주단

은 이탈리아 코모, 프랑스 리옹, 일본 니시진, 중국 항저우·쑤저우와 함께 세계 5대 실크 명산지로 꼽힐 정도로 그 품질을 인정받고 있다.

"진주가 비단의 중심도시가 된 것은 근처 산청과 함양 잠업 농가들의 노동력이 뒷받침됐어예. 또 진주 남강 물로 염색하면 비단의 색깔이 고와질 뿐 아니라 변색이 되지 않아 비단 생산지로 진주가 최적지의 입지 조건이었다쿠데예."

진주중앙유등시장에서 주단 가게를 운영하는 상인들의 한결같은 말이다. 자부심이 묻어난다.

이곳 진주는 실크산업혁신센터, 진주실크박람회 등을 통해 실크산업의 한 단계 도약을 시도하고 있다.

“상인들 의식 구조가 바뀌어야…”

전진생·진주중앙유등시장 번영회장

“우리 시장만큼 조건 좋은 시장은 없습니다. 구역 정리가 아주 잘되어 있어요. 짜임새만 보더라도 진주의 상가 1번지입니다.”

진주중앙유등시장 번영회 전진생 회장은 ‘진주중앙유등시장 통’이다. 그는 이곳에서 25년 동안 장사했다.

“현재 35대 회장인데 33대, 34대 회장도 제가 했습니다. 역대 회장님들이 60대 이상이었는데, 저는 40대에 회장에 도전했지요. 시장을 위해 옳은 일을 해보려고 도전했는데 마음먹은 대로 협조가 안 되니까 힘드네요.”

전 회장은 시장 이야기를 꺼내면서 조금 갑갑한 듯했다. 그는 ‘젊은 시장’ ‘소비자가 찾는 시장’을 고민하고 있는 것 같았다.

“상인들이 옛날처럼 열정을 가지고 장사를 했으면 좋겠어요. 시장이 침체되니까 상인들도 의욕을 잃은 것 같아요. 그럴수록 더 노력해야 돼는데…. 예를 들면 진주는 시골을 많이 끼고 있으니까 문을 일찍 열어야 합니다. 근데 영업시간이 들쑥날쑥해요. 옛날처럼 새벽같이 문 여는 데가 없습니더.”

전 회장은 하소연을 하듯 띄엄띄엄 털어놓았다.

“시장도 각 매장이 대형화되어야 삽니더. 적어도 매장이 30평은 되어야지요. 점포 숫자보다는 각각 규모화되어야 하고 또 점포수와 주차면의 비율이 같아야 합니다. 현재 112대 주차시설인데, 앞으로 500대 규모만 갖추면 대형마트와도 경쟁할 수 있을 것 같습니더. 명절 때는 생선가게, 어물전에 손님이 많은데 시장 시설 자체가 미비합니다. 부산, 삼천포, 통영 등에서 오는 서부지역권 수산물이 여기서 다 공급되는데 그쪽도 빨리 아케이드 설치가 돼야 하고 시설 개선이 절실합니다."
하지만 긍정적인 변화도 느껴진다고 했다. 전 회장은 정부 지원을 통해 시장의 시설화가 이뤄지고 상인교육이 정기적으로 이뤄져 조금씩 변화하고 있다고 말했다.
"당장 주차장이 없고 아케이드 공사를 안 했으면 손님 구경이나 할 수 있었겠습니까? 상인들도 상인대학을 통해 의식구조가 조금씩 바뀌었어예. 어떻게 해야 소비자들이 찾는 시장이 될 수 있는지를 생각하고…. 지난 추석 때는 경기가 좋았어요. 온누리상품권도 정착이 잘 되어 이번에 한몫했습니더."
시장 골목마다 다른 시장에서 볼 수 없는 유등을 단 게 대단히 특색 있다고 말하자 전 회장의 목소리는 더욱 활기를 띠었다.
"지난해 우리 시장이 문화관광형 시장으로 선정돼 2013년까지 지원을 받습니더. 지원 첫해 사업으로 진주 볼거리인 유등을 생각한 거였지요. 시장 안에 유등을 단 것은 생활형 시장에다 문화관광형 시장을 접목하는 차원입니다. 볼거리도 제공하고 진주 대표 축제인 유등축제와 연계해나갈 수 있는 방법을 생각한 거였지요."
그는 현재 시장 내 유등은 천으로 만든 등이 아니라 종이등이라며 사람들이 손을 대거나 함부로 해서 앞으로 얼마나 견딜지 걱정이 된다고도 말했다.
"중기청이나 시장경영진흥원에서 하는 시장투어, 박람회 같은 행사가 없다면 시장을 알리고 상인들이 찾아오는 게 힘들지요. 어린이 현장체험으로 시장 견학이 있는데 아무래도 우리 지역 내에서 많이 옵니더. 초등학생들은 차량이 없고 견학 인원이 많아 운영하기가 힘들어요. 그래서 어린이집, 유치원에서 많이 오는 편입니다."
전 회장은 정부나 사회단체에서 다각적으로 지원하고 있어 이제는 상인들 의식이 확 달라져야 한다고 말했다.
"상인이 변해야 합니더. 정부 지원이나 주변 단체들의 지원도 먼저 상인들 의식구조가 변하는 것을 전제로 되어야 하고예."

눈으로 먹고 입으로 먹는다
진주비빔밥

"진주에 오면 진주비빔밥을 먹어야지예. 진주에서 제일 전통 있는 음식이잖아요."

진주를 찾은 관광객들은 대표 음식으로 진주비빔밥을 꼽는다. 시장 한 바퀴 둘러보고 출출한 속을 부담 없이 달랠 수 있어 많은 사람들이 찾는 명물이다.

진주비빔밥은 전주비빔밥과 함께 비빔밥계의 양대 산맥을 이룬다.

비빔밥은 맛과 영양이 뛰어나 조선시대 궁중에서 즐겨 먹던 음식 중 하나였다고 하며 그중 진주비빔밥은 '눈으로 먹고 입으로 먹는' 것으로 널리 알려져 태종 때에는 한양 정승들이 비빔밥을 먹으러 수시로 진주를 방문했다고 전해진다.

문헌에 따르면 고구려 중엽 '채합식'이란 말이 시초다. 삼국시대에는 진주지방에 '효채밥'이 유명했다고 전해지며, 후삼국시대에는 '채혼밥'이라 불렸다. 진주비빔밥을 널리 알리기 위해 진주시는 매년 10월 개천예술제 때 서제 제향 후 '3000인분 진주비빔밥 나눔 행사'를 하고 있다. 많은 사람들이 너나 경계를 풀고 비벼 놓은 밥에 숟갈을 얹는 것 또한 흐뭇한 장관이다.

진주중앙유등시장에 오면 전통을 잇는 진주비빔밥을 맛있게 먹을 수 있다. 시장 안 제일식당, 시장 근처 천황식당이 대표적인 식당이다. 더러 '경상도 맛과 호남 맛을 잘 섞은 맛'이라 하고 더러는 '입에 감치는 게 으뜸인 맛'이라고 감탄한다.

50년 전통과 맛 이어가는

제일식당

제일식당의 육회비빔밥.

"제일식당 말고 시장에서 밥 먹을 만한 곳은 어디예요?"

뭔가 아쉬운 듯 젊은 사람들이 양말장수 아지매에게 물어본다.

이미 많은 사람들이 길게 줄을 이어 있다. 제일식당 앞이다.

좁은 식당 1층과 2층은 물론 식당 앞 평상에 옹기종기 둘러앉아 기다리고 있다.

제일식당은 1960년대부터 3대째 이어오는 식당이다. 메뉴는 가오리, 육회비빔밥, 해장국, 국밥, 육회 등 5가지이다. 이 중에서 육회비빔밥은 진주비빔밥의 최고로 알려져 있어 1년 내내 문전성시를 이룬다. 인근 천황식당과 더불어 진주비빔밥을 알리는 명소이다.

대부분의 관광객들은 육회비빔밥만 생각하지만 오전에 가면 개운하고 진한 해장국, 국밥을 먹을 수 있다.

시장 안 허름한 식당이지만 전국 각지에서 진주를 찾는, 진주중앙유등시장을 찾는 발걸음을 끌어당기는 곳이다. 뒤에 기다리는 사람들을 위해 마지막 한 술을 입에 넣자마자 서둘러 일어나게 하는 것이 흠이라면 흠이다. 하지만 그렇게 먹고도 먹을 수 있어 다행이라고 위안하며 돌아 나오게 하는 것도 제일식당이다.

대를 이어가는 30년 '탕맛'

송강식당

송강식당의 생선알 내장탕.

점심시간이 되자 좁은 골목길을 따라 손님들이 줄을 잇는다. 시장 골목으로 내놓은 가스불에는 알탕 냄비가 여러 개 끓고 있다.

송강식당은 '생선알 내장탕'만 30년 넘게 해 온 맛집이다. 진주는 물론 인근 지역에 제법 요란법적하게 알려져 있다. 30대 젊은 주방장 조재경(37) 씨 유별난 '알탕 사랑' 때문이기도 하다. 재경 씨는 아버지 조구영(72) 씨가 하던 식당을 이어받아 7년째 운영 중이다.

"재료가 최고여야 최고의 맛이 나오지요. 내장은 부산과 삼천포 등지에서 냉동이 아닌 신선한 생물에서 갓 발췌해 낸 걸 받아씁니다. '생선알 내장탕'에는 명태 내장과 알, 대구 이리, 장어 내장, 아귀 내장, 물메기 알 등 대 여섯 가지가 들어가고요."

진주에서 알아주는 '일식 명인'으로 손꼽히는 아버지 조구영 씨가 쌓은 연륜과 깊이에다 재경 씨의 젊고 새로운 맛이 더해져 지금의 송강식당 탕맛이 탄생했다.

"저희 집은 좁고 낮은 다락에서 땀을 뻘뻘 흘려가며 먹어야 제 맛이지요."

진주중앙유등시장 안 송강식당에 가면 젊은 주방장이 한껏 차려주는 밥 한 끼를 먹을 수 있다. 옛 추억 속의 밥상에 둘러앉은 듯 마냥 따뜻하고 배부르다.

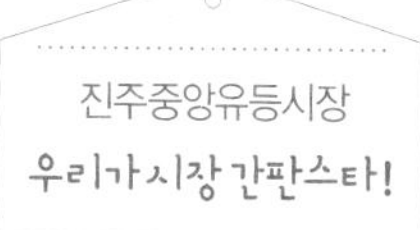

"똘똘 뭉치모는 옛날처럼 호시절 올끼다"

차성수 이미향 부부 · 대창전자그릇종합

임성자 아지매 · 칠복상사

장유임 아지매 · 생선골목

하진순 아지매 · 중앙땅콩

장태순 전보라 모녀 · 보라커피

20대 주부 이미진 아지매

이봉숙 아지매 · 50대 주부

진주 가자!

진주시 즐기는 법

남강을 따라 걸으며 진주성을 바라보고 다시 진주성 안으로 들어가 구석구석 돌아보는 재미는 어느 곳에서도 느낄 수 없는 것이다. 진주중앙유등시장에서 걸어서 10분 거리에 있는 진주성과 남강은 어느 계절에 걸음해도 아름다운 곳이다.

진주성

진주성은 진주 도심에 있는 석성이다. 둘레가 1760m로 남강과 어우러진 아름다운 풍광을 보며 산책 삼아 쉬엄쉬엄 걷기에 좋은 곳이다.
임진왜란 때 진주목사 김시민 장군이 왜군을 대파하여 임진왜란 3대첩중의 하나인 진주대첩을 이룬 곳이며, 왜군과의 2차 전쟁에서 7만여명의 민·관·군이 최후까지 항쟁하다 장렬하게 순국한 곳이다. 또 임진왜란 당시 논개論介가 적장을 껴안고 남강南江에 투신하여 충절을 다한 곳이기도 하다.
진주성은 한 마디로 진주의 역사와 문화가 집약되어 있는 진주의 성지라 할 수 있다. 성안에는 촉석루, 의기사, 영남포정사, 북장대, 창렬사, 서장대, 호국사, 임진대첩계사군의단, 국립진주박물관 등이 있다.

위치 경상남도 진주시 남성동 212-9 (남강로 626)

촉석루矗石樓

'촉석루'는 벼랑 위에 높이 솟았다하여 붙여진 이름이다. 우리나라 3대 누각 중 하나로 고려 고종 28년(1241)에 창건하여 8차례에 걸쳐 중수한 것으로 알려져 있다. 진주 8경 중 제1경을 자랑할 만큼 남강변에 있는 아주 멋드러진 누각이다.

남강과 의암, 진주성과 어우러져 천하 절경을 빚어내고 있으며 전쟁 시에는 지휘본부로, 평상시에는 향시를 치르는 고시장考試場으로 활용되었다 한다. 미국 CNN에서 선정한 한국을 방문할 때 꼭 가봐야 할 곳 50선에 포함되기도 했다.

위치 경상남도 진주시 본성동 500-1

의암義巖

진주 남강 위에 떠있는 바위다. 원래는 위험하다 하여 '위암'으로 불렸다. 하지만 논개가 왜장과 함께 남강에 투신 순국한 뒤부터는 '의암'이라 했다. 남강과 촉석루, 의암은 진주의 랜드마크이다.

위치 경상남도 진주시 본성동 573-1 (논개길 16)

경남을 대표하는 이곳 '아직 살아있네~!'

마산어시장

마산어시장은 1760년경 조창이 생기면서 시작되었고 1899년 마산포가 개항하면서 성장한 것으로 알려져 있다.

"어이구, 어지간하구만."

마산어시장을 생전 처음 찾는다는 산청지역 주민의 첫 감탄이다. 활어회골목에서부터 그는 눈이 휘둥그레지더니 시장 골목을 더 돌아보고 난 뒤에는 역시 마산어시장이구나, 라는 생각이 절로 든다고 말했다.

"진주중앙시장도 에북 크고, 구경하기로는 통영 서호시장도 좋제. 근데 마산어시장은 둘 다를 합친 거 같으네. 시장 경기 안 좋다캐도 마산어시장은 아인가보거만."

대풍골목에서 만난 40대 여성은 20년 만에 왔는데 새삼 놀랍다고 했다.

"어렸을 때하고는 많이 다르네예. 마산이 고향이라서 어머니가 제사장 볼 때면 자주 따라 왔는데…. 마트하고는 다른 분위기지만 옛날보다 현대화되고 나름대로 정돈돼 있네예. 옛 시장 모습도 보이고…. 오랜만에 시장 구경을 제대로 합니더."

관광형 시장으로도 주목받을 만하다

"경남 대표 시장이라 할 만합니다. 점포수가 2000여 개 되는데 고정 1300개, 노점 700개 정도고 연간 매출액은 약 1000억 원 정도로 추정합니다. 상가주택 형태인데, 권역 면적은 19만㎡ (5만 7,400평) 정도고요."

마산어시장은 조창이 생기면서 시작되었다. 대동미를 보관하던 조창이 생긴 것은 1760년경. 그러다가 1895년 곡물로 받던 세금을 화폐로 받게 되면서 조창은 유명무실해졌다. 잠시 주춤하는가 싶었지만 1899년 마산포가 개항하면서 어시장은 성장했다. 외국 공산물이 들어오고 서부 경남 농산물과 남해안 수산물이 마산포로 모이면서 규모와 체계를 갖춘 시장으로 거듭나게 된다.

"마산어시장은 1911년에서 1914년 해안 매립이 될 때 남성동, 동성동 일대로 1차 확대되었고, 1985년에서 1993년 해안 매립이 될 때 다시 오동동, 남성동, 동성동, 신

너른마당 아래 옛 젓갈골목에 가면 대부분 멸치젓갈통이 놓여있다.

마산어시장의 젓갈은 서울·경기보다 짠맛이 강하다. 또 신선도가 높아 재료 본래의 감칠맛과 향이 뛰어나다.

포동 2가 일대로 2차 확대됐습니다."
마산어시장의 명물은 건어물, 활어, 젓갈 등이다. 1일 이용객은 3만~5만 명 정도로 추정한다.
"어느 방송인가, 경남 Best9 관광지에 선정했답니다. 앞으로 관광형 시장으로도 충분하다는 것이지예. 시설 현대화는 물론 고객 만족 서비스도 더욱 높여서 편리하게 이용할 수 있도록 다양한 방안을 찾고 있습니다."

옛날부터 최고로 치는 마산 젓갈

마산어시장의 젓갈은 서울·경기보다 짠맛이 강하다. 또 신선도가 높아 재료 본래의 감칠맛과 향이 뛰어나다.
"마산 젓갈은 마산 사람 성질들맹키로 강하제. 젓갈은 머니머니사도 팍 삭아야 제맛이라예. 함만 묵으면 딱 이 맛이다 싶다니께."
너른마당 아래 옛 젓갈골목에 가면 대부분 멸치젓갈통이 놓여있다. 이곳은 멸치 거래량이 가장 많았다는 마산어시장의 흔적 같은 곳이기도 하다. 200kg 되는 대형통이 줄을 잇고 있는데 대부분 1년 이상 곰삭은 멸치젓이다.
어시장 농협 앞에는 또 다른 젓갈 풍경이 펼쳐져 있다. 온갖 젓갈들이 진열돼 있는데 세상에 이렇게나 많은 젓갈 종류가 있었나 싶을 정도다. 깔끔한 감칠맛을 내며 언제든 손쉽게 쓰이는 새우젓에서부터 입맛 돋우는 명란젓, 창난젓, 아가미젓, 전어밤젓, 볼래기젓, 오징어젓, 갈치속젓 등 수십 종의 젓갈이 특유의 냄새로 골목을 가득 채우고 있다.

어시장 내 횟집 특화 골목인 대풍골목. 마산어시장은 역시 활어다.
보는 재미, 고르는 재미, 먹는 재미 3박자가 딱딱 맞아떨어진다.

수산물 · 농산물 · 건어물 시장이 큰 축

"어시장 하몬 활어 아입니꺼. 잘 흥정해서 좋은 고기를 싸게 먹을 수 있는 것도 어시장입니더. 차림표가 있지만 요새는 손님 주머니 사정에 맞춰 먹을 수 있습니더."

마산어시장은 역시 활어다. 보는 재미, 고르는 재미, 먹는 재미 3박자가 딱딱 맞아떨어진다.

100여 개의 횟집과 수족관이 있어 계절에 따라 다양한 활어를 살 수 있고 생선회를 맛볼 수 있다. 봄 도다리, 가을 전어, 여름 농어, 겨울 볼락 이 외에도 돔, 우럭, 숭어, 쥐치 등 철마다 남해안 지역 활어들이 집결한다.

어시장 안 활어골목이나 선어, 젓갈 골목을 둘러보더라도 그 규모가 짐작된다.

"백반집이나 이런 거는 상인들이 주로 밥 대먹는 집이고 대부분 횟집이라예."

마산어시장축제가 열릴 때면 회 뜨는 칼솜씨를 겨루는 대회 등 다양한 행사가 열리는데 횟집들이 제각기 솜씨와 맛을 자랑한다. 입맛 당기는 바다 요리가 가짓수를 헤아리기조차 힘들 정도다.

"글타고 수산시장만 있는 기 아이라예. 횟집이 많다는 거는 채소 청과도 그만큼 시장이 크다는 거라예. 횟집에 쓰이는 기 활어만 아이다예. 온갖 채소에 농산물이 없으모는 안된다 아입니꺼. 다 같이 커간다는 거지예."

어시장 안에는 진동에서 수산물을 가져와서 많이 팔았다는 진동골목, 대풍산업이 앞에 있어서 그 이름을 따서 붙인 대풍골목, 시장 상인이나 장에 온 사람들이 손쉽게 고기를 먹을 수 있었다는 돼지골목, 건어물골목, 청과골목 등이 있다.

어시장이라 해서 자칫 수산물만 생각하기 쉬운데 그게 아니라는 말이다. 실제로 마산어시장 안 채소 과일 등 농산물 시장은 면적이 넓고 거래량이 많은 편이다. 거기에다 건어물 시장은 한눈에도 짐작될 만큼 점포수가 많다. 전국적인 배달망은 물론이고 거래가 가장 활발한 편이다. '멸치 거래량이 가장 많은 곳'이라는 말은 건조 멸치를 뜻하기도 한다.
"시장 안에서 제일 알부자들이 건어물 몇십 년 한 사람들이라예."
그만큼 마산어시장 내 건어물 장사는 호시절을 누렸고 장사하는 재미가 쏠쏠했다는 말이다.

'마산의 자존심'을 챙겨야

어시장 안에는 진동에서 수산물을 가져와서 많이 팔았다는 진동골목, 대풍산업이 앞에 있어서 그 이름을 따서 붙인 대풍골목, 시장 상인이나 장에 온 사람들이 손쉽게 고기를 먹을 수 있었다는 돼지골목, 건어물골목, 청과골목 등이 있다. 골목마다 깃든 이런저런 이야기는 새삼 복잡할 것도 없는 사람살이 같기도 하다.
"솔직히 어시장 없는 마산이 오데 있을 수 있나예. 앙꼬 없는 찐빵이제."
시장 상인들 말마따나 마산어시장은 마산의 자존심이기도 하다.
"어시장 경기가 예전 같지가 않다고 말하지만 안즉 안 죽었어예. 그래도 마산다운 기운이 살아 있는 곳이 마산어시장아입니꺼."
여전히 경쟁력을 갖고 있다는 것이다. 제대로 자리잡을 수 있도록 시민들이나 자치단체에서 관심을 가져달라는 강력한 바람이기도 하다.

마산어시장 경상남도 창원시 마산합포구 신포동2가

어시장 유래비

어시장 외곽에 작은 공원이 있다. 물고기 조형이 있고, 벤치가 있고, 꽃나무들이 있다.

너른마당. 이름 그대로 '널널한 곳'이어서 옛 어시장 시절부터 이곳에는 채소 청과상들이 모여 장을 이뤘다고 한다. 한쪽에 있는 비석으로 눈이 간다. 마산포와 어시장에 관한 유래비다.

"어시장은 조창이 생기면서 시작됐다고 봐야지예. 조창이 생기고 선창가에 집들이 늘어나고 마을이 생기니까 자연스럽게 시장이 서기 시작했던 거지예."

'남해안의 돈이 마산포로 다 모인다'는 이야기가 떠돌 정도로 융성했던 마산포구에는 두 곳의 굴강과 4곳의 선착장이 있었다 한다. 1910년대, 1940년대, 1990년대 초반 등 여러 차례에 걸쳐 해안이 매립되면서 현재 옛 모습을 찾아보기는 어렵지만 유래비에는 당시의 지도와 함께 어시장의 간단한 역사를 밝혀두고 있다.

유래비가 있는 너른마당은 벤치가 있는 작은 공원이지만 상인이든 시장 이용객이든 누구나 오다가다 쉴 수 있다. 시장 견학 온 유치원생이나 초등학생들이 잠깐 모이기에도 좋고, 장 보러 온 동네 아지매들 수다 떨기에도 좋을 곳이고, 따로 떨어져 사는 시어머니와 며느리가 제사장을 볼 때 이곳에서 만나자고, 약속 장소로도 쓰일 수 있을 것 같다.

눈에 띄네, 이 건물!

아직 아케이드가 설치되지 않은 어시장 외곽으로 가면 영남상회 등 오래된 건물들이 제법 있다. 1층 점포에 2층을 다락처럼 올린 일본식 목조건물 형태다. 예사롭지 않다. 일제강점기를 거쳐 근대로 넘어오면서 마산어시장이 얼마나 활발한 시장이었는지를 엿볼 수 있는 건물들이다. 적어도 수십 년 전에 지은 듯하다.

마산어시장 주변에는 일제강점기 때 지은 건축물이 눈에 띈다. 당시 어시장의 번영을 엿볼 수 있다.

"이건 무슨 건물이라예?"

"건어물 보관 창고로 쓴다대예. 멸치젓갈통도 있는 것 같고…. 처음에는 뭐였는지 모르것고…."

붉은 벽돌로 된 2층 건물이다. 한눈에 봐도 오래됐다. 100년은 됐을까 싶다. 건축 당시 터 모양이 나오지는 않았나 보다. 세모난 땅 모양에 맞춰 지은 집이라 안으로 들어서니 2층으로 올라가는 계단이 달팽이관처럼 굽어 있다.

여관이었다, 약국이었다, 2층이 당구장이었다고 사람들이 가물가물한 기억을 들춰내었지만 마산어시장이 멸치 거래가 최고였던 시절 멸치를 보관했던 창고였다는 게 좀 더 정확한 이야기인 듯하다. 하지만 그 전엔? 당시 멸치 창고로 쓰기 위해 지은 건물 치곤 넘치게 좋은 건물이다. 어떤 용도였을까, 이곳에서 어떤 일이 있었을까 잠시 상상하게 한다.

•• 장화가 달려 있는 바지라예?

가슴장화.

신발가게 입구에 축 늘어진 채 달려 있다. 처음에는 멜빵바지에 장화를 신겨 놓은 줄 알았다. 근데 그게 아니다.
"아재, 이기 머시라예?"
"이것도 모르요? 마산 사람 아인가보네. 물일 하거나 활어집에서는 이기 없으모는 안 되는데. 옷 따로 장화 따로 입는 거도 불편하고 이기 한 번에 좍 입도록 된 기제."
아! 갯가에서나 볼 수 있는 작업복이다. 물일을 하는 사람들은 옷이나 신발이 쉽게 젖는데 일하기에 바쁜 사람들이 때마다 갈아입을 수는 없는 것이다. 추운 겨울에는 보온도 되겠다. 장점이 많다.
"요기 사람들은 물옷, 통고무옷, 고무몸뻬라 카는데."
인터넷에 찾아보니 또 다른 말로는 '가슴장화'라 한다. 발끝에서 가슴까지 통으로 된 고무 옷이다. 멜빵이 달려 있을 뿐. 그런데 일하다가 볼일 보기는 좀 힘들겠다.
'물일에는 이기 왔다'란다. 가슴장화!

•• 시장에서 배달할라모는 필수

"시장이 넓다 보니 이런 기 없으모는 안됩니더. 배달도 문제고, 이동 시간도 문제고…."

어시장에서 유난히 눈에 많이 띄는 것은 오토바이다. 시장 골목을 오가다 보면 서로 비켜가는 오토바이들이 많다. 사람들 사이를 다니다 보니 웬만해서는 속도를 내거나 경적을 울리지는 않는다.

이것만이 아니다. 청과물이나 건어물 등 짐을 잔뜩 잰 대형 카트도 곳곳에 눈에 띈다. 대량 주문을 받거나 하면 차에 실어줘야 하고 도매상에서 소매상으로 갖다 줘야 하기 때문이다. 여기에다 지금은 찾아보기 힘든 리어카도 어시장에선 유용하게 쓰인다. 난전 상인들이 물건을 진열해 놓고 팔기 위한 것이 아니라 배달용으로 더 많이 쓰이고 있다. 시장 통로 한가운데를 자유롭게 끌고 다닌다.

시장 면적이 넓은 데다 넓은 통로가 확보돼 있기 때문에 가능한 것이다. 시장 골목마다 세워져 있는 카트, 리어카, 오토바이는 어시장 상인들의 발이고 '짐차'다.

"우리 어시장 필수품이라예."

시장 골목에 줄지어 선 오토바이.

시장 골목에 놓여있는 카트와 리어카.

상인들이 달라지고 시장이 달라진다

이천만 마산어시장 상인회 회장

"경남 대표 수산시장은 단연 마산어시장이지요. 어시장 역사가 250년 이상인데, 초창기는 바닷가에서 잡은 고기를 팔거나 작은 돛단배들이 물건을 해오던 곳이었지요. 그러다가 행상들이 늘어나고 시장이 형성돼 왔습니다."

이천만 마산어시장 상인회장은 지난해 5월에 마산어시장 상인회장으로 선출됐다. 이 회장은 시장 안에서 황제수산을 8년째 하고 있다.

"시장 면적이 19만 제곱미터 정도인데 면적이 넓어 활용을 다 못하고 있지요. 지난해 9차 아케이드 사업을 완료했는데 점차적으로 계속 넓혀나가고 있는 실정입니다. 아케이드 등 시장 현대화 사업 이후 위생, 외관상 많은 점이 좋아졌습니다. 문제라면 환기가 원활하지 않다는 건데…."

이 회장은 수년 동안 시장 현대화 사업이 진행되어 시장 환경이 예전보다 훨씬 좋아졌고 시장 분위기도 많이 달라졌다고 했다. 그 첫째로 '시장 질서'를 들었다.

"무질서 그 자체였습니다. 시장 골목에 통행도 하지 못할 정도로 좌판이니 대야 등을 내놓았는데 상인들 마음은 알지만 이용객이 불편합니다. 그래서 점포마다 선을 긋고 상인들이 그 선을 넘어 진열하지 못하도록 했습니다. 통행로가 제대로 확보돼야 이용객들이 잘 다니고 시장 분위기가 잘 정돈된 듯이 보입니다. 단속요원이 3명인데 1명은 공공근로입니다. 특별히 제재 방법은 없습니다."

또 이 회장은 어시장 최초로 여성단체가 조직됐다고 말했다.

"다른 시장에 가보면 부녀회 등 여성단체가 있습니다. 우리 어시장에는 이제까지 개인적인 계모임 수준이었는데 3일간을 뛰어다니며 이야기했습니다. 이번에

조직된 인원은 40명 정도 되는데, 여성단체가 생기면 활동도 많이 하겠지만 어시장 분위기도 많이 달라질 것으로 기대하고 있습니다."

그는 어시장 경쟁력을 높이기 위해서는 지금까지와는 다르게 이용객 중심 서비스가 철저해져야 한다며 구체적인 방안도 말했다.

"마산어시장에서는 100% 교환 또는 환불제도를 실시할 예정입니다. 전국 전통시장에서 변질된 물건을 100프로 교환해주는 시장이 없습니다. 예산을 마련해서 상인회에서 50%, 상인이 50% 부담하는 형태로 하면 될 것 같습니다. 오래된 상인들의 고정관념을 바꾸는 것도 힘든 일입니다. 불친절 등은 교육을 해서 바꿔나가야 하겠지만 앞으로 상인회에서 소비자 민원을 받아 중재를 할 것입니다."

이 회장은 어시장의 경쟁력을 높이기 위해서 상인들의 의지도 중요하지만 정부 차원의 지원도 절실하다고 강조했다.

"어시장은 현재 배수관로를 개인적으로 다들 내놓고 있는데 앞으로 사업 신청을 해서 관로를 신설하거나 정비할 계획입니다. 어시장의 향후 과제이기도 합니다."

또 그는 어시장에 지금보다 주차 시설이 더 확보돼야 한다고 말했다.

"시장 서부 대우백화점 쪽에다 공영주차장을 한 곳 더 계획하고 있습니다. 해수부 장관이 왔을 때 약속 받은 거라 현재 조금 지연은 되고 있지만 진행될 수 있으리라 생각합니다."

이 회장은 주차 공간이 더 확보되면 관광 인구가 어시장으로 유입되기 좋은 조건이 되면서 인지도가 지금보다 높아지고 이용객이 증가할 것이라고 말했다.

"현재 크루즈 사업이 뜨고 있는데 하루 버스 30~40대가 오고 있답니다. 크루즈 관광 인구를 어시장으로 끌어들여야 하는데 어시장에 버스 댈 데가 없습니다. 이들을 유입할 수 있는 최소 기반이 우선은 주차 공간입니다. 서둘러야죠."

직접 가공·포장하고 배달합니다

부일상회

"자, 물건 갑니다 물건! 비켜주이소~!"

시장 통로에서 자기 키만큼 물건을 잰 카트를 밀고 가는 젊은 여자를 만났다. 사람들 사이로 진군하듯이 가는 그녀를 보고 허겁지겁 뒤따라 잡았다.

"지금 손님이 주문한 것을 차에 실어주려고 가져가는 길이라예. 저기 돌아가면 부일상회라고 나와예. 거기가 저희 가게니 거기로 오세요."

김민서(37) 씨. 서른이 갓 되었을 때 어머니가 해오던 건어물상회에서 일을 시작해 이제 7년 차였다. 어머니 서재선(61) 아지매는 30년 동안 건어물 상회를 했다.

"우리 집은 전국구라예. 택배로 어디든지 보내거든요. 가까이에서 오는 손님들은 대부분 시장 밖 도로나 주차장에 차를 세워두기 때문에 카트에 가져가서 직접 차에 실어다 드려예. 그라모는 손님들이 좋아하니까요."

민서 씨는 이 정도 서비스는 이미 몸에 배어 있다는 듯 웃으며 말했다.

부일상회에서는 모든 건어물을 다루고 있다. 이 중 건다시마는 매년 5월 초 완도에서 사와서 온 가족이 점포 2층에 둘러앉아 직접 가공하고 포장을 한다고 했다.

김민서 씨와 어머니 서재선 아지매.

마침 재선 아지매가 종이 상자를 뜯어 민서 씨에게 보인다. 손으로 상자 안 물건을 뒤적이며 이걸 팔아야 하나 의논하는 듯했다.

"이걸 팔면 안 되지. 지금은 괜찮은데 며칠 있으면 곰팡이가 필 것 같은데…."

민서 씨는 펄쩍 뛰었다. 단호했다.

"총알꼴뚜기인데, 좀 하자가 있네예. 내가 먹을 수 있는 것을 팔아야지요. 사람을 속이지 않아야 하는 게 장사 기본입니더."

부일상회는 건어물 중매인으로 시작했다. 당시는 건어물 중매인이 50명 정도였다. 민서 씨 어머니 서재선 아지매는 스물여덟이었다.

"처음 장사 시작할 당시는 마산이 생산지와 가깝고 어시장은 수협도 근처에 있고, 전국적으로 운송할 수 있는 위치니까 장사가 무척 잘되었습니더. 다른 일을 하다가 이거 시작하면서 의식주 해결을 해나갔지예. 그때는 어시장이 마산의 금전, 재력이 제일 많이 모이는 곳이었어요."

재선 아지매는 민서 씨가 일을 제법 익히자 점포 운영을 딸에게 맡겨둔 듯했다.

"일을 참 잘 하지예. 다음에 우리가 못하면 지가 도맡아 해야지예."

요즘 변화된 소비자 계층이나 기호에는 오랫동안 장사를 해온 자신보다 오히려 젊은 딸이 잘 맞춰나가는 것 같다고 생각하는 듯했다. 재선 아지매는 딸이 장사 하는 걸 넉넉하게 지켜보았다.

시집도 안 가고 장사만 하면 어쩌냐고 했더니 민서 씨는 "우리 오빠야 있어예. 어시장에서 일하는데예"라고 수줍은 웃음을 흘리며 말한다. 씩씩하고 활달하고 일도 당차게 하는 민서 씨가 참 예뻐 보인다고 하자 "어시장의 꽃이라고 해주이소"라고 말해 놓고 큰소리로 또 웃고 만다.

손님 입맛대로, 주문대로 차려줍니다!

감포횟집

"거기 가면 손님 주문대로 상을 차려주지예. 두 사람 가서 회를 조금 먹을 건데 해산물을 좀 달라고 하면 회는 2만 원어치만 주고 제철 맞은 털게나 해삼, 개불 등을 챙겨줍니더. 맞춤형 서비스라예. 꼭 가보이소."

어시장 내 감포횟집이라 했다. 고만고만한 횟집들이 쭈욱 늘어선 시장골목에서 '감포횟집' 간판을 찾기는 그다지 어렵지 않았다. 입구는 작은데 들어가면 꽤 넓어 10개 정도의 식탁이 놓여 있다. 밖에서 보기보단 넓고 편안했다.

월요일 이른 점심시간, 주인인 김영점 사장은 마침 일주일 중 하루 쉬는 날이라 만날 수 없었다. 하지만 주인이 없어도 알아서 챙겨 일하는 박귀임 아지매와 박점선 아지매를 만났다.

박귀임 아지매는 이 집의 온갖 밑반찬 등을 담당하고 주로 식당 안에서 일한다. 박점선 아지매는 손님이 활어를 고르면 그것을 잡아 회뜨는 일을 도맡아 하는데 일이 일인지라 대부분 밖에서 일한다.

박점선 아지매.

박귀임 아지매.

"이 집에서만 7년 정도 일했어예. 상에 나오는 밑반찬들은 전부 내 손으로 직접 다 합니더. 사온 재료들을 장만해서 데치고 볶고 조리하는 게 워낙 손이 많이 가지예. 재료들이야 요기가 시장이니 싱싱한 게 차고 넘친다예."

귀임 아지매는 생선회가 주 메뉴이지만 입맛 당기는 몇 가지 먹을거리가 상 위에 있어야 손님들이 좋아한다고 했다. 오전 9시쯤 나와서 저녁 10시까지 일을 한다고 했다. 언제 쉬냐고 했더니 일주일 중 하루는 쉬는데 그때도 집안 일 챙기기에 바쁘다고 말했다.

점선 아지매는 식당 입구에서 오가는 사람들을 잡으며 먹고 가라고 권하기도 한다.

"두 사람이 먹으려면 도다리 넣어 4만 원짜리도 있고, 도다리 빼고 3만 원으로 먹어도 좋고예. 근데 여자 둘이서 마이 묵지도 못할 건데 광어, 우럭 등을 넣어 그냥 3만 원짜리 먹으면 되겠네예."

점선 아지매는 우물쭈물하는 여자 손님들에게 적당히 권했다.

"손님이 부담을 느끼지 않도록 권하는 게 좋은 인상을 주지예. 아무리 좋은 거라도 손님이 가격에 부담을 느끼면 오히려 발길을 돌리게 합니더."

손님을 보면 회를 많이 드시는지, 좋은 회를 찾는지를 얼추 알 수 있다고 했다. '적당히' 권하는 게 장사 비결이라고 했다.

누구나 쉽게 주문한다는 모둠생선회를 시켜보았다. 우럭 등 4가지 정도였는데 시내 횟집보다 훨씬 양이 많았다. 낮이라 소주 한잔 걸치지 않고 사이다와 먹는 회가 무슨 맛이 있었겠냐 싶지만 싱싱한 회, 그 자체가 맛있었다. 그 뒤 나온 얼큰하고 깔끔한 매운탕도 일품이었다.

"최고의 장사 비결은 싱싱하다는 거 아입니꺼."

35년 비결, 족발 맛은 이런 거!

장목돼지·족발

어시장 안 돼지골목이다. 여러 점포 중에 장목돼지가 눈에 띈다. 웅성웅성, 벌써 몇 사람이 줄을 서 있다. 주인아주머니는 썰어서 포장하느라 손이 쉬지를 못한다.

"어머님이 35년 전에 여기서 돼지 내장 같은 부속물을 삶아 팔았다데예. 인자 어머님은 못 나오시고 서른다섯 된 딸이랑 같이 하는데 딸은 인자 7년 정도 됐어예. 아무래도 평일보다 주말이 바쁘니까 금토일만 나와예."

남경숙 아지매는 창원에서 시집와 아이들이 좀 컸다 싶을 때 시어머니가 하는 장사에 거들 요량으로 같이 나섰다.

"그러고로 나도 25년 됐네예. 처음 왔을 당시에 국밥이 300원인가 했어예. 옛날에는 요기 위에도 다락이라 손님을 받았는데 국밥 먹는 사람으로 꽉 차 있데예. 장에 한 번 오면 시골 사람들이 국밥 한 그릇 먹는 기 낙이다 아입니꺼. 그라고 요기 주변에 배 타는 사람들도 오고. 돈 없는 사람들이 든든히 먹을 수 있는 게 국밥이니께네."

경숙 아지매는 솥뚜껑을 열더니 큰 국자를 펄펄 끓는 솥에 넣어 여러 번 휘젓는다.

"생것을 2시간 삶고, 다시 양념해서 2시간을 꼬박 삶아예. 뭘 넣는지 물어보는데,

그냥 몸에 좋은 온갖 걸 다 넣는다고 생각하몬 됩니더. 그래야 냄새도 잡고 고기도 부드러워지니께네."

남경숙 아지매.

큰 족발은 1개 4000원이다. 물론 국내산이다. 돼지머리는 2만 원이다. 돼지머리는 고사를 지낼 때 많이 쓰인다. 인근 공장이나 차주, 무속인들이 곧잘 찾는다. 단골들은 미리 주문하는데 대개 새벽에 쓰이는 거라 밤새 돼지를 삶아야 할 경우가 많다.

"집에 가져가서 먹을 거니까 맛있는 걸로 썰어주이소."

금세 또 다른 손님이 찾아와 주문을 한다. 족발은 이 집 것만 먹는다고 말했다.

"이 집 족발은 믿고 먹는다예. 국산이라 맛이 다르제. 우리가 어렸을 때부터 먹어보던 그 고기 맛이라. 족발 고유의 맛이라 얘기해도 되것나예.(하하) 한 번 먹어본 손님은 다시 찾아오지예."

휠체어를 탄 할배와 할매가 며느리와 어린 손자를 앞세워 고기를 사러 왔다. 좌판에 진열해 놓은 족발을 둘러보고는 망설이듯 주문을 한다.

"큰 거 세 개 주이소."

경숙 아지매는 도마 위에 족발을 놓고 다시 썰기 시작한다.

장목돼지는 3대에 걸쳐 하고 있다. 경숙 아지매는 딸이 조금 거드는 것 정도일 뿐이라고 하지만 시어머니에서 며느리로 손녀로 이어지는 맛이다. 고기 맛이 3대로 이어지듯 이 집 단골들도 3대로 이어지고 있다.

경숙 아지매는 도마 위에 썰어 놓은 고기를 포장하다가 할배 휠체어를 꼭 잡고 있는 어린 손자의 입에 고기 하나를 물려주었다.

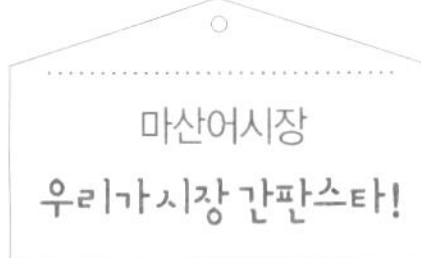

펄떡이는 고기처럼 기운 넘치는 마산어시장으로 오이소~!

"초봄에 나는 거는 전부 보약이제"

모퉁이 가게 앞에 앉아 열심히 무언가를 하고 있다.

"고구마줄거리다. 껍질을 벗겨놔야 사람들이 사가는 기다."

"지금 철에 나오는 기 어떤 기라예?"

"참취, 엄나무순, 두릅, 미나리…봄에 나는 기 좀 많나. 겨울 보내고 봄에 나는 거는 보약이라고 다들 사묵는다아이가. 옛날에는 없어서 못 판다꼬 했는데 지금이사 사람이 마이 없네. 나야 저기 도매상에서 가져와 이문을 남겨 머근 기 다인데 요새처럼 장사하기 힘든 때가 없었제."

시장에서 장사한 지가 얼마인지 물으니 딱히 햇수를 세어보지 않았고 세어볼 필요도 없단다. 아이 낳고 지금까지 살아온 반 이상을 시장 바닥에서 보냈는데 그것이 뭔 소용인가 되레 묻는다.

"요새 마이 팔리는 게 없으니 자랑할 것도 없다아이가. 저놈의 마트가 사람 잡는다. 키워놓으면 키워놓은 대로 뺏들어가는구만. 어시장 경기? 다 옛날 말이제." / 황술년 아지매·대림식품

고성에서 매일 장사하러 오는 새물띠기

"내는 맨날 고성에서 온다아이가. 그러고로 35년은 된 기라."

너른마당 앞 난전이다. 최성년(71) 아지매 앞에는 아이 손바닥만 한 두릅이 한 무더기다.

"이거는 아지매가 직접 딴 기라예?"

"하모. 이기 첫물이다."

고성 당동 새물띠기. 매일 새벽 고성에서 마산어시장까지 장사를 하러 온다. 자동차도 없고 딱히 교통이 편하지도 않았을 텐데 어떻게 그 긴 세월 동안 하루도 빠짐없이 다녔는지 놀랍기만 했다.
"그래도 요즘은 일요일에는 쉰다아이가."
집에서 해왔다며 고물 묻힌 쑥떡을 옆에 앉은 아지매들에게 먹어보라고 건넨다. / 두릅 파는 최성년 아지매

"아직 장사 초보라예"

"시어머니가 줄곧 하고 있다가 우리가 한 지는 얼마 안 됐어예."
가게 이름이 왜 '차씨할매'인지 금방 이해가 됐다. '차씨할매'는 항구상회 옆 1층에 자리했다. 꾸득꾸득 말린 가자미며 생선들을 내놓은 좌판 앞에서 아지매는 "지금껏 어머니 해놓은 기 있으니 잘 되것지예"라고 말했다. / 차씨할매

"장사하다가 커피 한잔 하이소~"
"이게 50kg이 넘십니더. 엄청 무거버예."
김정숙(72) 아지매 손수레는 물을 데우는 가스 장치, 아이스박스 때문에 무게만도 상당하다고 했다. 일 마치고 집에 갈 때에는 근처 주차장에 리어카를 두고 아침에 다시 끌고 나온다고 했다.

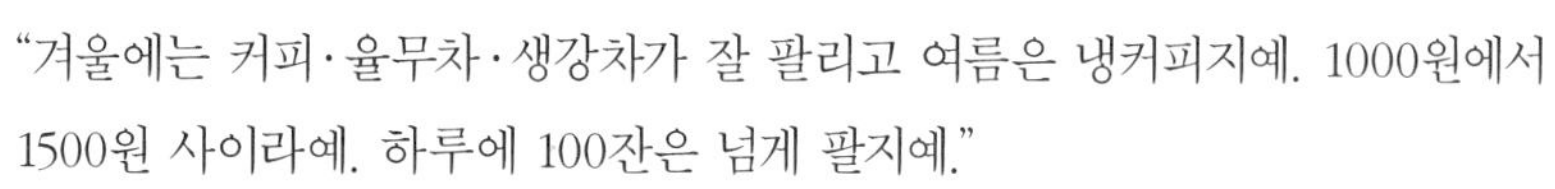

"겨울에는 커피·율무차·생강차가 잘 팔리고 여름은 냉커피지예. 1000원에서 1500원 사이라예. 하루에 100잔은 넘게 팔지예."
아지매는 23년째 새벽 5시에 나와서 12시간을 꼬박 시장을 돌아다닌다고 했다.
/ 김정숙 아지매

"된장 살 때는 시장으로 오이소"
"식자재 판매를 하니 아무래도 식당 주문이 많아예. 그라다보니

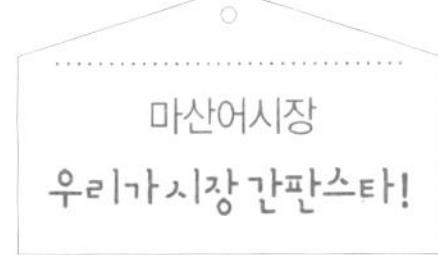

경기가 좋은지 안 좋은지 주문 들어오는 걸로 알지예."
점포를 살짝 들여다보니 춘장, 튀김기름, 양념장 등 대용량 통들이 쌓여 있다. 아지매는 장사 30년 되다보니 단골이 대부분인데, 경기가 나빠지면서 문 닫는 집도 많이 봤다고 한다. 좌판 진열대 위에 빛깔들이 제각각인 된장이 눈에 띈다.
"집된장, 토종된장, 재래된장…맛도 다르고 재료도 다른 기라예. 집된장은 콩 100프로이고, 토종된장, 재래된장은 콩, 밀, 보리를 섞어 만들어예."
된장 이름들만 들으면 딱히 구분이 되지 않는다.
"요새는 집에서 담그지 않고 다들 사먹지예. 이것도 내가 직접 담그는 거는 아이고 대량으로 만드는 공장에서 다 가져옵니더. 맛이 괜찮지예. 근데 이것도 시장에서 말고 마트에서 많이 사 먹더라고예." / 남해경 아지매·제일상회

"소금 사이소~ 소금"

"어이, 비키이소~. 비켜."
뒤에서 오는 리어카를 피하면서 뭔가 보니 소금이었다.
소금을 리어카에 가득 싣고 시장골목을 누비는 박영술(76) 아재.
"하루에 서너 바퀴는 맨날 돌지예. 40년 동안 시장 바닥을 돌아다니면서 자식 셋 공부 다 시켰제."
천일염, 간소금 또는 꽃소금 두 종류를 가지고 다닌다. 천일염은 주로 배추·무를 저릴 때 많이 사용하고 간소금은 평소 음식할 때 사용한다. 리어카에는 크기가 제각각 다른 세 개의 됫박이 있는데 3000원, 2000원, 1000원짜리다.
"소금은 저기 일일상회에서 받아오제."

영술 아재는 사람이 많을 때 열심히 돌아야 한다며 리어카를 밀며 걸음을 서둘렀다. / 소금장수 박영술 아재

"식당이나 소매상들이 주문합니더"

"고성, 통영에서 경매를 봐 오지예. 옛날에는 밭에서 바로 사왔는데 요즘은 농사짓는 사람들이 경매장에다 다 갖다주니께네 우리가 사올 때도 경매로 가져오지예."

김길무 아재는 이제 막 배달을 하고 왔다며 오토바이를 가게 앞에 세웠다. 통영상회는 채소가게다. 인근 식당은 물론 시장에 있는 소매상회에서 주로 가져간다. 대놓고 가져가는 사람들이 주문을 하면 가까운 거리는 길무 아재가 오토바이를 타고 일일이 배달한다.

"지금 철에는 아무래도 시금치, 취나물, 고구마줄기 등 봄에 나는 것들이 주문량이 많지예." / 김길무 아재·통영상회

"스마일 배지 달고 장사해예"

도라지를 뽀얗게 까고 있는데 왼쪽 가슴에는 상인회에서 나눠준 '스마일 배지'가 웃고 있다.

"뺏지는 손님들 보기 조으라꼬 달고 있다예. 장사 다 하고 우짜다 보면 집에꺼지 달고 간다아이가. 아침에 일나서 생각나문 꼭 달고, 까묵을 때도 있지만서도."

박숙자(70) 아지매 좌판 위에는 도라지, 고사리, 콩나물이 소복이 담긴 대야가 올라가 있다. 숙자 아지매는 껍질을 깐 도라지 한 움큼을 대야 위에 더 올린다.

"요로케 해서 만 원이라예."

칼을 움직이면서 아지매는 붙어 앉은 옆 좌판 아지매와 도란도란 말동무를 한다. 표정이 편안하다. 장사한 지 30년이라는 아지매한테 시장은 이제 놀이터이기도 하다. / 박숙자 아지매

마산 가자!

마산시 즐기는 법

마산어시장이 있는 마산합포구 주변에는 바다를 한눈에 바라보며 숲속을 걸을 수 있는 '저도 비치로드'와 '무학산 둘레길'이 있어 많은 사람들의 발길을 당기고 있다. 골목여행 마산어시장 홈페이지 http://masan.golmoktour.kr/coding/main/main.php를 참조하는 것도 좋을 듯하다.

오동동 통술거리

마산 어시장에서 길 하나를 건너 요리조리 들어가면 오동동 통술거리

다. '통술'은 마산의 대표적인 술문화다. 진주에 '실비'가 있고 통영에 '다찌'가 있듯이 말이다. 통술은 바다를 낀 마산 지역을 반영하듯 푸짐한 각종 해물 안주가 한상 통째로 나오는 술상이다.
워낙 푸짐한 안주 때문에 빈 속으로 가야지 밥을 먹고 술을 마시러 가면 '헛방'이라는 말이 나돌 정도다.
1970년대부터 오동동과 합성동 골목이 마산의 통술집 원조거리로 알려져 있다. 지금은 신마산에도 '통술거리'가 생겼다.

위치 경상남도 창원시 마산합포구 오동동 (오동북19길 뒷길)

반월시장 깡통골목과 통술거리•

신마산 통술거리가 반월시장 깡통골목에 있다. 이곳은 1950년도 6.25 한국전쟁 당시 마산으로 이주한 피난민들의 애환이 있는 곳이다. 반월시장 옆 개울가에 피난민들이 판잣집을 짓고 미군부대에서 흘러나온 전투식량인 통조림 판매로 생계를 이어오던 곳이다.
2007년 11월 6일 깡통골목 소공원 조성공사를 착공하여 2008년 1월 30일 완공함으로써 주민들의 오랜 애환과 추억이 서린 깡통골목을 재현한 소공원으로 거듭나게 됐다.

위치 경상남도 창원시 마산합포구 반월동 85 (반월북2길)

해방 후 매립지에 궤짝 행상들로 시작되다

통영 서호전통시장

서호만을 메운 자리에 통영항이 들어섰고 통영 서호전통시장이 들어섰다. 새벽에 움직이는 뱃사람이나 항구 노동자들을 위해 새벽 일찍 문을 열었다.

"옛날에 여게는 전부 바다였제. 일제가 여길 메꾼 걸 해방되고 나서 더 메꿨다아이가. 우리 어렸을 때는 농사도 못 짓는 쓸모없는 땅이었제. 그러다가 올데갈데없는 사람들이 하코방을 지어서 살고, 묵고 살라꼬 장사하고…그래가꼬 이리 된 기라."

통영 서호전통시장으로 가기 위해 근처 통영항에 주차를 하다가 만난 김한길(79) 노인. 노인은 근처 미륵도와 도남동 등지에서 평생을 살았다며 오래전 기억에서 주섬주섬 통영 옛이야기를 끄집어내었다.

"일제 때 식량 보급에다 군수물자를 쌔리 나를끼라고 해저터널도 그때 만들었다 아이가. 통영항도 해방되기 몇 년 전에는 일본 군항이었고…."

통영 서호전통시장을 이야기하자면 통영항을 빼놓을 수 없다. 서호만을 메운 자리에 통영항이 들어섰고 서호전통시장이 들어섰다. 통영 역사에 따르면 통영항의 형성 및 변천은 1906년 민간사업으로 해안 9,256.24㎡를 매립함으로써 건설이 시작되었다. 1940년부터는 일본 군항이었고, 이후 충무항으로 불리다가 1995년 시·군 통합으로 다시 통영항으로 이름이 바뀌었다. 현재 통영항은 수산물의 수출입을 담당하는 국제무역항이라 한다. 거기에다 한려해상국립공원에 위치한 관광항구로서 일년 내내 관광객을 끌어 모으고 있다. 부산·여수·사천·거제 등은 물론이고 남해안 섬들을 오가는 해상교통의 중심지다.

항구 노동자들을 위한 '아침 시장'

통영 서호전통시장은 통영 해안로와 도심 도로인 새터로 사이에 놓여 있다. 여러 곳의 시장 입구 중 통영항 쪽으로 난 입구는 평일 오전이지만 벌써 북적였다. 해안로를 따라 식당들이 차례로 줄을 이어 있다. 깨끗이 간판 정비를 끝낸 식당가는 이른 아침 해장하는 사람들로 붐볐다.
시장경영진흥원 전통시장 역사에 따르면 현 통영 서호전통시장의 대부분은 일본인이 매립한 땅이었다. 80%는 일제강점기에 매립했고, 20%는 해방 후 매립했다. 일제가 서호만을 매립하여 조성된 이 땅은 해방 후 정부 재산으로 귀속되었으나 황무지로 방치되어 있었다 한다. 일본 현지에 살던 동포들이 해방 후 통영항을 통해서 귀국하기 전까지 어떤 용도로도 사용치 못하던 땅이었다.
그런데 이곳에 사람들이 거주를 하기 시작했다. 해방 이후 일본에서 맨몸으로 귀국한 동포들이 '하코방'을 짓고 살기 시작했다. 이들은 생계를 위해 노점 행상을 시작하고 이른 새벽부터 아침 시간에 장사를 했다. 새벽에 움직이는 뱃사람이나 항구 노동자들을 위해 일찍 문을 열었다. 빨리 먹을 수 있는 밥집이 문을 열고 푸짐한 새참거리를 파는 집이 문을 열었다. 고깃배가 가져오는 물건들이 하나 둘 모이고 홍정이 되었다. 시간이 흐르면서 이곳은 점점 시장으로 변모했다. 오늘의 통영 서호전통시장이다.
아직도 이곳엔 '서호시장은 아침 시장이고 중앙시장은 오후 시장'이라는 말이 남아 있다. 꼭두새벽부터 문을 열어 장사하면서 시작된 말이다.
"일하러 가는 사람들이 배를 곯고 가면 되겄나예. 싸게, 빨리, 배 채울 수 있는 밥집들이 꼭두새벽부터 시작했제. 지금도 아침 일찍이 더 바글바글한 건 맞지만 그래도 상설시장인데 오후 장사도 잘 된다예. 아이구, 이러다간 오후 손님은 다 놓치겄네."
이곳 상인들은 '아침 시장'이 아니라 이제 '온종일 시장'이라 강조한다.
통영 서호전통시장은 이곳에서 걸어 10분 거리에 있는 강구안 통영중앙전통시장과 함께 통영지역을 대표하는 시장이다. 상가건물형 시장으로 현재 점포수는 350개 이상이고 노점이 200개 정도의 중형시장이다. 법인으로 되어 있는데, 300여 명의 회원으로 이뤄진 (사)서호시장상인회가 시장 운영을 도맡아 하고 있다.

통영 서호전통시장은 해방 이후 일본에서 맨몸으로 귀국한 동포들이 이곳에 집을 짓고 장사를 하면서부터 시장이 형성되었다.

2009년 중소기업청으로부터 문화관광형시장으로 지정받은 데 이어 시설 현대화가 점차적으로 진행되면서 새로운 활로를 찾고 있다. 상인대학을 통해 상인들의 의식과 친절도는 높아지고, 고객 서비스를 위한 시설은 새로워졌다. 시장 안 공용화장실은 휴지가 비치돼 있고 관리 상태가 좋았다. 서호아파트 옆 서호전통시장 고객지원센터는 누구나 이용 가능하며 교육과 전시, 쉼터 등으로 쓰이는 공간이다. 또 인근의 해저터널, 미륵산케이블카, 남망산공원 등 관광자원과 연계하여 관광객 유입을 적극 유도하고 있어 한층 활기찬 분위기다.

'통영일 뿐이고'…서호만한 데가 있을라나

시장 골목 뒷길로 난 30년이 넘은 대장간에는 아직도 뱃사람들이 수시로 드나들며 일감을 맡긴다. 골목 귀퉁이에 쭈그리고 앉아 낮술을 마시던 늙은 선원은 서호전통

누구나 이용할 수 있는 서호전통시장 고객지원센터.

시장을 떠올리면 마음이 짠해진다며 목소리가 금세 축축해졌다.
“지금이야 묵고사는 걱정은 없지만 그때는 식구는 많고 땟거리는 없고, 머시든 일할 것만 주면 덤벼들었제. …묵고살라꼬 혹시 일이 있나 싶어 항구와 시장을 마이 댕겼제. 우리 부친도 그랬고, 나도 그랬어. 새벽 1시가 되면 집에서 출발해 해저터널을 지나 통영 서호전통시장까지 와서 일거리가 있는지 찾아댕겼는 기라.”
이곳에는 무엇보다 싼 값에 허기를 채울 먹거리가 풍부하다. 시장 골목에서 만나는 좌판 위 먹거리를 보면 금방 입이 벌어진다. 찹쌀도넛은 공갈처럼 크다. 새우 오징어를 버무린 해물야채 튀김은 장정 손바닥 2배만 하다. 그러고도 500원, 600원이다. 새참거리이면서 든든한 한 끼가 될 수 있는 것들. 앉을 새도 없이 그냥 서서, 또는 걸어가면서 먹을 수 있는 ‘통영식 패스트푸드’는 바다에서 나는 재료들을 아낌없이 사용해 싼 값에도 푸짐해 놀랍기만 하다. 눈물겹기조차 하다.
“동양의 나폴리, 이런 말 좀 안 했으모 좋겠구만. 온제 누가 한 말이요, 그게…. 쯧쯧. 오데서 양놈들 물 좀 먹었다는 것들이, 좀 배웠다고 하는 것들이 말했던가 본데 참말 부끄럽소. 내는 나폴리 구경도 몬혀봤지만 그냥 통영은 통영이고, 나폴리는 나폴리인거제. 통영 서호전통시장 함 보소. 사람 사는 기 요기처럼 차진 데가 있것소. 나폴린가 디포린가 허는 데도 우리 통영 서호전통시장 같은 데가 있을라나.”
통영 서호전통시장에서 예전엔 행상을 했고 지금은 놀이터처럼 왔다갔다한다는 최씨라고만 밝힌 아재는 어디에 비할 수 있겠느냐며 목소리를 높였다. 통영 사람의 긍지가 역력했다.
통영은 한국의 남쪽 바다에 있는 아름다운 항구일 뿐이고, 통영 서호전통시장은 통영사람들의 역사와 삶의 애환이 깃든 생활 터전일 뿐이다. 하지만 다른 지역의 많은 사람들이 이곳을 찾는 이유이기도 하다.

통영 서호전통시장 경상남도 통영시 서호동 177-417 (새터길 42-7)

•• 먹을 수 있으려나 했더니

생김새가 새우는 새운데…. 저걸 먹을 수 있으려나 싶다. 선명한 갈색의 줄무늬 몸체와 연한 옥색과 노란색의 꼬리. 그 꼬리를 움직일 때마다 마치 부채춤을 추는 듯하다. 대야 안이 환하다. 오가는 사람들의 눈길을 금방 잡는다.

"아지매, 이기 머시라예?"

하필 손님들이 들이닥치는 바람에 아지매가 뭐라고 외치는 말을 놓치고 말았다. 되묻기에는 아지매가 너무 바빴다.

시장에서 돌아와 인터넷에서 새우 종류를 찾아 이미지를 대조해봤지만 알 수가 없었다. 페이스북에 올려 대놓고 물었다. 아, 이럴수가. 이놈의 정체를 알고는 금세 허탈했다. 많은 사람들에게 '오도리'라는 일본어로 불리는, 이름은 들어본 적이 있는 이것. 하지만 식당에서 '접시 위 뻗은(?) 것'만 보고 정작 살아있는 것은 보지 못했던 이것. 크기와 신선도에 따라 한 마리에 1만 5000원까지 한다는 비싼 이것. 술안주로도 좋아, 사진만으로도 많은 사람들이 입을 다시는 이것, 보리새우!

보리새우.

•• 수제비에 넣고 된장국에도 넣고

분명 고둥이다. 근데 뾰족하고 갸름한 게 아니라 동글동글하다.

"아지매, 이기 머시라예?"

"고둥이지 머꼬."

상인들조차도 열이면 일곱, 고둥이라고 대답한다. 하지만 고둥도 여러 종류. 마침 옆에 있던 활어장수 아지매가 나서서 이야기를 거든다.

"아이다. 이거는 바닷가에서 마이 나는 긴

데, 배말이라고 한다안쿠나. 우리 어렸을 적에는 마이 삶아서 까 묵었는데. 바위틈에 지천으로 깔려 있으니께 배는 고프고 묵을 끼 없이모는 이거 잡아가꼬 삶아 묵었다아이가. 수제비에도 넣고 된장국에도 넣고 안 들어가는 데가 없었제."

거제가 고향인 활어장수 아지매는 산골에서는 우렁 된장국을 끓여 먹듯이 바닷가 마을에서는 이걸 넣어 끓여 먹었다 했다. 거제 등 남쪽 해안에서 많이 난다는 이것, 아지매가 배말이라고 한 이것, 정식 이름은 보말!

보말.

•• 여름에는 개도 안 묵는다쿠네

짙푸른, 그리 크지는 않지만 살집이 좋은 것이 좁고 붉은 대야에서 움직임이 아주 활달하다. 기운이 좋은 놈이다.

"아지매, 이기 머시라예?"

"방어라는 기라예."

방어? 더러 시장 좌판 위에는 죽었지만 장정 팔뚝보다 큰 것들이 눈에 띄기도 한다.

"이기 큰 놈은 두어 살 아이만 하요. 한 마리 잡으면 집안 잔치하는 건데 날이 살살 추버지면서, 그니께 인자부터 아주 맛이 나는 기라요. 살이 차지고 쫀득하제. 더버면 못 묵것만."

가을에서 겨울까지 참치 등과 같이 횟감으로 많이 찾는다는 이것. 날 더운 여름에는 개도 안 먹는다는 이것. 우리나라 거제, 제주, 마라도 앞바다에서 많이 잡힌다는 이것, 방어!

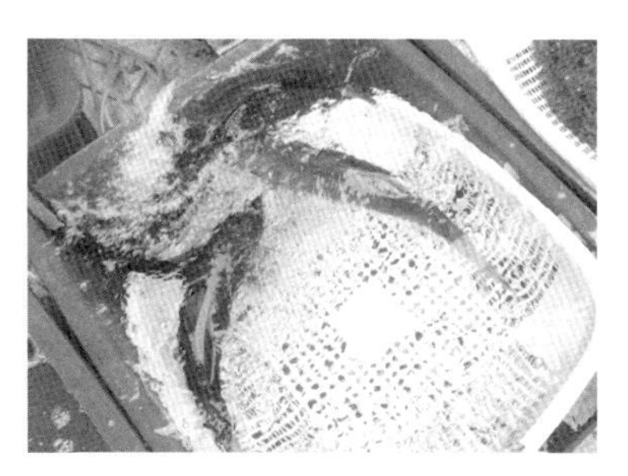

방어.

“생선 골목에서는 이기 있어야제”

리어카 가득 얼음을 채우고 다니는 얼음장수 아재.

수산물 생선골목이었다. 길 한가운데 리어카를 세워두고 바가지로 무언가를 퍽퍽 퍼내고 있다. 그 앞에 아지매 서너 명이 줄을 선다. 리어카 안에는 희고 반짝이는, 자잘하고 굵은 조각들이 가득하다. 소금인가?

“보면 모리겄소. 얼음 아이요.”

아, 생선 신선도를 유지하기 위해 좌판에 까는 얼음이었다. 아재는 매일 오전 11시경이면 시장 안 수산코너를 한 바퀴씩 돈단다. 한 양동이에 800원이라고 했다.

아재는 생선 장수 아지매가 가지고 온 양동이에 긴 삽으로 얼음을 채우며 툭툭 던지듯 대답했다. 얼음 장수 아재에게는 시장 안 상인들이 고객이다. 얼음장수 아재며, 검은 비닐봉지를 파는 아지매도, 리어카에 국밥이나 수제비를 싣고 다니는 아지매도 상인들을 단골로 두고 있다. “얼음 사이소~! 얼음~.”

제각각 다른 세 개의 의자

슬며시 웃음이 나왔다. 생선골목을 지나 시락국골목 끝이었을까. 세 개의 의자가 놓여 있다. 모양이 제각각이다. 플라스틱 의자, 나무 의자, 스티로폼 의자.

플라스틱 의자, 나무 의자, 스티로폼 의자가 나란히 놓여 있다.

스티로폼 의자의 스티로폼은 양식장이나 바다 위에 부표로 쓰이는 것이다. 시장 사람들은 겹쳐 묶어서 의자로 쓰고 있다.
"엉덩이 붙일만 하모는 됐제 의자가 별 기가? 없는 거보단 훨 낫지예."
"밭에서 일할 때 쓰는 궁디의자 같은데예."
산청, 함양 등 산촌지역 시장에서 파는, 밭일을 할 때 허벅지에 끼워 엉덩이에 달고 움직이는 '궁디의자'와 모양과 쓰임새가 비슷했다.

야자수 이파리를 이용한 이것!

야자수 이파리로 만든 벌레 쫓는 도구.

시장 골목을 돌다가 또 슬며시 웃음이 터졌다.
건어물 점포였다. 꾸득꾸득 말린 여러 종류의 생선을 크고 작은 소쿠리에 가격대로 좌악 깔아두었다. 그 위로 삐거덕, 삐거덕 쉴 새 없이 돌아가고 있는 이것. 건어물 위로 달려드는 파리나 날벌레를 쫓기 위한 이것은 소쿠리 위에서 어느 정도 수평을 유지하며 끊임없이 돌고 있다.
근데 가만히 보니 그 끝에 달린 것이 야자수 이파리다!
산골 지역에서는 긴 작대기 끝에 부챗살이나 파리채를 잇대어 사용하기도 했다.
이곳에선 따뜻한 바닷가 지역의 야자수 잎을 바짝 말려서 잇대어 놓은 것이다.
이것 역시 궁여지책이 낳은 생활의 지혜랄까. 경남 곳곳의 시장을 돌다보면 시장 상인들이 이용하는 것에서 그 지역성이 나온다.

새벽이면 뱃사람들 속을 데워주던 50년 전통

원조시락국

찾았다! '통영 서호전통시장 시락국집'. 이미 인터넷에서 유명한 집이다. 통영 서호전통시장에는 시장 골목 북쪽으로 시락국골목이 있다. 그 첫머리에 있는 집이 '원조시락국'이다.

좁은 식당 한가운데 길게 반찬통들이 열을 지어 있다. 그 반찬통을 사이에 두고 또 길게 탁자가 놓여 있고 의자가 놓여 있다. 뷔페식에다 손님들이 나란히 바에 앉아 먹을 수 있는 구조이다. 준비된 접시에다 손님들이 각자 자기가 먹을 반찬들을 덜면 그제야 주인은 밥과 시락국 그릇을 내어온다.

장재순 아지매.

"어머님이 객지서 들어와 이모님이랑 둘이서 시작했다쿠데예. 한 50년 되나 봅니더. 처음에는 포장마차처럼 탁자 3개 두고 한 솥 팔면 장사 끝냈다쿠데예. 시락국밥에 반찬이라곤 깍두기 하나…. 그리 팔았답니다."

장재순(61) 아지매. 객지에서 돌아와 어머니한테 이어받아 장사한 지 이제 23년 됐다.

"반찬은 보통 12가지입니더. 예전에는 항아리에 반찬을 넣어 두었는데 이기 맨날 냉장고에 넣었다 뺐다 하려니 힘이 들어서…. 이 반찬통들은 우리 남편 생각인데, 이 밑에 전부 냉장시설이 되어 있어 신선도를 10시간 정도는 유지할 수 있지예. 뷔페식이라서 쓰레기가 하나도 안 나옵니더. 채소반찬이 많으니 손님들 중에는 큰 그릇 달라고 해서 비벼 먹기도 하고예. 주말이면 아무래도 바빠 반찬 만들 새가 없어 주중에 반찬을 마이 만들지예."

통영항이 가까이 있어 배 타는 사람들이 주로 이곳을 이용한다. 배 타는 사람이 어찌 선원만 있겠는가. 항구 근처의 식당에는 다양한 사연의 사람들이 드나든다. 섬에서 뭍으로 장 보러 온 사람들, 정박한 배에서 잠시 내려 뭍에서 한잔 기울이고픈 뱃사람, 낙도에서 학생들을 가르치며 휴일마다 집에 왔다가는 교사, 최근 들어 부쩍 늘어난 관광객들…. 예전에는 바쁜 사람들이 손쉽게 급히 먹으러 왔지만 요즘은 관광객은 물론 청춘 남녀들도 여행 왔다가 찾아온다.

"인자는 시래기 구하기가 좀 힘들어예. 인근에서 구하기가 힘들어 우리는 대구에서 밭떼기로 사와서 착착 말려 창고에 저장합니더. 겨울에는 시락국을 택배로 주문하는 손님들도 많습니더."

재순 아지매는 자기 집은 '빈 그릇 운동 선서'도 했다며 사진과 선서문을 자랑했다. 원조시락국집 옆 골목으로 들어서면 통영 서호전통시장 시락국 골목이다. 선원들이 들락거렸을 대장간과 선원 휴게실을 지나 지금도 몇몇 시락국집이 문을 연다. 이 골목 어느 집을 들어서도 뜨끈한 국밥 한 그릇의 사람살이가 느껴질 듯하다.

막걸리 한 통에 시락국밥을 안주로

고깃배 타는 조용규 아재.

시락국밥 한 그릇에 막걸리 한 통을 비우고 있었다. 검게 그을린 얼굴은 탄탄했다.

"30년 동안 안 가본 데가 없제. 제주도고 전라도 서해고…."

조용규(65) 아재는 작은 고깃배 선장이라고 했다.

"주로 무얼 잡는데예?"

"고기보다 해산물을 잡지예. 다이버들 잡는 배 운전도 해주고, 나도 다이버해서 잡고."

시락국밥 상차림.

거의 매일 '원조시락국'집에 온다고 했다. 배를 타고 나가면 못 오지만, 일이 없을 때는 점심때마다 와서 막걸리 한 통을 비우고서야 일어난다고 했다.

"뜨끈한 시락국밥에 막걸리 한 통이면 뱃속이 든든하지예. 딱히 같이 묵을 사람 없어도 여게는 혼자 와서 묵기도 좋고."

아재는 막걸리까지 곁들여 7000원이면 한 끼 수월하게 해결할 수 있다며 빈 잔에다 막걸리를 콸콸 따르더니 맛나게 들이켰다.

도넛 장수 임미진 아지매.

장사꾼들 한 끼 식사나 새참으로 좋아

시장 안 찹쌀 도넛 가게

"우리 집 유명한 게 이 찹쌀 도넛이라예."

도넛 맛이 아주 좋아서 그걸 먹던 심봉사 눈이 번쩍 뜨였단다. 도넛을 직접 만들어 파는 임미진(46) 아지매는 동생들의 도움으로 이곳에서 장사를 시작한 지 이제 1년 남짓이다. 여동생은 20년 동안 장사를 하고 있다.

"처음에는 하나도 할 줄 몰랐는데 이제는 꽈배기도 잘 만들어예."

커다란 기름솥이 좌판 뒤에 놓여 있어 아지매가 직접 튀겨내는 것으로 짐작되었다. 좌판 위에는 찹쌀떡, 꽈배기, 찹쌀 도넛 등 빵 종류는 딱 세 가지. 이 중에서 찹쌀 도넛은 젊은 사람들이 줄을 서서 사갈 정도다. 공갈빵처럼 부풀린 커다란 빵 속에 팥으로 된 소[앙꼬]가 들어있다. 찹쌀 도넛은 의외로 부드럽고 고소했다. 젊은이들만이 아니라 나이 든 어른들이 먹기에 더 좋을 만큼 달콤했다.

"다른 동네 빵보다 우리 빵이 좀 커요. 맛도 있고. 새벽에 나오는 사람들이 출출할 때 이것 두어 개만 먹으면 속이 든든해지거든예. 매일 15kg 반죽하는데 점심시간 지나면 거의 다 팔아예. 주말이나 휴일에는 평일보다 2.5배 정도 더 팔리고예."

오전 11시쯤 되었는데 남아 있는 빵은 얼마 되지 않았다.

"오늘 만든 것도 벌써 다 팔린 거라예."

아버지와 아들… 이래봬도 알짜배기 장사꾼

팔도건어물

"물메기와 건대구를 가장 많이 취급합니다. 철마다 조금 다르지만, 정치망 멸치 경매장에서도 싣고 오고…. 요기 아래 있는 도천공판장에서 활어, 선어, 패류 마른 것도 다합니더. 12월엔 엄청 바쁩니더. 인자 날이 치버지면 거제 외포에 가서 대구 경매 봐와서 꾸득꾸득 말려서 판다 아입니꺼."

박무상(61) 아재는 멸치 등 생선은 생물보다 말린 것이 국물을 낼 때 훨씬 깊은 맛이 난다고 했다. 그러면서 자신이 대구 말리는 작업 사진을 보여주며 이곳 시장에서 TV프로그램 〈마마도 엄마가 있는 풍경〉을 찍었다고 말했다.

박무상 아재.

아재는 통영 서호전통시장 수산물이나 건어물은 양식보다 어부들이 잡아온 자연산이 많다고 했다. 또 아재는 지금 상인대학 3기 교육 중인데, 자신이 통영 서호전통시장 상인대학 동문회장이라 했다.

"이것도 맛 좀 보이소."

팔도건어물 점포 옆 '통영동백꿀빵'. 이 집 꿀빵의 고유 이름이다. 가족들이 직접 만들어 판다고 했다.

박관율 씨.

"진짜 사장은 우리 아들이라요. 내가 아입니더." 박무상 아재가 인터뷰 중에 말을 자르며 가리킨 젊은 사람은 아들 박관율(36) 씨다. 그는 점포에 들어서자마자 계산을 하고 확인을 하는지 장부를 들여다보기에 여념이 없다. 사진 한 장 찍자하니 안 된다고 고개를 젓는다.

"장가 안 갔지요? 대문짝만하게 사진 내어서 이참에 장가 한 번 갑시다."

이 말에 관율 씨는 웃음을 터뜨리며 "저, 결혼할 사람 있어요"라고 말한다. 관율 씨는 팔도건어물의 대외 업무를 도맡아 하고 있다. 물건을 대어주는 업체와 물량 등을 점검하고, 새로운 물량도 확보하는 등 전반적인 운영 사항을 조절하는 것도 관율 씨의 몫이다. 젊은 사람이지만 빈틈없어 보였다. 허투루 시간과 돈을 낭비하지 않을 것 같았다.

김연이 아지매.

"여기 점원인데, 이제 1년 정도 됐습니다. 이 집이 통영 서호전통시장에서 장사가 제일 잘됩니다."

제주 한림면이 고향이라는 김연이(46) 아지매는 '커피 한 잔 먹는 바람에' 통영으로 시집와 살고 있다고 했다. 연이 아지매는 "통영이 진짜 좋아요"라며 엄지손가락을 올렸다.

연이 아지매는 "최고로 좋은 물건에다 손님에게 친절하게 대하고, 조금이라도 인정스럽게 챙겨주는 것이 장사가 잘되는 비결 중 하나"라고 말했다.

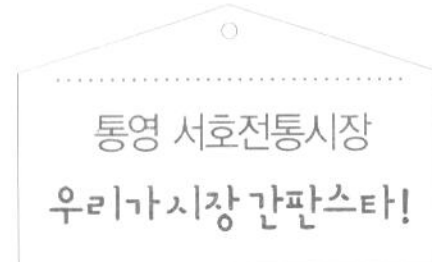

"통영에서 젤로 오래된 서호시장 많이 알려주이소!"

"방사능이 머꼬? 통영 꺼는 싱싱합니더!"

"인자 25년째 생선 장사하고 있지예. 근데 와 자꾸 묻는 기라."

"통영 서호전통시장 자랑이나 재미있는 시장 이야기 찾아다니고 있어예. 마이 알려야 외지 사람들 놀러도 오고 마이 사가기도 할 꺼 아입니꺼?"

정금자(56) 아지매는 시장 서편 입구에 갈치, 곰장어 등이 놓인 좌판을 앞에 두고 사람 좋은 웃음을 띠고 있었다. 자리가 좋아 장사가 잘되겠다고 하니 안 좋을 때도 있다며 생선 상인들이 제비뽑기를 해서 돌아가며 자리를 정한다고 했다.

"요새 머시 재미있것노예. 경기도 안 좋다허는데…."

"방사능 오염 어쩌고 그러니 생선 사는 사람들이 마이 줄었지예?"

"그란 건 벨로 읍어. … 오후는 한산해도 그래도 아즉 새벽과 아침에는 사람이 많아예."

금자 아지매는 통영 서호전통시장은 통영에서 가장 오래된 시장이고 친절하고 인심도 좋고 최고인 시장이라고 말했다. 다른 시장 사람들도 다 그리 이야기하더라고 좀 특별한 게 없냐고 했더니, "아, 그기 참말인데 더 머시 필요하노"라고 크게 웃었다.

마침 손님이 들이닥치는 바람에 인사를 나누는 둥 마는 둥 돌아서 나오는데 뒤에서 금자 아지매가 크게 소리쳤다.

"장사 잘되고로, 손님들 마이 오고로 통영 서호전통시장 잘 소개해주이소." / 생선장수 정금자 아지매

통영항. 통영 서호전통시장과 도로 하나를 사이에 두고 있어 이곳 시장에 가면 남망산 공원으로 이어지는 통영항과 강구안을 구경할 수 있다.

어머니 따라 생선 팔러 나선 새댁

"울 모친은, 오늘 쉰다꼬 안 나왔지만 40년 넘게 생선 팔았고 내도 모친 때문에 나왔지만 그러고로 인자 4년 됐심더."

시장 중앙을 지나다가 홍합을 열심히 까고 있는 앳된 아지매를 보았다. 생선 파는 금자 아지매와 이야기를 나눌 때 그 주변 상인들 사이를 헤집고 다니던 사람이다. 아지매라 하기에도 너무 젊어 보이고…. 이태은(38) 아지매는 작은 체구에 밝은 표정, 선머슴 같은 활달한 몸짓이 꼭 말괄량이 20대 초반 처녀애 같았다.

"아들딸이 3명인데예. 막내가 7살인데 11살 큰 애가 동생들 챙기고 저그들끼리 잘 있습니더. 그래도 저녁은 내가 챙겨줄라꼬 하니 상인대학 가고 싶어도 가지 못하네예. 상인대학도 저녁에 하거든예."

태은 아지매는 생선은 없고 소라, 전복, 새우 등 '비늘 없는 것'들만 팔고 있다. 느닷없는 물음에도 차근차근 대답하며 두 손은 놀리지 않고 있다. 홍합 까는 솜씨가 날래기 그지없다.

"단골 장삽니더. 인자 날 추워지면 굴 주문이 밀립니더. 주문받아 포장해서 택배 보내다보면 겨울 다 지납니더." / 어패류 장수 이태은 아지매

통영시 즐기는 법

통영시는 이미 경남 관광의 1번지로 부상하고 있는 곳이다. 통영항과 동피랑, 전혁림 미술관, 박경리 묘 등 문화예술의 향기는 물론이고 아름다운 항구와 옛 이야기들이 많은 관광객의 발길을 잡아당기고 있다. 남망산에서 해저터널까지 통영항을 따라 걷는 것도 추천할 만하다.

남망산 국제조각공원

남망산 국제조각공원은 세계 유명 조각가 15명의 작품으로 구성된 야외 조각공원이다. 아름다운 남해 바다와 육지를 배경으로 개성어린 작품들이 조화를 빚어내고 있다. 통영항과 남해 바다를 보며 작품을 감상하는 것은 어디에서도 찾을 수 없는 재미와 감동이다.

위치 경상남도 통영시 동호동 230-1 (남망공원길 29)

통영 세병관•

이경준李慶濬 제6대 통제사가 선조 37년(1604년)에 건립한 통제영의 객사客舍이다. 2002년에 지정된 국보 제305호이다. 경복궁 경회루, 여수 진남관과 더불어 지금 남아 있는 조선시대 건축물 가운데 바닥 면적이 가장 넓은 건물 중 하나이다. 세병이란 만하세병挽河洗兵에서 따 온 말로 '은하수를 끌어와 병기를 씻는다'는 뜻이며, 〈세병관洗兵館〉이라 크게 써서 걸어 놓은 현판은 제137대 통제사인 서유대徐有大가 쓴 글씨이다.

위치 경상남도 통영시 문화동 62 (세병로 27)

꼭 가보고 싶은 경남 전통시장 20선

제6부 사람들은 시장 골목에서 새로운 이야기를 풀어낸다

손님 60%는 외국인, 전통과 다문화가 있는 곳

김해전통시장

익숙하게 장을 보는 앳된 외국인 여성들. 김해전통시장은 결혼 이민자여성들이 같은 정서와 언어를 가진 사람들을 만날 수 있는 편안한 곳이다.

"이거는 얼마예요?"

"두 개 사면 얼마 깎아주나요?"

약간은 다른 억양이지만 또록또록한 한국어는 능숙하게 들렸다. 눈이 맑은 앳된 얼굴들에는 다행히 기분 좋은 웃음들이 달려 있다.

김해전통시장 채소 골목에서 네댓 명 한 무리를 이룬 외국인 여성들이 아이 손을 잡고 물건을 고르고 흥정을 하고 있었다.

"여기가 더 싸고 물건이 많아요. 우리는 부산 해운대 사는데 주말이나 시간 날 때면 여기 와요. 친구들끼리 몰려오고 또 여기서 같은 나라 사람들을 만나 이야기하는 게 재미있어 와요."

그런데 물건을 파는 상인도 외국인 여성이다. 나중에 알고 보니 주인이 아니라 점원이었다. 이들은 물건을 사고파는 관계기도 하지만 서로 먼 이국땅에서 이주민 여성으로 살고 있다는 정서적 연대가 좀 더 크고 깊어 보였다.

껍질을 깎아놓은 코코넛, 망고 그리고 흔뎅, 샵 등 상인들이 가르쳐준 이름도 분명치 않은 과일들이 이곳 김해전통시장 골목에서는 흔하게 볼 수 있는 것들이다.

이주민 손님 따라 자연스레 특화된 곳

전혀 생각지도 않은 광경이었다. 경남 18개 시·군 중 15곳을 다녔지만 처음 접하는 일이었다. 시장 골목은 외국인들로 붐비고 주변 거리에는 외국인들을 상대로 하는 술집이나 식당이 쉽게 눈에 띈다. 외국인 이주민들이 주로 이용하는 가게는 업종이나 취급 물품과는 상관없이 30~40대 젊은 상인들이 대부분 주인이다.

"김해 외곽에는 2000군데의 공장이 있다캅니다. 그 공장마다 죄다 외국인 노동자들이 일하고 있다데예. 주말이면 요게 시장에는 손님들이 죄다 외국인들이라예."

김해전통시장에서는 외국 식자재를 파는 가게를 쉽게 볼 수 있다. 이주민 인구가 많아 인근에 다문화센터가 있고 동상119안전센터에서는 365일 외국인 SOS 도움센터를 운영하고 있다.

현재 김해시 인구는 52만 명이 넘는데 이 중 김해 거주 외국인은 3만 명이 넘는다. "여계 시장을 찾는 손님들 60% 정도가 외국인입니다. 시장 앞에 있는 도로 건너 상가를 둘러보면 중국 등 동남아 사람들이 직접 운영하는 가게도 많습니다."

김해전통시장은 동상동이지만 시장 골목이 끝나는 곳에서 도로 하나를 경계로 서상동이다. 행인들은 물론이고 도로나 상가 공사를 하는 인부들도 외국인이었다. 이

주민 다문화센터가 자리잡고 있고, 동상119안전센터 건물 외벽에는 '365일 외국인 SOS 도움센터' 현수막이 걸려 있다. 이주민 인구가 그만큼 많고 주요 경제활동인구임을 의미하는 것이지 싶다.

제수용품과 잔치·폐백 음식이 주요 품목

"원래 김해재래시장이었지예. 근데 동상동에 있다 보니 동상재래시장, 동상시장이라 불렀지예. 2012년도 1월 1일부터 김해전통시장으로 정식 이름을 냈어예."

김해전통시장은 오래된 상설시장이다. 상인들은 110년 된 시장이라 말한다. 시장경영진흥원자료에 따르면 1945년 개설해서 1977년 등록했다. 김해의 옛 중심상가인 가락로와 호계로 사이에 위치하고 있으며, 동상동에 있다고 해 '동상시장'으로 불리기도 했다.

이곳 시장 주변에는 공진문이 복원돼 있다. 공진문은 고려 말 축조된 김해읍성 네 곳의 문 중 북문으로, 읍성 옛터에 유일하게 남아 있던 일부를 원형대로 복원한 것. 그리고 이곳에서 10분 거리에는 수로왕릉이 있다.

이곳이 오랜 전통시장임은 길목에서 만나는 상인들이나 오래된 가게에서 찾을 수 있다.

"대형마트가 많이 생기고 사람들이 신도시로 다 이동했지만, 우리 어렸을 때는 여기 시장 아니면 물건 살 데가 없었어예."

삼대째 이어지는 칼국수집이 있는가 하면 할머니나 어머니가 하던 장사를 그대로 이어받은 가게들이 있다. 또 수십 년째 한자리에서 장사를 하며 시장에서 평생을 보낸 상인들도 있다. 이들은 김해전통시장의 역사를 만들어 온 '터줏대감'들이다.

거기에다 김해전통시장의 주 품목으로는 제수용품, 잔치·폐백음식 등이 손꼽힌다.

"우찌 그리되았는지는 잘 모리것고 오래전부터 그랬답니다. 가까이 부산이 있어 바닷가가 있는데도 해산물보다는 제수용품이 더 자리를 잡고 있지예. 김해가 워낙 오래된 지역이고, 절이나 암자 등이 많아서 그런지…"
제수용품, 잔치·폐백음식 가게들은 시장 안 터줏대감들이니만큼 수십 년 된 단골들이 많고, 딱 그만큼 늙어가는 상인들이 있다.
수십 년째 시장 손님들의 사랑을 받으며 지역 주민들과 함께해 온 칼국수골목은 시설 현대화로 깨끗이 정비됐고, 시장 안에서 제법 번듯한 특화 골목이 되었다. 시장 안 먹거리타운이 형성되면 자연스레 젊은 고객을 끌어내고, 주말이 아닌 평일이라도 시장 안으로 유동 인구가 많아질 거라는 기대였다.

시장 주변 상가도 외국인들로 가득

김해전통시장 뒤 '로데오거리'라 불리는 종로길은 이미 크리스마스 분위기였다. 12월 초였는데 벌써 거리에 줄지은 성탄 나무들과 알록달록한 성탄 장식들은 곧 있을 겨울 축제의 서막과도 같았다. 이색적인 축제, 이주민이 많은 김해 원도심에서만 가능한 '제1회 세계 크리스마스 문화축제'가 새해인 1월 5일까지 열릴 예정이었다.
"외국인이 많다 보니 오히려 본토배기들이 많이 안 옵니더. 외국인 노동자나 결혼이주여성들이 오지예. 그러다 보니 이 일대가 외국인 활동 거점지역이 된 지는 오래됐십니더. 상인들에겐 고마운 일이지예. 그나마 시장 경기를 살려주니까예."
이곳에서는 본토박이 김해 주민들보다 이주민들이 더 시장을 이용하고 있었다. 본토박이들이 물건을 사기 위해 자동차를 타고 마트나 백화점으로 몰려가는 사이, 침체기에 접어든 시장에 활기를 불어넣는 건 먼 이국의 땅에 일하러 온 외국인 노동자이거나 결혼을 하면서 김해에 살게 된 이주민 여성들이었다.

시장 안 칼국수타운은 시설 현대화로 깨끗이 정비됐고, 시장 안에서 제법 번듯한 특화 골목이 되었다.

김해전통시장 뒤 '로데오거리'라 불리는 종로길.

옛 가야문화의 땅 김해에서, 그 도심 한가운데 있는 전통시장에서 눈이 마주치는 사람들이 대부분 외국인이라는 사실은 이곳을 처음 찾는 이들에게겐 아주 낯설지만 시장 한 바퀴를 돌다보면 또 금세 익숙해지는 일이기도 했다.

김해전통시장 경상남도 김해시 동상동 881 (구지로180번길 25)

이기 머시라예?

김해전통시장 채소 골목은 이용 고객이 외국인이 많음을 확연히 알 수 있을 만큼 이국적이었다. 국내산 흔히 볼 수 있는 채소보다 '저런 채소가 있나' 싶은 것 투성이였고, '국제채소' '아시아마트' 등 흔치 않은 가게 이름도 눈에 들어왔다.

●● 조금 비싸도 샐러드로 먹기 좋아

자줏빛의 큰 옥수수 같다. 묵직하고 단단해 보여 마치 대포알 같다. 겉껍질을 벗기면 노랗고 말랑한 알맹이가 나올 것 같았다. 어떤 맛일지는 짐작하기도 어려웠다. 난생 처음 보는 채소들 속에 더욱 눈에 띄는 것이었다.

"그대로 씻어서 차곡차곡 있는 잎을 하나씩 벗겨 생으로 먹거나 샐러드를 해먹어도 좋아요. 필리핀, 동남아 사람들이 많이 먹어요."

캄보디아에서 온 앳된 새댁은 약간은 어눌한 말투로 싹싹하게 말했다.

"근데 여기서는 좀 비싸요. 한 개 8000원, 만 원 하니까 사가는 사람이 적어요."

바나나에도 꽃이 필 것이라는 생각은 하지 못했다. 생전 처음 보는 이것, 바나나꽃!

바나나꽃.

콜라비.

●● 동남아산이 아니고 제주산이라네

저건 뭐지? 모과 크기에 색은 보라색. 둥글한 것이 금방이라도 굴러갈 실뭉치 같다.

"동남아에서 온 채소가 아니라 제주도에서 재배하는 기라요. 갈아서 주스로도 먹고 양파와 고추를 넣어 새콤달콤하게 장아찌를 해묵어도 되고…. 먹는 방법도 많아예."

처음 본 대로였다. 이것은 양배추와 순무를 교배한 채소라고 했다. 무맛처럼 시원하고 아삭하다. 하지만 매운 맛은 없다. 식이섬유가 많아 다이어트와 변비에 효능이 있으며 무엇보다 함유된 칼슘과 칼륨이 염분을 배출하고 혈압을 낮추는 기능을 가지고 있다. 가격은 개당 2000~3000원 정도 한다. 식초나 소금을 넣은 물에 씻어 껍질을 벗기고, 밑동은 잘라버리고 먹는 것이 좋다.
아지매는 "폴라비"라고 했는데, 내가 잘못 들었던가. 뒤지고 뒤져보니 이것의 제대로 된 이름, 콜라비!

•• 어째 호박 같지가 않아

길쭉하고 뭉툭하니 투박하다. 빛깔은 박 같다. 주키니 호박보다 굵고….
"푸른 것도 있고 누런 것도 있어요. 이건 작은 건데 큰 것은 엄청 커요."
캄보디아에서 온 새댁은 두 팔을 벌려 크기를 설명했다.
아삭아삭해서 끓는 음식을 만들 때는 맨 마지막에 넣으면 된다고 했다. 한국에서는 호박을 나물로도 해먹지만 동남아 다른 나라 사람들은 주로 기름에 볶아 먹는다고 했다.

베트남호박.

싸고 흔해서 동남아 사람들이 쉽게 사 먹는다는 이것, 베트남호박!

당조고추.

•• 익히면 매운 맛이 난다?

'아삭고추' 크기인데 연한 연둣빛이다.
"오데 대학에서 특허 낸 거라던데 당뇨에 좋다고 요새 올매 마이 찾는데…. 이기 날로 먹으면 매운 맛이 전혀 없고 파프리카처럼 아삭하고 시원한 맛인데 찌개나 라면에 넣으면 매운 맛이 나는 기라. 신기하제."
농촌진흥청과 대학, 농가 등이 산학협력해서 순수 국내기술로 공동 육종한 품종이라는 이것은 요즘 농가 수익에 한몫 단단히 하고 있다. 혈당을 떨어뜨리는 뛰어난 효능이 있어 당뇨 환자들이 많이 찾는다지만 탄수화물의 소화 흡수를 저하시키는 성분도 있어 다이어트에도 좋다는 기능성 고추. 당조고추!

칼국수가 소문난 이유는?

손칼국수 8호점

대부분의 전통시장 먹거리는 소머리국밥이나 돼지국밥이다. 국밥은 시장 안 또는 시장 근처에 있어 장터 사람들의 만만한 끼니가 된다. 그래서 어느 시장이나 가면 그만큼 오래된 국밥집이 있다.

그런데 김해전통시장을 간다 하니 누군가가 "거기는 칼국수가 유명하다"고 귀띔한다. 오호, 국밥이 아니다. 다행이다 싶었다. 경남 전역의 시장을 돌다 보니 국밥은 물리던 터였다.

칼국수. 멸치 육수만으로 국물을 내는데 12시간 정도 끓인다.

김해전통시장 안 칼국수 골목은 100년 가까이 됐다니 시장이 생길 때부터 형성되었다고 볼 수 있다. 김해시는 '김해 음식 9미' 중 하나로 칼국수를 넣고, 3년 전에 이곳 시장 안 칼국수 골목의 열악한 시설을 현대화했다. 이곳 칼국수 골목에는 수십 년째인 터줏대감들이 많았으나, 이 중 몇 년 안 된

황창숙 아지매.

'초짜 칼국수집'을 만나 보았다.
"옛날에 배고픔을 밀이나 보리로 채우다 보니 수제비나 칼국수가 나왔던 거제. 5일장을 끼고 시장이 만들어질 때, 이고 지고 온 상인들이 먹었을 것이라예."
"다른 곳에서 식당하다가 여기 칼국수집들이 현대화 시설 할 때 들어왔지예."
황창숙(55) 아지매는 이제 3년.
"이곳 칼국수타운에서는 내는 명함도 못 내밉니더. 다 20년 30년 넘은 사람들이라예. 3대째 하는 집도 있고예. 오래된 집은 다 자기 집 단골들이 있으니 꾸준히 장사가 잘 됩니더. 하지만 우리 같은 초짜들은 진짜 힘듭니더. 따라가기가 힘들고 여기서는 안 통하는구나 라는 생각도 들지예. 자리잡는 데 시간이 마이 걸릴 것 같습니더. 10년 정도 돼야…. 아직 한참 멀었지예."
북적대는 다른 집과는 달리 가게 안이 조금 한산했다. 주메뉴는 비빔당면, 손칼국수, 잔치국수가 전부였다. 계절별미로 겨울엔 팥칼국수, 여름엔 콩국수가 있다. 어떤 집은 메뉴에 시락국도 있다. 비빔당면은 생소했다. 그게 뭔가 싶어 물었더니 "1박 2일에서 이승기가 먹는 것 못 봤어예?"라고 반문한다.
칼국수보다 비빔당면이 먼저 나왔다. 뜨거운 물에 불린 당면을 다시 뜨거운 물에 데쳐내어 그 위에 온갖 양념과 오이, 당근 등 채소와 김가루를 듬뿍 뿌렸다. 그것을 비벼서 마치 비빔국수 먹듯이 후루룩 먹는 것이었다. 잔칫상에 올라오는 잡채와는 또 다른 맛이었다. 잡채는 물기가 전혀 없고 조금 시간이 지나 찬 것을 먹기가 일쑤인데 비빔당면은 갓 데쳐낸 것을 따뜻하게 참기름과 간장양념 맛을 느끼며 먹어야 제맛이었다. 처음 먹어보는 것이었지만 입에 당기는 맛이 부드럽고 좋았다.

비빔당면. 당면을 뜨거운 물에 데쳐내어
그 위에 온갖 양념과 오이, 당근 등
채소와 김가루를 듬뿍 뿌렸다.

"화학조미료는 전혀 안 들어가예. 뭐 보다시피 들어갈 것도 없지만예."

창숙 아지매는 간단하게 칼국수 만드는 법을 가르쳐주었다. 밀가루 반죽은 소금간을 조금 해서 하루 정도 숙성한다. 멸치 육수만으로 국물을 내는데 매일 아침 준비하고 12시간 정도 끓인다.

창숙 아지매는 주문을 받아 칼국수를 끓일 때면 숙성된 반죽덩어리를 꺼내어 칼로 떼어 계량저울에 꼭 달았다. 1인분, 2인분 저울에 달아 홍두깨 대신 파이프를 사용했다.

"다른 분들은 오래해서 그런지 손으로 어림잡아 하던데 나는 계량저울을 사용하는 게 편합니더."

오래된 집들 사이에서 자리를 잡고 단골을 확보하는 게 참 힘들다고 했다. 이곳 칼국수는 추억으로 먹는 맛이고 집이기 때문이다.

소머리곰탕, 아지매 손맛이 아니었다!

이칠식당

장터에 가면 그 동네 사람들이 잘 찾는 오래된 밥집이 있다. 이칠식당이 그런 곳 중 하나다. 연화사 쪽 시장 입구를 들어서면 금방 외쪽으로 난 작은 골목길을 만난다. 작은 식당들이 골목을 따라 줄지어 있다. 그곳 어귀에 이칠식당이 있다. 식당 앞 자잘한 화분과 잎 몇 남은 장미덩굴이 있어 정겹다. 유리문으로 불 위에 얹어 놓은 큰 솥이 보인다.

"할머니가 얼추 50년 정도 했어예. 내는 인자 5년 됐어예."

김현경(41) 아지매의 할머니 이임필(89) 씨는 처음에 얼마간 중화요리를 하다가 곧장 소머리곰탕을 시작했다.

"할머니가 손이 컸습니더. 막걸리 한잔하는 손님에게는 그냥 국을 퍼주었지예. 인심이 좋으니 단골들이 많았지예. 할머니가 할 때가 좋았지예. 지금은 시장에 사람이 없어예."

김현경 씨.

현경 씨는 식당 일을 하기 전에 시내에서 옷가게를 했다. 하지만 할머니가 점점 몸이 쇠약해지는 바람에 식당을 놀릴 수는 없고 누군가 해야 할 것 같아서 솥을 꿰차고

소머리수육. 고기는 김해 어방동 도축장에서 가져온다.

덤벼들었다. 할머니가 하는 일을 도우면서 수십 년을 봐 온 일이지만 실제로 하는 건 만만치 않았다.

그런데 아차, 현경 씨는 아지매가 아니었다. 이야기를 하다 보니 마흔이 넘은 '아가씨'였던 것이다. 당연히 결혼하고 자녀 몇 있는 서글서글한 아지매인 줄 알았다. 거기에는 약간의 편견이 있었다. 식당은 일이 좀 많은가. 거기에다 요즘 젊은 사람들이 좋아하는 메뉴도 아닌 소머리국밥에 수육이지 않은가.

"그럼 서른여섯 처자가 국밥집을 시작했던 거네예?"

"온 가족이 다 도왔지예."

처음에는 할머니가 도와줬다. 할머니는 지금도 아침, 저녁으로 2번은 꼭 가게에 들르곤 한다. 국거리에 들어가는 고기를 써는 일은 아버지 몫이다.

가게 수익은 어떻게 하느냐고 묻는 말에 현경 씨는 그저 웃으며 "월급은 없어예" 한마디 흘린다. 더는 물을 수 없었다.

"후회는 안 합니꺼?"

"매일 후회하지예. 재미는 옷가게가 있었지예. 이건 술손님도 상대해야 하니까 아무래도 피곤하지예. 아침에 눈뜨면 내가 왜 이 일을 시작했나 생각이 들다가는 일어나 챙기모는 언제 그런 생각을 했냐 싶게 움직이지예."

특별히 쉬는 날은 없지만 놀고 싶을 땐 논다고 했다. 주로 친구들과 모여 수다를 떠는 일이지만 피곤을 잊는 것으로는 최고의 휴식이라 했다. 고기는 김해 어방동 도축장에서 가져오고 소머리곰탕은 3일 동안 끓인다. 현경 씨는 오전 8시에 나와서 오후 9시에 일을 마친다. 슬쩍 살펴본 내가 보기에 김현경 씨는 이제껏 연애할 시간도 없었던 맏딸에다 집안의 가장인가 싶었다.

소머리수육에 낮술 한잔이면…

이칠식당 안. 마흔이 갓 넘었을까. 평일 오후 3시경인데 낮술을 하나보다, 시장 상인들인가 궁금히 여기는 눈빛을 읽었나보다. "여게 앉아서 같이 한잔할래예?" 일행 중 한 사람이 자리를 권한다. "넘들은 낮술이라지만 우리는 퇴근술이라예. 새벽 2~3시경 일을 시작하모는 보통 오후 2시경 퇴근하니까 이때쯤 한잔하는 거지예." 이름은 밝히지 말라는 이들은 청소대행업체 직원들이었다. "여기가 우리 어렸을 때부터 시장 먹자골목이었어예. 어렸을 때부터 훤히 아는 곳이지예. 이 집은 할매 때부터 다녔던 집이라예."

한낮에 퇴근하는 사람들이 낮술을 마시기엔 이곳 이칠식당만한 곳이 없다고 말한다.

동남아에서 나는 채소 과일은 전부 팔아요!

진주상회

"이거는요, 이거 싱싱하네요."

아이 손을 잡은 예쁘장한 외국인 여성들이 가게 앞을 차지한 채 점원과 흥정을 하고 있었다.

진주상회는 김해전통시장 안에 있는 외국인 전용 채소골목에 있는 가게 중 하나다. 주로 동남아 이민자들이 이곳에서 채소를 사간다. 부산에 사는 이민자들도 쉽게 이곳을 이용하는 이들이 많았다. 생전 처음 보는 채소들이 종류별로 진열되어 있었다.

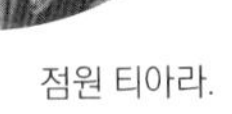
점원 티아라.

손님을 맞이하는 점원의 얼굴을 유심히 보니 한국 사람이 아니다. 티아라(22)는 2010년 캄보디아 작은 시골에서 왔다. 결혼과 동시에 왔지만 지금은 딸과 둘이서 살고 있었다.

"법적 이혼 절차가 거의 끝나가는 중이에요. 아들은 아버지가 데려가고 딸은 저랑 살아요. 이제 2살이어서 출근할 때 어린이집에 맡기고 퇴근할 때 데려와요. 지금은 원아 혜택을 받지 못해 어린이집 회비가 제일 큰 지출이에요."

티아라는 그래도 이곳 생활이 재미있다고 말한다. 일주일에 하루는 쉬고, 오전 8시

부터 오후 8시까지 매일 12시간을 일한다. 임금을 밝힐 수는 없지만 빠듯하게나마 딸과 생활하기에는 무리가 없다고 했다.

"여기 있으면 캄보디아에서 온 친구들도 만나고, 베트남이나 다른 곳에서 왔지만 비슷하게 사는 사람들도 만날 수 있어요."

티아라는 비교적 한국어가 능통했지만 계속해서 들이닥치는 손님들 때문에 더 많은 이야기를 나누지는 못했다. 조금 한가해지는가 싶어 다시 말을 걸려고 했지만 가게 안에서 또 다른 점원이 나와 빨리 들어오라고 한다. 티아라는 늦은 점심 식사를 하다가 손님을 맞기 위해 잠시 나왔던 참이었다.

일찍 나와서 제일 늦게 문 닫는다

한양왕족발

"시장에서 장사한 지가 그러고로 30년이 넘었네예. 왕족발 장사한 지는 17년 넘었고."

박정민(55) 아지매는 나이보다 훨씬 젊어 보였으며 활달하고 싹싹했다. 한 번 온 손님은 절대 놓치지 않을 것 같았다. 가게 진열대에는 꼬리, 껍데기, 귀, 편육 순으로 비닐 포장을 해두었다. 진한 갈색을 띠는, 윤기가 반질한 게 군침이 돌았다.

"우리 집 족발은 소문이 짜한데. 배달은 안 하는데 단골이 많아서 잔치, 행사 등 단체주문이 마이 들어오구만. 매일 아침 6시에 나와서 그날 팔 것은 그날 삶지에. 한약재를 넣어서 삶는데, 무얼 넣는지 몇 시간 삶는지는 말할 수 없어예. 그게 비법이니께."

각종 한약재를 넣어서 삶는다는 족발과 돼지껍데기.

맛도 맛이지만 시내 상점가로 들어서는 시장 입구에 위치해 있어 장사가 제법 잘될 듯했다.

"내는 시장에서 온종일 산다. 시장 가게들이 저녁 8시 되면 문 닫는데 우리

박정민 아지매.

점원 유은주 아지매.

집은 10시까지 문 열어둔다. 아무래도 족발은 술안주니까 저녁 장사아이가."

정민 아지매는 직접 농사지은 배추 속, 짭짜리 토마토, 당조고추를 족발과 같이 팔았다. 이것들은 입안을 개운하게 해서 족발 먹을 때 같이 먹거나 혹은 후식으로 먹기에 좋은 것들이었다.

유은주(45) 아지매는 주인인 정민 아지매와는 달리 저녁 7시면 퇴근을 한다.

"여게서 일한 지 7년 됐어예."

"하이고 오래됐네예. 인자 자매라 해도 되것네. 속사정이야 알 것 다 알 끼고. 싸우기도 마이 했겠네예."

은주 아지매가 말없이 웃고만 있자 너스레를 떨었더니 되레 정민 아지매가 웃음을 터뜨리며 말한다.

"하모. 머리 뜯고 싸우지는 않아도 사람 사는 기 서로 맘이 안 맞을 때가 있으니 목소리 높이고 안 좋은 소리 할 때도 많제. 좋은 일도 많고."

"볼 게 많으모는 손님이 몰려오것지예"

김철희 김해전통시장 상인회 회장

"점포가 180여 개 되는데, 40군데는 비어 있습니더. 상인회 회원은 145명 정도 되는데 60%가 고령자라예. 40%가 50대이고…. 세대교체가 되면 전통시장 활성화가 좀 빠를 것이라고 하는데…."

김철희(57) 회장은 김해전통시장 상인회장을 5년 정도 하고 있다. 김해 토박이인데다 줄곧 김해에서 살아 스스로 '김해를 지키는 토박이'라고 말했다.

김해전통시장은 현대화 사업이 다른 지역 시장에 비해 일찍 시작되었다. 아케이드는 1998년에 했고, 그 이후 오폐수 처리 시설, 도시가스, 대리석 바닥시공 등이 진행됐다. 하지만 초창기 시설이라 현재 이뤄지고 있는 현대화 시설보다 기능이 떨어지고 세월이 흘러 낙후된 모습이다. 시장 골목 정비와 품목 분류 등은 제법 정리가 되어 있는 듯했다.

"화장실은 2011년 전국체전 하면서 만들었는데, 시장 화장실 중 전국 최고일 겁니더. 화장실이 시장의 얼굴이 될 수 있어야지예."

김해전통시장에는 노점상이 그다지 많지 않다. 원래는 5일장 정기시장이 함께 있어 시장 규모도 컸고, 분위기도 훨씬 활기찼다고 한다. 하지만 5일장이 서상동으로 떨어져 나간 지 어느새 20년이 넘었다.

"그때가 현대화 작업을 하기 전인가 봅니더. 다시 합병을 하려고 애는 쓰고 있으나, 이제 오래되다 보니 현실적으로 힘듭니더. 그걸 가져오면 서상동이 낙후될 수도 있고예. 또 거기 상인들은 이미 자리를 잡고 있는데 굳이 옮겨올 이유가 없지예. 그리 되면야 훨씬 좋겠지만…."

이곳 시장은 김해시가 인구가 늘어나고 도시가 규모화되면서 오히려 침체일로를 걸었던 듯하다. 시장 바로 옆에 있던 시외버스터미널이 이전을 한 지도 20년, 신도시 개발을 하면서 대폭 인구 이동이 있었던 것도 20년 전쯤이다.

"이곳으로 오는 노선 버스가 두어 개밖에 없습니더. 노선 버스를 확대해 줬으면 좋겠지만 이쪽으로 오는 버스 이용객이 워낙 적으니 버스회사가 돈이 안 되고, 시가 지원을 하기도 힘들고…."

김해전통시장은 2012년도 상인대학에서 68명이 졸업할 정도로 상인들 열의가 대단하다.

김철희 회장은 이곳 시장의 활성화 방안으로 시장 안 볼거리 조성을 첫째로 꼽았다.

"대형마트, 신도시가 생기면서 사람이 많이 빠져나가버렸지만, 볼거리가 형성되면 사람들이 그래도 찾아올 것 같습니다. 볼거리가 있으면 자연스럽게 먹거리가 형성될 것이고예. 김해가 그래도 가야문화가 발달한 도시인데 이걸 시장 자산으로 끌어들일 수 있는 방법이 없을까 고민도 하고예. 또 시장 안에 문화광장이 있다면 미니 콘서트, 민속행사 등을 유치할 수 있고…. 김해 대표 시장인 이곳을 문화관광시장으로 만들면 좋겠다는 생각을 많이 하고 있지예."

김 회장은 낙후된 시장 환경이 좀 더 개선되기를 바랐고, 시장 규모에 비해 아직 고객쉼터가 없는 것에 몹시 아쉬운 듯했다.

"상인들 서비스 향상만으로 손님을 끌어들이기는 무리지예. 고객들을 위한 복지시설을 늘려야 시장 이용객이 늘어나지예."

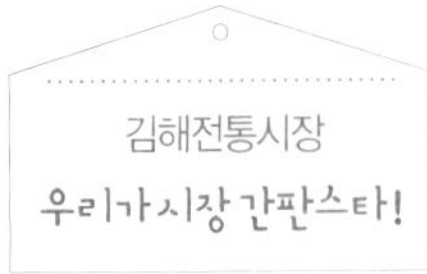

"외국인도 내국인도 모두 만족시키는 시장!"

시간당 일하는 직원이지만 10년 차

자매반찬은 외국인들도 선호하는 반찬이 여러 종류다. 건너편 아시아마트는 상호에서 엿볼 수 있듯이 베트남 등에서 온 이름도 잘 모르는 채소가 여러 종류다. 자매반찬과 아시아마트는 주인이 같은 사람이다.

"처음에 반찬가게만 하다가 아들이 외국 채소가게를 시작했제. 내는 주인이 아이고 일하는 사람이라예. 주인은 오전 6시에 나와서 11시까지만 일하고 볼일 보러 가제. 그라모는 직원들이 판매하고 또 부족한 반찬이 있으모는 다 알아서 만들어 놓지예."

김영란(56) 아지매는 이 가게에서 일한 지 10년 차 베테랑 직원이다. 오전 6시에 나와 오후 3시에 퇴근한다. / 김영란 아지매·자매반찬 점원

"세 자매가 모두 여기서 장사해예"

장터 골목을 돌다가 채소 가게 앞에서 젊은 아지매를 만났다. 더러 젊은 상인들이 눈에 띄었는데 그중에서도 가장 젊은 것 같았다. 미혼일 것 같았는데 결혼한 지 7년 차라는 김연미(35) 씨. 가게 두곳을 운영한다고 했다.

"처음에는 생 통닭을 파는 '하동통닭'을 인수해서 4년 정도 하다가 얼마 전에 바로 붙어 있는 채소가게까지 인수했지예."

상호가 '푸른야채'. 장사라고는 전혀 모르던 연미 씨가 시장 상인으로 발을 내딛게 된 것은 언니의 권유였다. 일찍부터 시장 안에서 자리를 잡은 언니는 쉬엄쉬엄 하면 그럭저럭 할 만하다고 했던 것이다.

"바로 옆 가게는 동생이 하는 홍삼식품이고, 건너편이 언니가 운영하는 건천상회라예."

세 자매가 딱 붙어서 매일 얼굴을 보며 장사를 하고 있다. 일을 하다가 일손이 달리거나 급히 자리를 비울 때는 서로 가게를 봐주는 등 '네 장사 내 장사'가 없었다. 세 자매가 뭉치면 웬만한 일은 거뜬히 해낼 것 같았다. / 김연미·푸른야채·하동통닭

"참기름 짜는 집인데 다른 양념도 잘 나가예"

시장 중앙도로에 있는 참기름 짜는 집이었다. 젓갈이나 여러 양념 종류도 진열이 되어 있었다. "인자 한 30년 넘게 일했나보다." 임씨 할머니는 큰아들과 하다가 지금은 작은아들이랑 하고 있다. 합천 삼가가 고향이라는 할머니는 "늙은이 이름은 말라꼬"라며 이름을 끝내 밝히지 않았다. 삼가가 고향이래서 "그라모 삼가댁이라 할까예"라고 하니 "고마 됐다"라며 입을 다문다. 허리가 아파 꼬부장한 걸음걸이가 불편해보여 뭐라 더 이상 말을 건네기가 송구스러웠다.

"김장철이라 양념이 제일 마이 나가제. 참깨, 마늘이나 이런 거는 창녕 생산지에서 직접 갖고 오거만. 우리 집 꺼는 값도 싸고 물건이 아주 좋은 기라." / 임씨 할머니·동언상회

시장 안 소문난 대박집

제법 널찍한 가게지만 세 아지매가 바삐 움직이기에는 좁아 보였다. 폐백음식점 예가.

"칼국수타운 옆에도 예가 점포가 있던데예?"

"그게는 창고로 쓰고 있제. 이기 일손도 많아야지만 이것저것 딸린 물품들이 많아예."
늘 네 명이 일하는데 이 중 한 명은 오전만 일한다고 했다. 오전에 일하는 아지매는 전만 부치는데 손이 안 보일 정도라고.
"여기 일하는 아지매들이 전부 달인이라예. 이 아지매는 꼬치 달인, 또 이 아지매는 동그랑땡 달인… 다들 빨리 일하는 것 보면 입이 다물어지지 않지예. 아이고, 토요일 잔칫상이 나가는데 그때 왔더라면 구경할 기 더 많았을 낀데 아깝네."
옥희 아지매는 8년 전에 폐백 이바지 자격증을 따고 이 일을 시작했다. "자격증을 따서 하는 사람은 별로 없제"라고 말하는 옥희 아지매의 얼굴에는 자부심이 가득했다. 밝게 웃는 얼굴에 일머리도 있고 손이 빨라 손님들도 좋아할 것 같았다.
옥희 아지매는 폐백음식은 가격이 정해져 있지는 않다고 했다. 주문하는 사람이 생각하는 예산에 맞춰서 만든다. 많게는 200만 원에서 적게는 50만 원짜리도 있다. / 박옥희 아지매 · 폐백음식 예가

"매일 첫 손님 수익의 반은 기부합니더"

"제 어머니는 50년 동안 시장에서 생선 장사를 했습니더."
그 오래된 가게를 아들이 물려받았다. 윤씨상회 윤정호 아재.
"나야 인제 가게 물려받은 지 8년 정도 됐지만 우리 집 손님 중

에는 40년 이상 거래하는 사람도 있지예. 그런 손님이 어머니가 물려주신 재산이지예."

'물이 좋은' 가게였다. 좌판에 내놓은 생선 종류와 짜임새가 보통이 아니었다. 규모도 번듯했다. 대뜸 윤정호 아재가 "우리 집이 '첫손님가게'라예. 들어봤심니꺼?"라고 묻는다.

'첫손님가게라니?' 난생처음 듣는 말이었다. 그제야 가게 입구에 달려 있는 '첫손님가게' 명패를 다시 보게 되었다. 첫 손님가게란 우리 동네 기부가게로 생명나눔재단의 생활 속 기부 콘텐츠 중 하나였다.

"매일 첫 손님한테 판 수익의 반을 기부하는 겁니더. 보통 하루에 만 원 정도 됩니더. 한 달 기부 상한선이 20만 원이라예."

김해전통시장에서 유일한 '첫손님가게' 윤씨상회. / 윤정호 아재·윤씨상회

"큰아 업고 다니면서 장사했제"

시장 중앙통로에서 옆으로 난 작은 골목 어귀였다. 그늘지고 사람이 드문 위치라 을씨년스러웠다. 키가 겅중하니 큰 아지매는 끝내 이름을 밝히지는 않았다.

"우리 집 큰아 업고 다니면서 했제. 내가 한 40년 했고, 친정어머니가 내 낳기 전부터 생선장사를 했는 기라. 김장철 되면 사람 천지였는데 요새는 사람이 없다아이가. 이리 뒤로 나앉은 골목에는 사람이 더 안 온다예. 오늘은 장사가 영 그렇거만."

짧은 해는 어느새 기울어가고, 오후 4시가 넘어가자 시장 안은 벌써 파장 분위기였다. 마산해물 아지매 얼굴은 밝지 않았다. 사람 좋은 얼굴로 주차장 가는 길을 가르쳐주던 아지매였지만 주섬주섬 좌판을 챙기는 얼굴에는 어느새 눈 밑 그늘이 깔렸다. / 마산해물 아지매

김해시 즐기는 법

김해는 도시 전체가 가락국(AD 42~532년) 문화유적으로 둘러싸여 있다. 도심 속에서 고분군을 구경하며 산책할 수 있다. 옛 역사와 오늘의 문화를 한꺼번에 느낄 수 있는 곳도 이곳 김해다. 대성동고분박물관, 가야의 거리, 김해문화원, 연지공원, 김해한옥체험관 등이 가까이 있다.

수로왕릉 首露王陵

수로왕릉은 가락국의 상징적 문화유적이다. 김해 김씨, 허씨, 인천 이

씨의 시조이며 가락국을 창건한 수로왕을 모신 능침이다. 수로왕은 알 중에서 맨 처음 나왔다 하여 '수로'라는 이름이 붙여졌다 한다.
삼국유사-가락국기에 따르면 199년 수로왕이 158세로 붕어하자 대궐 동북쪽 평지에 높이 일장一丈의 빈궁賓宮을 짓고, 장사를 지낸 후 주위 300보를 수로왕묘首露王廟라 하였다고 전한다. 1963년 사적 73호로 지정되었고, 1994년 현재 모습으로 정비됐다.

위치 경상남도 김해시 서상동 312 (가락로93번길 26)

봉황동 유적

사적 제2호. 한국 선사시대의 유적지 중에서 학술적 가치가 높은 유적지로 알려져 있다. 김해토기金海土器라고 명명命名된 토기의 조각들이 가장 많고, 도끼와 손칼 등의 철기가 출토됐다고 한다.
철기시대 초기의 것으로 높이가 7m, 동서의 길이 약 130m, 남북의 너비 약 30m의 낮은 언덕 위에 이루어져 있다. 금관가야 최대의 생활 유적지인 봉황대는 2001년 회현리패총과 더불어 '김해 봉황대 유적'으로 확대 지정되었다.

위치 경상남도 김해시 봉황동 253

점점 젊어지는 시장통, 젊은 소비층을 잡아라

창원 명서시장

창원 명서시장은 '젊다'. 물론 젊은 상인들이 많아 한층 활기차 보이기도 하고, 다른 전통시장에서 보기 힘들 만큼 현대적이어서 젊어 보이기도 한다. 우리들 떡 배경미 아지매.

요새 사람 입맛을 살려 맹글어

"아지매라 쿠기는 너무 젊어서…. 새댁이라 해야것네예."

"아이고, 무신…. 이제 아지매지예. 스물아홉에 시작해서 이제 6~7년 됐나예, 결혼해서 둘이서 빨리 돈 모을라꼬 시작한 게….

젊다. 떡집 주인이 '새댁'이다.

'우리들떡' 배경미 아지매는 친정이 마산어시장에서 전통떡집을 오랫동안 했다. 어렸을 때부터 집안에서 떡 만드는 걸 보고 자라서 쌀을 찌고 빚고 하는 떡 만들기가 그리 어렵지는 않았다.

"평생 떡 냄새를 맡고 사네예. 온 몸에 떡 냄새를 달고 있지예."

새벽부터 밤까지, 종도 없는 작업인지라 육체적으로는 힘들지만 장사하는 게 재미있다고 했다.

"어머니가 하던 옛날 방식이 아니지예. 그때보다 시설이 좋고 떡 종류도 훨씬 다양해졌지예. 우리 집은 젊은 사람들 입맛에 맞게 만들려고 하지예. 제가 인자 삼십대 중반이니 젊은 사람들 입맛이나 취향을 잘 알고예. 아무래도 전통떡이라기보다는 퓨전으로…."

마음은 청춘이라니께

"내가 아침에 사부작 나가 봄처니맹키로 캤다아이가."

시장 안 농협 앞에서 옷을 겹겹이 입고 목도리를 친친 두르고 냉이를 다듬고 있다. 명서2동에 산다는 여든네 살의 할매는 직접 다듬은 냉이 한 대야를 2000원에 사가라 했다.

여든 네 살의 할매는 쌈지가 든든해야 자식들 눈치 보지 않는다며 냉이 다듬는 손을 놀리지 않았다.

상가건물형으로 깔끔하게 정돈된 시장 골목.

"이거는 내가 밭둑에서 캐온 기라예. 팔룡동 쪽 산 밑에 가모는 새파랗게 마이 난다 안쿠나. 시장에 온제 오냐고? 오고 싶으몬 오고 오기 싫으몬 안 오제. 그래도 이 자리가 내 자리다아이가."
쌈지가 든든해야 자식들 눈치 보지 않는다며 냉이 다듬는 손을 놀리지 않았다.
허리도 제대로 펴지 못하지만 얼굴 가득 환한 웃음이 봄처녀 같고 마음은 연분홍 봄빛이다. 할매, 참 젊네예.

역사가 짧은 만큼 더 경쟁력 있다

창원 명서시장은 '젊다'. 물론 젊은 상인들이 많아 한층 활기차 보이기도 하고, 다른 전통시장에서 보기 힘들 만큼 현대적이어서 '젊어 보이기'도 한다.
시장 골목에서 만난 '우리들떡' 배경미 아지매나 여든이 넘은 할매가 싹싹하게 건네는 말에서 상인들 의지나 친절도가 엿보인다.
창원 명서시장은 다른 전통시장에 비해서 역사가 짧다. 창원이 계획도시로 들어서고 이곳에 주택가가 형성되면서 자연 발생적으로 시작됐다. 명서동은 옛 명곡마을, 서곡마을, 지귀마을을 합쳐서 말한다.
"먼저 상가건물이 1984년쯤 세워졌고 1987년 무렵 시장이 형성됐지요. 그리고 2005년에 정식으로 시장 등록이 됐습니다. 시장 형성 당시는 여기가 주택가였습니다. 지금도 사방이 주택가고, 상가지요."
길게는 100년, 짧게는 수십 년 된 다른 전통시장에 비해서 역사는 짧은 편이다. 그만큼 현대적인 시설에 젊은 상인들이 많은 편이다.
이곳 시장은 면적이나 규모도 크다. 간판 정리가 잘 되어 있어 시장 골목을 돌다 보면 자연스레 눈이 간다. 상가건물형의 장점이 돋보이기도 한다. 다른 시장에서는

볼 수 없는 농협, 목욕탕, 병원, 학원 등을 시장 안에서 쉽게 볼 수 있고, 주택가 한가운데 자리잡고 있어 주민들에게는 접근성이 좋다. 현재 공영 화장실은 없고 상가 화장실을 개방하고 있다.
소비자들이 대형마트나 백화점을 선호하면서 전통시장 이용을 꺼리는 이유는 뭘까?
"창원 명서시장이야 현재 넓은 주차장이 운영되고 있지만 주차 문제도 그렇고, 비나 햇볕 가림막 지붕, 더위와 추위 등 대부분의 전통시장에는 해결해야 할 문제가 많습니다. 최근 시장 현대화로 많은 부분이 보완되었지만, 여전히 고객들이 불편해 하는 부분은 숙제로 남아 있습니다."
전통시장 상인들의 고민은 누구보다도 깊다. 살 길이 달려 있기 때문이다.
창원 명서시장은 요즘 사람들의 취향이나 소비 형태에 맞춰 다양한 생산, 판매를 고민하고 있다. '젊은' 시장이 되기 위해서 소량 포장, 위생 문제, 가격과 원산지 표기 등 고객을 위한 꼼꼼한 전략을 세우고 상인들끼리 점차 변화하려는 의지를 북돋워가고 있다.
"콩나물도 500원어치 달라고 하면 팔고, 두부도 반 모만 달라 하면 그것도 포장해

줄 수 있는 마인드가 생활이 되어야 합니다. 지속적인 상인 교육을 통해 적극 권하고 있는 중입니다."

먼저 동네 주민들 마음을 얻고 싶다

전통시장은 대형마트에 비해 공산품보다 농수산품이 경쟁력이 있는 편이다. 아예 농수산물 중 몇 가지 품목을 특화하는 것도 방안일 것이다. 시장 인근 지역에서 무가 많이 나면 계약재배로 공동구입하는 것도 좋고, 무를 이용한 맛집, 주전부리 등 먹을거리도 개발하고, 그에 맞는 이벤트나 문화마당을 열어보는 것도 새로운 시도일 것이다.

이곳 창원 명서시장에서도 이런 노력은 꾸준히 시도되고 있다. '오래뜰 쌀'은 창원 명서시장이 내놓은 자체 브랜드다. 창원 농민들이 직접 재배한 백미를 대산미곡처리장에서 매입·도정하여 마트, 식당 등지에 납품하고 있다. 오래뜰 쌀은 '햇살 좋은

창원 명서시장에서는 고객평가제와 가격 표시 등 다양한 시도들이 눈에 띈다.

전통시장은 대형마트에 비해 공산품보다 농수산품이 경쟁력이 있는 편이다. 아예 농수산물 중 몇 가지 품목을 특화하는 것도 방안일 것이다.

날 햇살을 가득 담아 창원의 농민들이 직접 재배한 쌀'임을 내세우고 있다. 10kg, 20kg짜리 소포장으로 원하는 걸 고를 수 있다.
이곳 시장에서는 택배 배달 등 배송 서비스를 운영하고 있다. 2009년 도내 최초로 배송 서비스를 시작해 고객들의 주목을 끌었다. 시작한 지 이제 5년이 되었다. 상인회에서 직접 운영하는데 배송 차량으로는 다마스가 있다. 상인들이 공동으로 사용하는 차량이다.
"택배는 주로 떡집, 옷집, 채소집 등이 이용을 많이 하는 편입니다. 그런 가게에서 아무래도 단체 주문이 많으니까…."
또 장보기 도우미 서비스 제도가 있다. 맞벌이 부부나 시장을 맘대로 보지 못하는 소비자들을 위해 운영한다. 3명의 도우미를 두고 있는데 앞으로 좀 더 활성화되길 기대하고 있다.
"90년대까지는 정말 좋았습니다. 2000년 이후 대형마트 등이 들어설 때 너무 쉽게 생각했어요. 아차, 싶었을 땐 이미 대응이 늦었더라고요. 한 번 간 소비자를 다시 잡는 건 참 힘듭니다. 지금이라도 시장을 이용하는 소비자들을 확실히 잡아야지요."
창원 명서시장은 '함께하는 시장, 보답하는 시장 그리고 전통과 현대의 맛과 멋을 느낄 수 있는 즐거운 만남'을 내세우고 있다. 또 가까이 있는 주민들에게 사랑받고 신뢰받는 시장을 만들기 위해 지역주민들과 함께하는 다양한 행사들도 마련하고 있다.
"우리가 바라는 시장이야 주민들이 동네 마실 나오듯이 시장을 둘러보고, 상인들도 지역공동체라는 연대 의식을 마련해나가는 거지요. 365일 사람이 와글와글 북적북적대는 시장, 언제 다시 볼 수 있겠지요."

창원 명서시장 경상남도 창원시 의창구 명서동 75 (원이대로189번길 42)

장터에다 어떤 특색을 만들어야 될까요?

허남명·창원 명서시장 상인회장

"노력 중입니다. 여기 떡집들이 다른 시장보다 맛있다 하고 또 일곱 군데나 돼, 떡집을 특화하면 어떨까 하는 생각도 하고 있는데 쉽지는 않네예…. 떡이라는 게 잔칫집이나 단체 주문이 많은 거 잖습니꺼? 소비자들이 떡을 사면서 아무래도 다른 것도 사기 마련이지예. 잔칫집에 떡만 필요한 게 아니니까 연계 품목이 좀 많습니꺼."

허남명 상인회 회장은 특색 있는 시장을 만들면 지역민 이용률이 높아질 거라고 생각한다. 창원 명서시장에는 400여 명의 상인들이 있다.

"젊은 상인들이 많은 편이지예. 점포 214곳 나머지는 노점상이고, 회비는 월 2만 원입니더. 노점상이든, 점포상이든 회비 액수는 똑같은데 노점을 전통시장에서는 인정해줘야 합니더. 그기 사는 길입니더."

창원 명서시장 고객층은 다른 시장에 비해 젊은 층이 많은 편이다. 시장을 한 바퀴 돌다보면 '젊은 시장' 분위기가 충분히 느껴진다.

"고객층이 30대 중반 이상인데, 20대로 끌어내려야 합니더. 그러기 위해서는 장터에서만의 문화가 있어야 하지예. 즐길거리, 볼거리, 먹을거리 3박자가 맞아야 시장이 풍성하고 그래야 사람들 발길도 자연스레 따라옵니더."

현재까지 창원 명서시장은 2009년, 2011년 두 차례에 걸쳐 시설 현대화 사업을 마쳤다.

"아케이드 공사만 해도 60억 원이 들었을 겁니더. 상인들도 좋아했지만 고객들이 아주 좋아하더라고예. 시설이 좋아지고부터 시장 이용률이 얼마만큼 증가했다고 수치를 얘기할 수는 없지만, 상인이나 고객 모두 반응이 좋은 건 확실합니더."

허 회장은 소비자들이 제일 민감한 것은 가격과 품질이라고 말했다. 그래서 앞으로 로컬푸드 공동구매와 협동조합 방식을 적극 고민하고 있다고 말했다.

"로컬푸드 형태로 계약재배를 하면 고객에게 좀 더 좋은 품질을 싸게 팔 수 있지예. 전통시장도 대형마트 등에 대비하는 경쟁력을 갖춰나가면 되지예. 그러면 당연히 이용률이 증가할 거라 봅니더."

허 회장은 소비자와 함께하는, 고객과 상인이 한마음이 되는 협동조합을 강조했다.

"이용 배당이 소비자에게 돌아가고, 상인들은 공동구매로 품질 좋은 것을 싸게 사들일 수 있고…. 모두 윈윈하는 전략이라예."

상인회에서는 지난해 세일 경품 행사, 한여름 밤의 음악회, 중학생을 대상으로 학생체험학습을 하기도 했다. 학생들이 직접 시장 상인 체험하여 올린 판매 수익금은 해당 학교에 장학금으로 주기도 했다.

"시장은 지역민들과 함께해야 합니다. 주민으로부터 받은 것을 일부 나눠주고 되돌려 줄 수 있어야 한다는 생각입니더."

허 회장은 무엇보다 많은 고객들이 걸음하기 위해서는 문화가 있어야 한다고 재차 강조했다.

"문화가 있는 시장을 만들려고 합니다. 현재 중기청에 신청을 해놓은 상태인데 11월에 결과가 좋았으면 합니다. 창원 명서시장은 활성화할 만한 자원을 충분히 가지고 있습니다."

시장 돌아가는 살림살이야 훤하지예~

변현석·창원 명서시장 상인회 사무장

다른 시장의 상인회 사무장이 대부분 상근 직원이라면 창원 명서시장 상인회 사무장은 무급 봉사제다. 현재 변현석(42) 사무장은 6개월째 사무장으로 활동 중이다. 그가 내민 명함에는 엘지전자 판매매니저라 적혀 있다. 그렇다면 어떻게 시장 사무장이 됐을까.

"저쪽 시장골목에다 식당도 하나 하고 있습니더."

변 사무장은 아내와 함께 '꽃보다 소'라는 식당도 운영하고 있다. 식당일은 야무진 아내가 꿰차고 있다고 너스레를 풀었다. 변 사무장은 상인들 이야기도 들어야 하고, 시장 살림도 살피고, 회장님과 해야 할 일에 발걸음이 바쁘다고 했다.

상인회 회원 누구나 사용할 수 있는 배송 차량에는 '창이와 원이' 캐릭터가 그려져 있다. 소비자들이 이용할 경우 가까운 곳은 무료이고, 동 단위를 벗어난 곳은 약간의 배달료만 내면 된다.

장보기 도우미, 전화 주세요

이은주 · 장보기 도우미 서비스 콜센터

“장보기 도우미를 이용하면 좋은 게 참 많은데…, 고객들이 아직은 주저하는 것 같아예. 좀 더 활성화되었으면 좋겠어요.”
이곳 시장 상인회에서는 ‘장보기 도우미 서비스제도’를 운영하고 있다. 이은주(46) 씨는 이곳 장보기 도우미 서비스 콜센터 직원이다.

“지금 이용객은 주로 임산부, 맞벌이 부부 등이라예. 명서동 같은 가까운 지역은 배달료가 전혀 없고예, 도계동은 배달료가 조금 붙습니더. 다들 단골집들이 있으니 전화를 받으면 “어떤 물건은 어느 집에 가서 사 주세요”라고 콕 찍어서 얘기해줍니더. 그리 말해주는 게 오히려 수월하고예.”
이은주 씨는 콜센터에 장보기 서비스 신청을 할 때 소비자들이 내용을 좀 더 구체적으로 이야기하는 게 제대로 이용하는 방법이라고 했다.

"반찬 장사는 앞으로 유망 업종이지요"

만나반찬

"비전이 있습니다. 요새는 전부 맞벌이라서 반찬 만들고 있을 틈이 없지요. 거기에다 요즘 사람들은 반찬을 제대로 만들 줄 아는 사람이 없어요. 점점 더 그렇게 되지 않겠어요."

만나반찬 고영임(58) 아지매의 '반찬가게 전망론'을 들으니 '아 그렇구나'며 단번에 고개를 주억거리게 된다. 영임 아지매는 경상도 토박이말을 쓰지 않았다. 결혼하면서 경상도로 온 지 꽤 오래됐지만 말씨라는 게 잘 안 바뀐다는 게 아지매가 덧붙인 말이다.

만나반찬은 20년째다. 처음 시작할 때보다 훨씬 규모가 커져 지금은 시장 안에 본점과 분점을 따로 두고 있다. 일하는 사람이 6명인데 시어머니, 올케, 남편, 아들 등 온 가족이 뭉쳐서 일하고 있다. 그만큼 잘 되고 있고, 일손마저 허투루 따로 쓰지 않고 집안에서 다 동원하고 있다.

"짬짬이 알바 아지매들이 오기도 하지요. 여기서 만드는 반찬 종류가 150여 가지예요. 이렇게 많은 종류가 있나 싶어 감탄할 정도지요."

고영임 아지매와 아들 박경웅 씨.

가게 앞 진열대에 놓여 있는 반찬들이 엄청나다. 무슨 반찬인지 일일이 열거할 수 없을 정도로 진열대는 꽉 차 있다.

"음식은 센 불에 단시간에 많이 하는 게 맛있답니다. 집에서 소량으로 하기보다는 한 번에 양을 많이 하는 게 맛이 나요. 거기에다 불 조절이 중요한데, 집에서는 센 불을 확실히 할 수 없는 조건이지요."

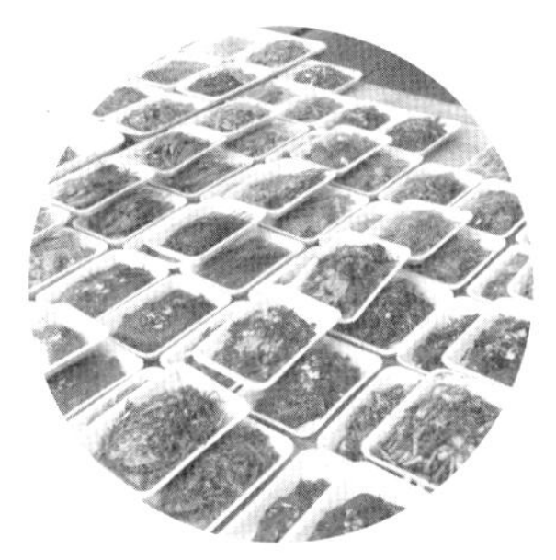
진열대에 놓인 소포장 반찬들.

만나반찬은 이곳 시장 안에서는 '대박가게'로 손꼽을 만하다. 가장 잘나가는 가게라는 뜻이다.

"아들이 내년에 결혼해서 이어받을 거랍니다. 우리 아들이 손맛이 있더라고요. 평소에 물 한 컵 안 떠먹던 아이가 언젠가 요리사가 아플 때 앞치마를 하고 꿰차 앉더라고요. 동물생명공학을 전공했는데 이제는 전공과는 상관없는 길을 선택했지요."

때마침 본점에 갔던 박경웅(31) 씨가 들어왔다. 경웅 씨는 3년째인데 어느새 요리할 수 있는 반찬 가짓수가 100여 종류다. 그는 "음식 만드는 게 할수록 재미나요"라는 말만 했다.

"우리 집 게장은 알아줘요. 호박죽, 얼갈이김치도 소문났고요. 얼갈이김치는 조미료보다 새우젓으로 맛을 내니까 훨씬 시원하고 깔끔하지요. 김치국물이 맛나니까 그 국물에 국수 비벼 먹으면 최고지요. 일주일에 한 번 나오는 선짓국도 국내산으로만 하는데 많이 찾아요." 만나반찬은 워낙 많은 반찬 가짓수 때문에 요일별로 대표 반찬이 다르다. 손님들은 또 기가 막히게 어느 요일에 어떤 반찬이 나오는지를 알고 찾아온다고. 현재는 온라인 판매도 시작했다.

"중·고등학생들은 1000원 할인해줘요"

명서밀면

30년 전통의 밀면집이다.

"사골육수 내고, 직접 반죽해서 기계로 뽑고… 할 일이 좀 많아요." 명서밀면 최창수(56) 아재와 이명기(54) 아지매는 점심 식사 시간이라 펄펄 끓는 솥 앞에서 면을 삶고 담아내느라 잠시 앉을 틈이 없었다. 명서밀면은 물밀면, 비빔밀면이 전문이고, 겨울 메뉴로 해물칼국수를 더 하고 있다. 시장이 만들어질 때부터 자리잡고 있어 제법 입소문이 나 있고, 단골이 많은 집이다.

이명기·최창수 부부.

"우리가 장사한 지 20년 정도 됐네요. 앞에 하던 사람이 친구였는데 그대로 인수했으니까 30년이지요. 서울에서 살다가, 처음에는 잠깐 살러 오는 기분으로 장사를 시작했는데 서울보다 살기 편해서 눌러앉아버렸네요. 그럭저럭 세월이 이리 됐네요."

명서밀면을 찾은 날은 꽃샘추위

비빔밀면.

해물칼국수.

가 덮친 날이라 뜨끈뜨끈한 게 당기는 날이었다.

"우리 집은 물밀면이 최고예요. 먹어본 사람들 100이면 100, 다 최고라 하지요. 근데 오늘은 날이 추워서 찾는 사람이 없네요."

시장통을 몇 시간 돌아다닌 터라 도저히 물밀면은 엄두가 나지 않았다. 비빔밀면과 해물칼국수를 먹었다. 해물칼국수는 육수 맛이 깔끔하고 시원했다.

"재료를 최상으로 쓴답니다. 간장, 고춧가루 등 모두 국내산으로 되도록 최고를 쓰려고 해요. 자부심을 갖고 하니 손님들이 그걸 알아주는 거지요. 평일보다 주말, 휴일이 잘된답니다. 손님들이 대부분 젊은 층인데, 가족 단위로 많이 와요. 또 학생들이 많이 옵니다. 중·고등학생은 1000원 할인을 해주거든요."

더러는 여학생 때부터 많이 먹었다며 옛 생각이 난다고 찾아오는 새댁들도 있다.

"요즘은 겨울에는 손님이 많지 않으니까 둘이 해도 됩니다. 4월부터는 알바 아지매를 불러야 되고요."

물밀면 5000원, 비빔밀면 6000원, 해물 칼국수 6000원이다.

단골손님들. 시장 주변에 있는 단체나 주민들의 모임 장소로 곧잘 이용된다.

"꼬막 장사하면서 벌교 사람이 다 됐어예!"

벌교꼬막집

벌교꼬막집은 시장 사람들 얘기를 들어보니 '식사 때면 바글바글하는 집'이란다. 거기에다 이 집은 또 유별난 식당이기도 하다. 식당을 하고 있지만 음식 장사만 잘 하고픈 게 아니라, 자리잡고 있는 동네 지역민들과 '함께하는 동네-좋은 이웃-좋은 세상'을 만들어가고픈 식당이다.

말은 없지만 웃는 모습이 선한 벌교꼬막집 주인 이명옥 아지매.

식당을 한 지는 이제 3년 됐다. 식당 경력으로 치자면 새내기다. 그런데 점심시간에 10개가 되는 테이블이 꽉 차서 자리를 잡기가 힘들었다. 햇수에 비해 빨리 자리잡고 입소문이 나 있는 듯했다.

"내는 할 말이 별로 없어예. 성격상 사람 대하고 이야기하는 게 힘들어서…. 그냥 손님들 맛있게 먹을 수 있도록 이것저것 열심히 만들기나 하지예. 우리 바깥양반이 사람을 좋아하고 이런저런 일들을 사람들과 같이 하려고 애를 많이 쓴다예."

이명옥 아지매.

명옥 아지매는 손으로 입을 가리며 수줍게 웃었다. 홀서빙은 붙임성 좋고 싹싹한 아지매를 두고, 자신은 주방 아지

꼬막 정식 한상에 8000원.

매와 함께 음식 만들기에 전념하는 듯했다.

"예전에는 건강원을 했어예. 식당이나 건강원이나 먹는 걸로 사람들 몸을 보하는 것은 마찬가지라예. 건강원 할 때보다 이게 좀 더 힘들지만 음식을 만드는 것이 재미있어예. 다들 맛있다고 말해주니 고맙고 더 힘나고예."

'톡톡 까먹는 재미, 탱글탱글하고 쫄깃쫄깃 씹어 먹는 재미'를 한꺼번에 주는 게 꼬막이란다. 꼬막전 5000원, 무침, 숙회 1만 원이다. 꼬막정식이 2인상부터 가능할거라 여겼지만 이 식당에서는 1인상도 가능하다.

벌교 꼬막집은 '8000원의 만족을 안겨주는 꼬막요리전문점'을 내세우고 있다. 다른 식당에서 볼 수 없는 포스터나 현수막이 손님들도 한눈에 알 수 있게 벽면 가득 붙어 있다. '만남 미소 즐거움 나눔 행복 감동' '당신의 이름으로 불우이웃을 도와드립니다' 등 식당이지만 주인의 품성을 엿볼 수 있는 이벤트와 홍보 멘트다. 시장에서 하는 행사나 캠페인 중에 알릴 건 제대로 알리고, 참여시킬 건 제대로 참여시키자는 주인장의 취지가 돋보였다.

"무신 떡 찾아예?"
말만 잘 하몬 맛난 떡이 한보따리!

부영떡집

"외갓집이 떡집을 했어예. 친인척 중 하는 사람이 있어야 배울 수 있습니더. 꾸준허게 입소문을 타야 허고…"

방봉선 아지매는 15년째 하고 있지만 힘든 직종이라고 말했다. 어떤 떡이 잘 팔리느냐 물으니 "팥시루가 맛납니더. 팥을 가루내지 않고 통팥을 쓴다예." / 방봉선 아지매

큰집떡방아

"큰집떡방아를 한 지는 8년 정도 되네요. 주 종류가 20여 가지인데, 이 중에서 영양모듬떡이 잘 나가는 편이지요. 관공서나 단체에서 주문을 많이 하지요."

김종민 아재. 떡집을 하기 전 떡 관련 업체에 있었다. 떡을 직접 만들어 팔고 있으면서 전통떡 연구도 하고 있다 한다. / 김종민 아재

서울떡집

"여기서 떡을 배웠고, 가게를 그대로 인수했습니다."

김광복 아재는 떡집을 한 지 10년째다. 쏠쏠한 편이라고 했다.

"아무래도 잔칫집과 개업집 주문이 많아예. 우리 집은 다 맛있지만(하하), 모듬송편이 맛있습니다." / 김광복 아재

이 외에도 창원 명서시장에는 우리들떡, 맛조아, 낙원떡, 명곡떡 등 몇 군데의 떡집이 더 있다. 다른 시장에 비해 떡집이 많은 편인데, 아무래도 젊은 소비자가 많고 '빵보다 떡'을 더 쳐주는 요즘 변화된 식생활이 반영된 영향이라고들 말했다.

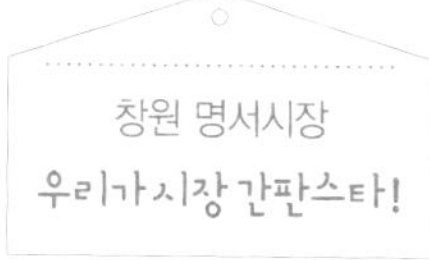

'장사 맛'을 제법 안다고 소문난 상인들…
"창원 명서시장으로 오이소~"

"3가지 원칙 지키면서 운영해예"

풍년방앗간은 원산지, 가격 표시를 잘 하는 집으로 평이 나 있다. 안진기(54)·윤원옥(48) 부부가 방앗간을 한 지는 이제 11년째.

"처음에는 속옷가게를 했는데 업종을 바꿨어예. 다들 친인척 중에 하는 사람이 있어 시작했냐고 말하지만 원래 앞집이 방앗간이었어예. 그때 배웠는데 앞집이 방앗간을 접는다고 해서 전부 인수했지예."

안진기 아재는 방앗간을 운영하면서 3가지 원칙을 내세우고 있었다.

"첫째는 위생적이고, 둘째는 정량, 원산지 속이지 말고 정직하게, 셋째는 서비스라예. 이거는 꼭 지키려고 합니더."

풍년방앗간은 밝고 환한 실내 분위기에 정돈이 잘 되어 있다. 진기 아재는 돼지감자를 볶고는 우엉을 볶고 윤원옥 씨는 고춧가루를 찾는 손님을 챙기고 있었다. / 안진기 윤원옥 부부·풍년방앗간

살가운 얼굴로 하루 12시간 넘게 손님 맞아

"이 자리에서는 16년째 하니까, 30대 후반부터 장사했어예. 시작할 때부터 그럭저럭 할 만했어요. 쏠쏠허니 재미가 좋았지예."

튀김, 김밥, 어묵, 순대 등 종류가 다양하고 노점이지만 다른 자리보다 2배 정도 면적을 차지하고 있다. 이용덕·박영점 부부의 얼굴이 정겹기만 하다. 손님들이 기분 좋게 먹을 수 있는 분위기를 만들어 주고 있다.

"오전 10시 반부터 밤 12시까지 장사합니더. 정리하면 오전 1시에 마치니까 잠자는 시간 빼고는 여기 붙어 있는 거지예." / 이용덕 박영점 부부·부산떡볶이

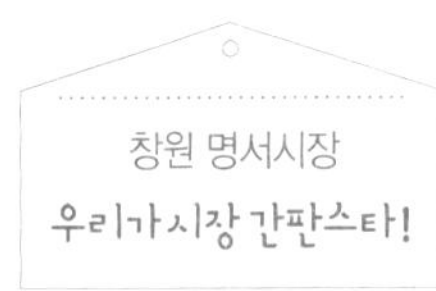

맛있는 두부 만들려고 전국을 돌아

즉석두부집 11년째. 나란히 있는 풍년방앗간과 같은 햇수다.

"식당하다가 좀 더 좋은 음식을 공급하자는 생각으로 시작했어예. 두부는 가장 좋은 식품이잖아예."

김영자(47) 아지매는 즉석두부를 시작할 때 전국을 다녔다.

"맛있는 두부를 만들라꼬 발품을 마이 팔았습니다."

국내산 콩 두부는 3000원, 수입콩 두부는 1500원이다. 즉석두부는 다른 친환경 브랜드 두부보다 같은 값이라도 양이 많다(한 모 550g). 또 매일 그날 만든 두부를 먹을 수 있다. 쿠폰 15개를 모으면 수입콩으로 만든 두부 한 모를 공짜로 준다. 영자 아지매는 상인대학을 열심히 다니고 가게 운영을 아주 잘 해 점포가 '더베스트샵'으로 선정되기도 했다. / 김영자 아지매·즉석두부

계절 따라 파는 것도 바꿔

"큰애 임신하고 시작했으니 23년째네예."

꽃샘추위에 따뜻한 어묵 국물과 호떡이 더욱 맛있어 보인다.

"여름에는 식혜, 콩국 팔고 명절에는 강정, 겨울에는 호떡, 봄가을에는 도넛을 팔아예. 호떡이나 어묵이 계절 타는 거니까 일 년 내내 이것만 하고 있다가는 아이들 공부 못 시킨다아입니꺼."

이경임(47) 아지매는 결혼해서 맞벌이하다가 옆에서 과일장사하는 고향 오빠가 장사를 권해서 시작했다. 처음부터 호떡을 한 건 아니다.

"채소 6년 하고 바꿔버렸지예. 처음에는 여기가 시장이 아니고 주택가 상가여서 단속에 걸리기도 하고 그랬어예. 그래도 마트 생기기 전에는 장사가 먹고살 만했어예." / 이경임 아지매·소문난영심이호떡

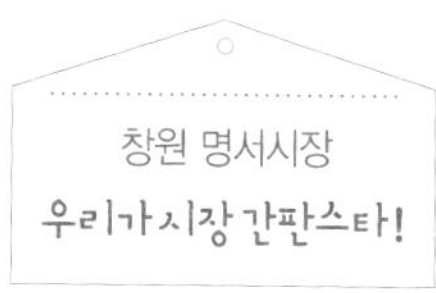

"산지 직송 싱싱한 수산물도 많습니다"

경험 살려 싱싱한 수산물로 정직히 장사

홍재학(44) 아재는 갓 서른 넘겼을 때부터 생선가게를 했다. 젊은 사람이 하기 쉽지 않은 장사인데 친인척 중 하는 사람이 있었나 싶었다.

"원래 수산냉동도매유통에 있었습니더. 그래서 남들이 생각하는 것보다 시작하기가 어렵지 않았습니더."

창해수산 물건은 대부분 마산, 통영, 부산에서 직접 가져온다. / 홍재학 아재·창해수산

"자리없는 설움 마이 겪었제"

"처음에는 설움이 많았제. 자리가 없어가꼬 옮기다닌다꼬 말도 못하지예. 고향도 아이고. 이 자리도 권리금 마이 주고 산 거 아이가. 내가 좀 욕은 잘 해도 인심이 좋아서 에북 단골이 있지예."

이점아(76) 아지매는 10년째 같은 자리에서 장사를 하고 있다. 미더덕, 홍합, 바지락 등 생선 말고 해물 종류만 판다. / 해물 파는 이점아 아지매

"인자는 자슥들이 환갑상 채려주겠지예"

"이 자리에서만 20년 장사했어예. 그러고 보니 올해 우리 마나님 환갑이네예" 하며 웃는 헌덕 아재와 정순 아지매는 농협 앞에서 생선, 건어물, 미역 등 해조류를 팔고 있다.

"요기 자리가 좋아 장사가 그럭저럭 됩니더. 자식들 다 키웠으니까 우리 부부 묵을 정도만 나오모 된다아입니꺼." / 생선 건어물 파는 임헌덕·표정순 부부

창원시 즐기는 법

창원시는 근대 계획도시로 조성된 까닭에 오래된 문화유적지보다 도심 문화공간이 군데군데 자리 잡고 있다. 시민들을 위한 쉼터도 쉽게 눈에 띈다. 도심 속으로 경남도립미술관, 시립박물관 등이 있고 용지공원 등 가볍게 즐길 수 있는 공간들이 구석구석 자리 잡고 있다.

용지공원

용지호수를 중심으로 조성된 공원이다. 공원 내에 있는 새영남포정사는 1983년 7월 1일 경남도청이 부산에서 창원으로 이전하여 창원이 도정의 중심지임을 알리고 시민에게 긍지를 심어주기위해 건립한 것이다. 용지공원은 지역민들이 쉽게 이용하는 만남의 장소이자 휴식공간이고 문화공간으로 창원시의 새로운 명소를 거듭나고 있는 공원이다.

위치 경상남도 창원시 의창구 용호동 1 (중앙대로 151)

삼동공원*

삼동공원은 용지공원에 이어 창원시의 대표적인 랜드마크로 부상하고 있는 공원이다. 가족 단위의 휴식공간으로 널리 알려져 있다. 수변광장과 생태연못이 있어 이를 즐기는 주민들의 모습을 쉽게 볼 수 있다. LED 등 조명과 분수를 활용한 아름다운 야간경관이 아름다움의 많은 사람들의 발길을 잡는다.

위치 경상남도 창원시 의창구 삼동동 창원대로변

와글와글 북적북적… 시장의 유쾌한 진화

양산 남부시장

양산 남부시장은 오래된 시장다운 특색과 현대화된 분위기가 비교적 조화를 잘 이룬 곳이었다. 시장의 진화가 기대되는 곳이다.

와글와글 북적북적, 눈이 휘둥그레진다. 여느 시장과는 달리 아주 밝고 활기찬 분위기다.

양산시 중부동 남부시장.

취재 일행과 이야기를 나누며 돌아다니는 동안, 남부시장을 드나드는 많은 사람들을 만났고 전체적으로 밝고 깨끗하다는 게 첫인상이었다. 외부 사람이 보기엔, 제법 많은 시장을 둘러본 사람의 눈엔 오래된 시장다운 특색과 현대화된 분위기가 비교적 조화를 잘 이룬 곳이었다. 시장의 진화가 기대되는 곳이다.

상설 · 오일장 · 상가 함께 상생하는 곳

"일본 전통시장 중 활성화 사업이 잘 됐다는 시장이 어디였지?"

"아, 오사카 구로몬시장."

"거기 분위기와 비슷한데. 물품 포장, 위생 상태 등이 말이야."

남부시장은 어느 가게나 진열과 위생 상태가 아주 좋았다. 무엇보다 시장 골목이 넓고 깨끗해 상인들도 이용객들도 활기차 보인다. 마치 쇼핑센터를 방불케 한다.

이곳은 상설시장과 상가, 5일장이 함께 운영되고 있다. 이해관계 때문에 서로 갈등이 있지 않을까라는 생각은 기우였다. 각각의 세 모임이 사무실을 나란히 사용하며 공생 방법을 찾는 데 주력하고 있었다.

"일단 남부시장 살리려면 어느 한쪽만 잘되는 건 아무런 의미가 없지 않습니까? 물론 마찰이 있을 때도 있지예. 하지만 서로 처지를 잘 아니까 같이 고민하고 해결점을 찾으려고 합니다. 다행히도…."

남부시장은 2007년 노무현정부의 전통시장 현대화사업이 가장 활발하게 이루어진 곳 중 하나이다. 현대식 시설을 완벽히 갖춘 주차건물과 2곳의 야외 주차장 시설을

양산 남부시장 입구.

갖추고 있다. 또 시장 활성화와 이용객들의 편의 증진을 위한 아케이드는 250여 개 상가가 밀집해 있는 시장 통로에 세운 지붕형 철골 아치로 자동 개폐식 천장이다.

"시장 현대화 사업으로 수년 동안 들인 게 57억 원인가 되는데… 옛날처럼 활기를 찾아야지예."

남부시장은 낙동강을 끼고 있어 육로와 수로가 발달한 양산시에서 지역의 중심 시장으로 성황을 이뤘다. 거래 품목은 쌀, 콩, 보리, 면포, 마포, 명주, 연초, 어염(魚鹽), 과일 등으로 다양했다. 상권은 부산·김해·울주·경주까지 걸쳐 있었고, 거래도 매우 활발하였다.

"양산우시장과 가설극장도 있었지예. 지금은 마이 죽었지만 시장에 오면 세상 사람들이 다 모인 것 같았어예. 바글바글해서 발 디딜 틈이 없었는데…."

수십 년 장사를 해온 상인에게 남부시장의 번성기는 오래된 추억으로 남아있다. 도심이 발달하면서 장터도 자리를 옮겼다. 하지만 여전히 장날이면 남부시장 골목은 물론 주택가 골목과 도로 변까지 노점상이 선다. 이때면 상가, 번영회 점포, 장날 장꾼 할 것 없이 운수대통한 하루를 기대한다.

양산 남부시장 경상남도 양산시 중앙로 133

고객 우대 생활형 시장으로 거듭나

홍상관·양산시 경제정책과 과장

"양산은 천성산을 두고 경제 중심이 이쪽과 저쪽으로 나누어 활성화되었습니다. 남부시장은 좀 특이합니다. 상설시장과 정기시장이 있는데 상가회, 번영회, 5일장이 함께 조직돼 있습니더. 상생 구조가 잘 되어 있는 거라 할 수 있어예. 상인회 사무실과 5일장 사무실인 민속통합실이 같이 붙어 있는 것만 봐도 알 수 있지예."

남부시장은 아케이드 사업을 2007년에 시작했는데 총 예산이 57억 원 들었다. 2002년 시설 투자를 시작해 공영주차장 50억 원 등 지금까지 현대화 시설비로 총 140억 원이 들었다.

"올해는 아직 옥상 방수공사가 남았지만, 앞으로 경영혁신 쪽으로 지원해야 하지 않나 싶습니더. 상인들도 다른 시장에 비해 젊은 층이 많은 편인데, 아무래도 경영 방식이 젊은 게 특징입니더. 대형마트와의 싸움도 해볼 수 있지 않나 싶지예. 현재 상인대학이 진행되고 있는데 좀 더 욕심을 내자면 그런 교육을 계기로 상인들의 의식이 좀 더 높아지길 바랍니더."

홍 과장은 남부시장은 특산물 등 하나의 상품이 유명한 것보다 골고루 형성되었다며 무엇보다 주민과 밀착된 생활형 시장으로 주차 시설, 고객 편의 시설 등이 잘 되어 있음을 내세웠다.

"남부시장에서는 마치 백화점 쇼핑하듯이 장보기를 할 수 있습니더."

손녀를 대야 물에 놀게 하고

박용자 아지매와 외손녀 최희원.

서쪽 입구였다. 아이는 빨간 고무 대야에 들어앉아 물장난을 치고 챙이 넓은 모자를 눌러쓴 아지매는 아이에게 한 숟갈씩 밥을 떠먹이고 있었다.
과일장수 박용자(64) 아지매와 외손녀 최희원(2).
"저그 엄마가 이불 빨래한 것 넌다꼬 잠깐 내한테 맡기고 갔다아이가. 근데 으찌나 더버 아이가 칭얼대사서 저리 담가 놓으니 잘 노네."
용자 아지매는 장날만이 아니라 매일 똑같은 자리에 나와 장사를 하고 있다.
"30년 넘었어예. 장사하기 전에는 농사지었다아이요. 내가 농사지은 건 아니라도 물건 하나도 좋다고 소문났지예."
용자 아지매는 부전시장, 영천, 거창까지 가서 물건을 사 온다고 했다. 물건이 좋으면 어디든 가서 비싸더라도 사 온다.
"좀 비싸도 손님들도 물건 좋은 줄을 아니까. 서로 믿음이 생긴 거지예."
얼굴을 타고 흐르는 땀방울에도 상관없이 용자 아지매는 까르륵거리는 희원이의 웃음이 에어컨 바람 못지않게 시원하다. 숟가락을 입에 갖다 대면 제비새끼처럼 쪽쪽 받아먹는다.

정체를 밝혀 볼거나

지나치다 다시 뒷걸음쳤다. 곰곰 들여다보는 순간 웃음이 터졌다.
'나는 국산', '너는 중국산'.
수십 개의 크고 작은 대야에 꽂혀 있는 삐뚤빼뚤한 글자의 원산지 표시제. 상인의 기발함이 엿보인다. 단어 한 두어 개를 가지고 어찌도 저리 명쾌하게 나타냈을까 싶어 감탄스럽다. 그런데 정작 주인 아지매는 보이지도 않는다.
사람 많은 시장 골목에다 길게 전을 펼쳐 놓은 채 어디로 갔을까.
들깨, 율무, 콩, 팥, 보리, 찹쌀 등 곡물 좌판 앞에서 유쾌해진 기분은 시장을 한 바퀴 돌고 난 뒤에도 남아 있었다.

•• 90% 수분이지만 정력에 좋다는

윽, 좀 징그럽다. 시커먼 게 꼬치에 꽂혀 있다. 생선과 해산물을 파는 좌판이었다.

"생전 못 보던 건데. 이기 머시라예?"

"군소라예. 바닷가에 마이 나는 건데 요새는 좀 귀하다고 하네예. 그거는 삶은 거라예. 원래는 엄청 큰 건데, 아마 2~3배는 될 거여. 삶으면 그리 쪼그라드네예."

군소. 미역 등 해초를 먹고 사는 이놈은 몸의 90%가 수분이라, 생물일 때는 해삼보다 몇 배 크고 만지면 물컹물컹한데 익히면 쪼그라들어 단단해지고 먹으면 쫀득하다고 한다. 양식이 없고 자연산인데다 해녀들이 손으로 일일이 따기 때문에 귀하다고 한다. 당뇨, 정력에 좋다고. 꼬치에 꽂힌 걸 신기하게 자꾸 바라보다가 한 마리만 사 맛 좀 보자고 했다. 아지매는 잘게 썰어 초장과 같이 내주었다.

"함 먹으면 못 잊을건데. 참말 맛날끼라예."

음, 한 점 입안에 넣어 씹으니 쫀득쫀득하니 해삼보다 향은 연하지만 맛은 더 고소하다는 군소!

군소.

● ● 도깨비방망이 같지만 갱년기에 좋다는

두어 번 본 듯하지만 이름이 가물가물하다. 과일 좌판의 대추와 토마토 사이에 놓여있는 붉은 이것은 작은 도깨비방망이처럼 우툴두툴하다. 푸른 것은 마치 변형 오이 같기도 하다.

"아재, 이기 머시라예?"

"이기 요새 마이 나는데…. 여주, 여주라는 기요. 당뇨, 고혈압 등 성인병에 효능이 뛰어나대서 사람들이 마이 찾는다요."

"어떤 맛인데요? 생으로도 먹을 수 있는 건가요?"

"다른 과일이랑 갈아서 녹즙 먹듯이 먹어도 좋고 말려서 차로도 먹고… 먹는 방법이야 많지요."

여주는 오이의 한 종류로 껍질에서 쓴맛이 나 '쓴 오이' 라고도 했다. 쓴맛이 위를 자극하여 위액 분비를 촉진하고 식욕을 돋운다고 한다. 그래서 더위로 식욕이 없거나 몸 상태가 좋지 않을 때 먹으면 효과를 금방 볼 수 있다. 본초강목에 따르면 원기 회복, 정신 안정, 번갈을 멈추는 데 효능이 있다. 또 열매나 씨에 주요 성분이 다량 함유되어 있으며 잎과 뿌리도 약재로 쓰인다. 특히 비타민 B, C와 미네랄 성분이 풍부해 성인병과 갱년기 남녀에게 좋다고. 푸릇푸릇해 쓴맛이 도는 것도 붉게 익어 단맛이 나는 것도 몸에 다 좋다는, 여주!

여주.

"대형마트 휴무일 등 규제 좀 하이소"

김선일 · 양산 남부시장 번영회장

"상인들이 친숙한 사람들이지예. 사람 아는 게 힘 아입니꺼."

김선일 회장은 양산이 터전이고 직장을 다니다가 남부시장에서 장사를 하게 되었다.

"옷 장사를 30년 가까이 했습니더. 여기서는 10년 했고예. 시장 사람들이 다 식구 같아예. 시장이 도로 너머에 있다가 거기가 중심지로 복잡해지면서 이쪽으로 옮겨온 거지예."

남부시장 번영회는 회원이 340명 정도이다.

"장날에는 사람들이 제법 몰리니까 장사가 잘되지만. 지자체별로 대형마트 휴무일이 다른데, 우리는 이마트와 협의해서 한 달에 2번 쉬는 걸로 하고 있습니더. 대형마트가 전통시장과 골목 상권을 함부로 침범하지 못하도록 법적 규제가 좀 더 강화되어야 하지 않겠습니꺼. 같이 좀 삽시더."

남부시장은 예전부터 사람들이 정말 많았다. 지금도 언양, 김해 등에서 장꾼들이 많이 오지만 예전엔 인근 지역을 총괄하는 시장이었다고 한다.

"옛날에는 향수를 느끼게 하는 게 있었지만 지금 그런 게 없습니더. 시대와 소비 취향을 따라가야 하는데 장사만 잘되기를 바라는 상인들 마음이 문제지예. 지금도 김해, 울산 등 장꾼들이 오고 지역 내 할매들이 장날이면 몰려옵니더."

김 회장은 남부시장 상인들은 자구책을 모색하는 중이라 했다. 올해 상인교육이 끝나면 상인들 의식이 많이 달라질 것을 기대하고 있었다. 아이디어도 나오고, 선진지 견학도 수시로 하면서 적극적인 방안을 찾을 계획이라 했다.

“당장은 누수 등 아케이드 관리가 시급해”

손경원·양산 남부시장 상가상인회장

“상인회원은 228명이고, 월 회비 2만 원이지만 5개월 동안 거두지도 못했습니다. 회비는 상인회 운영에 관한 건 전부 들어갑니다. 상인 의식이 높아지고 내부 결속이 커지면 더 좋겠습니다. 뛰어다니면서, 상인회 잘 해보자고 했는데 솔직히 자기 이해관계가 먼저잖아요. 워낙 민감한 부분이니….”

남부시장 상가상인회는 시장 주변 상가들이 2006년에 독자적으로 상인회를 만든 것이다. 시장번영회와는 협의를 통해 서로 상생 발전을 꾀하고 있다.

손 회장은 대형마트와의 경쟁력에서도 남부시장이 크게 떨어지지 않는다고 말했다.

“전통시장, 5일장을 형성해 만들어가고 있는데 솔직히 물품 신선도는 최고입니다. 유통센터보다 물품들이 더 좋습니다. 채소 한 단도, 생선 한 마리도 훨씬 좋습니다. 평일과 장날이 많이 차이가 납니다.”

손 회장은 아케이드 등 시설 관리에 고심하고 있었다.

“누수비가 새는 것때문에 지난번에 하자 보수 실사를 했습니다. 솔직히 아케이드가 설치돼 있지만 관리가 안 되고 있습니다. 시에서 좀 빨리 대책을 내었으면 좋겠습니다. 1~2년 걸리는데 그동안에 비가 새는 것을 어떻게 하겠습니까. 가빠라도 씌워줘야지, 애써 공사한 것이 비바람에 금방 노후돼 버리면 보람이 없습니다.”

40년 전통 잇는 빵집

허니버터제과점

"이 집 빵맛은 죽입니다. 남부시장에서 유명합니다."

시장 골목 모퉁이 빵집 앞이 와글와글하다. 고소한 빵 냄새가 시장 바닥에 찰랑대고 있었다. 밀려드는 손님을 맞아 일일이 빵을 담고 이야기를 나누는 건 김경분(58) 아지매이다. 손님들은 빵을 몇 개씩 사는 게 아니라 한 아름씩 산다. 그러고도 1만원이면 된다. 빵집 앞으로 세팅해 놓은 판매대에는 이제 갓 구운 빵들이 진열돼 있지만 금방 바닥이 났다. 가게 안 제빵실에서 만들어놓은 빵을 다시 판매대로 옮겨오는 건 사위 황상욱(43) 아재 일이었다. 경분 아지매와 상욱 아재는 장모와 사위이다.

가게 입구 펼침막의 '단팥빵을 5백 원에 드립니다'는 문구가 한눈에 들어온다. '무슨 빵이 5백 원밖에 안해?' 의아스럽다. 경상도 말로 '택도 안 되는 소리'기 때문이다.

"다른 빵집의 반 가격이지요. 박리다매하는 겁니다. 그렇다고 방부제를 사용치는 않습니다. 또 맛이 뒤떨어지거나 싼 재료를 사용하는 것도 아닙니다. 팥이나 밀가루, 설탕 국내 최고를 사용하고 있습니다. 원 재료는 수입

김경분 아지매.

품인지 모르겠지만 국내 가공 상품은 맞습니다. 뉴욕제과 양산에서 유명했습니다. 전업했다가 다시 준비해서 여기까지 15년 걸렸습니다. 7년 동안은 학교나 기업에 빵을 간식으로 납품했는데 확장계획이나 마케팅 아이디어를 새로이 짜고 있습니다. 지금은 '옛날빵'이 다시 살아나고 있습니다. 기업의 획일화된 빵맛이 아니라 지역마다 빵집마다 이어가는 옛날빵맛 말입니다. 저희는 아버지가 했던 양산의 뉴욕제과 맛을 이어가는 겁니다."

황상욱 아재.

허니버터제과는 온 가족이 함께 운영하고 있다. 상욱 아재의 장인인 이래영(64) 사장은 제과제빵점을 한 지 40년이 됐다. 양산 축협 골목에서 뉴욕제과를 했는데 양산 사람이면 다 알 만한 집이다. 지금은 아버지가 만들고 어머니는 판매하고 사위는 전반적인 운영기획을 맡아 하고 있다.

"저는 여기 시장에서는 완전 막둥이입니다. 이제 3개월 됐습니다."

상욱 아재는 젊은 사람답게 적극적이었다. 그는 기업 간식용 납품과 허니버터제과의 빵맛을 아끼는 사람들에게 분점을 내어주는 계획 등 골목 빵집을 넘어서는 일을 준비하고 있다.

"골목 제과점을 살리겠다는 취지로, 원한다면 분점을 내줄 것입니다. 요식업을 하기도 했는데 처갓집이지만 사위로서 가업을 이어가고 싶습니다. 오래된 착한 빵집이라는 이미지를 가지고 말입니다. 시장통에서도 지역에서 유명한 빵집이 있을 수 있다는 걸 알리고도 싶고요."

줄 서서 기다렸다 먹는 칼국수 맛이란!

태평양분식

태평양분식은 22년 된 분식집으로 남부시장의 명물이다. 특히 칼국수가 유명해 남부시장 가면 태평양칼국수를 먹으라는 말이 나올 정도다.

"여기 자리잡은 지는 10년 됐습니다. 손님들도 다양합니다. 남녀노소 구분이 없지요. 집사람이 하다가 제가 하고 있는데 저야 요리는 모르지만 가게 운영 전반적인 흐름을 잘 알고 있으니까요."

태평양분식은 밖에서 보던 것과 달리 실내가 아주 넓었다. 식탁은 일반 식당의 식탁과 달리 통나무로 제작해 깔끔해 보였다. 다른 분식점 분위기와는 달랐다.

"손님들과는 관계가 잘 형성되어 있습니다. 단골이 대부분이니까요. 우리 집 장사의 비결은 서비스 친절이 50%지요."

태평양분식은 평일과 장날 구분 없이 꾸준히 장사가 되는 집이다. 물론 장날이나 주말이 더 낫지만. 자리가 없어 기다려야 할 때도 있다.

"지금같이 무더위에다 휴가철이 비수기입니다."

김창구(58) 사장의 말과는 달리 오후 2시가 넘은 실내에는 여전히 빈 자리가 없었다.

김창구 아재.

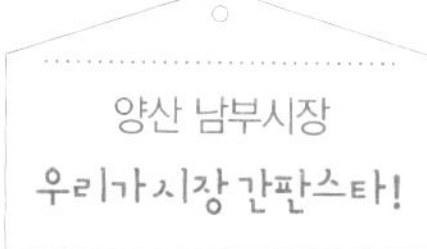

'시장 한솥밥' 먹는 사람들끼리 서로 손잡고 서로 도우며 힘내야지요!

적극적인 부녀회원들도 시장에 큰 힘이 될 것

조옥희(56) 아지매는 남부시장번영회 부녀회장이다. 번영회 부녀회원은 87명이다. 옥희 씨는 25년 동안 한결같이 이 자리에서 그대로 장사하고 있다.

"거제도가 고향입니다. 예전에 부산서 장사하다가 이곳으로 옮겨왔어예. 이제는 오래돼 단골손님이 80% 이상이지예. 제수용품과 해물 위주로 팔고 있습니다. 88년부터 90년대에는 장사가 잘되었습니다. 근데 마트 생기고 나서 손님이 많이 줄었어예. 축협, 농산물유통 생기고 나서는 타격이 큽니다."

옥희 아지매 남편은 자갈치시장에서 양동수산 취급하고 또 수산센터 중매인으로 일했다. 친정 오빠 때문에 시작하게 되었다고 했다.

"남부시장은 이제 상인대학 시작했고 시장 시설도 깨끗하고 위생적입니다. 부녀회원들도 외부 손님 접대나 긴급 소집이 있으면 항상 적극적으로 나섭니다." / 생선 파는 조옥희 아지매

젊은 활기로 시장 분위기를 북돋아

젊은 직원들이 가게 앞에서 오가는 손님들에게 오늘의 고기와 상품, 가격을 큰 소리로 외쳐대며 눈길을 끌고 있다. 순식간에 시장 안 분위기를 확 잡아당긴다. 사람들이 진열대 앞으로 다가선다. 이 젊은 직원들, 최원석 씨는 1개월 차 아르바이트생이고 임대현 씨는 4년 차이다. "수제 돈가스와 곰국이 자랑거리입니다. 최고 상품이라는 말

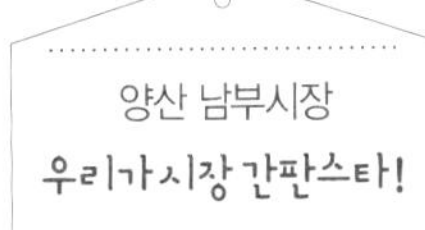

이지요. 우리 집은 다양한 부위와 젊고 활기찬 분위기 등 마트보다 경쟁력이 있습니다. 서비스도 끝내주고요."

이 집은 젊은 사장의 부친이 축협 일을 했고, 또 형제 중 식당을 하는 사람이 있어 다각적인 영업이 가능하다고 했다. 끝으로 직원들 학력이 시장 최고라며, 전부 동아대·부산대 나온 젊은이들이라고 손가락을 치켜세웠다. / 최원석 임대현 씨·고기백화점

양산 남부시장의 소문난 원조 반찬가게

"동생과 함께 10년째 하고 있습니다."

참반찬고을은 남부시장 반찬가게 원조라 할 수 있다. 워낙 소문난 집이라 둘이서 하기에는 벅차다. 같이 일하는 아줌마를 포함해 4명이 일한다.

"재료 일부는 농사지어 충당합니다. 재료도 되도록 좋은 것 쓰고, 계절별로 반찬 종류를 달리하려고 노력합니다. 단골들이 계절 반찬을 많이 찾지요."

참반찬고을은 단골 매상이 높다. 특이하게도 젊은 주부보다 노인들이 많이 찾는다. 그러고 보니 생선찜, 도토리묵, 생선전, 꼬막 등 반찬 종류가 어른들이 좋아하는 게 많다. 이 집에서 만드는 반찬 종류만 30가지가 넘는 듯하다. / 김명숙 아지매·참반찬고을

"우리 시장에도 홈쇼핑몰을 만들면 좋겠어예"

가방 가게를 한 지는 21년이 되었다. 처음에는 남편이 하다가 이화연(47) 아지매가 하게 된 건 10년이다.

"아무래도 지금 철이 철인지라 여행용 가방이 많이 팔리지예. 농한기면 어르신들이 어울려서 같이 옵니더."
현재 제노바의 주요 고객은 노인들이다. 젊은 층이 시장에서 가방을 사 가는 일은 드물어졌다.
"가방 장사는 대형마트보다 인터넷 홈쇼핑 때문에 더 그렇지예. 장사 안되는 주범입니더. 요즘 아이들은 유명 브랜드 찾고…. 장사 안 되는 게 어제 오늘 일은 아니지예. 우리 시장도 홈쇼핑몰을 만들면 좋겠습니더." / 이화연(47) 아지매·제노바

"옥분이 조카딸 이름이라예"

옥분떡집? 딸 이름인가, 이름이 정겨웠다. 튀김은 물론 온갖 떡에다 묵 등이 진열돼 있다. 여름인지라 콩국 판매대 앞에는 사람들이 줄을 이어 있다. 이명옥 아지매는 말을 건넬 수가 없을 정도로 바빴다.
"가게 이름요? 조카딸 이름입니다. 내가 하기 전에 오빠가 하던 거라서예."
그러더니 건너편으로 뛰어갔다. '옥분떡방앗간'이다. 점포 하나로는 모자라 두 칸을 다 사용하고 있는 듯했다. 떡방앗간에서는 만들고 판매는 건너편 떡집에서 하는가 싶었다. 분식류나 콩물 등을 먹는 실내 탁자를 닦는 다른 아줌마에게 말을 건넸다. "아, 내는 장날에만 나오는 알바 할매여~! 쥔 할매한테 물어야 허는데 바빠서 우짜노." / 이명옥 아지매·옥분떡집

택배로 나가는 물량이 제법 많아

19년째 되는 참기름집이다. 탁진환(50) 아재는 '인물 좋은' 사람이었다. 남부시장 번영회 이사이기도 하다. 더위에도 참깨 볶는 가스 불은 올라오고 있었다. 그 열에 얼굴은 달아올랐고 땀은 금방 줄줄 흘렀다. 아내는 마스크에 앞치마까지 두르고 열 앞에서 연신 깨를 옮기고 있었다.

"젊을 때 우연히 기름집을 봤는데 팔기만 해서 엄청 수월해 보이더군요. 부산진시장 원단상 직원으로 있었지요. 막내였는데 지금도 이 남부시장에서 막내입니다. 그래서 좀 수월해지려고 시작했는데 시작하고 3년은 내내 힘들더라고요. 먹는 장사는 시간 지나면 점점 좋아져요. 요즘 같이 경기가 안 좋을 때도 택배 주문은 늘어나고 있습니다."

참기름이나 고춧가루 등을 한 번 먹어본 사람들이 맛과 질에 반해 멀리에서도 주문을 하는 경우가 많다. 택배로 나가는 물량이 제법이다. 앞으로 택배 판매에 주력할 예정이라 했다. / 탁진환 아재·만선상회

"저렴한 남녀노소 옷이 다 있어예"

안승원(49) 아재는 옷 장사는 6년 됐지만 시장으로 온 지는 4년 됐다.

"우리가 가져오는 의류는 시장에서 팔기에는 딱 맞는 것이지예. 저가에다 남녀노소를 대상으로 한 모든 옷이 다 있습니다. 그래도 아동 옷이 많으니까 젊은 주부들이 많이 옵니다. 점포세가 시장이라도 좀 비싸지만 기반시설이 잘 되어 있습니더."

아재는 상인들이 아직 자발적으로 할 만큼 되어있지 않으니 시에서 먼저 시장 계획을 주도적으로 이끌어 나가면 좋겠다고 말했다.

"우리 남부시장을 위해서 좀 강제성을 띠더라도 시에서 확실히 밀고 나가면 상인들도 나중에 알지 않을까 싶습니다." / 안승원 아재·아울렛012

마음 편히 갖는 게 제일의 보약

남부시장 안에도 약재가게가 있었다. 제법 규모를 갖추고 약재 진열 상태가 아주 좋았다.

"장사를 20년간 했습니다. 처음엔 태평선식만 하려고 했는데 사람들 식생활이 고기, 생선, 채소에서 이제는 오래 사는 걸로 흐름이 바뀌고 있는데 선식만 하는 건 단조롭다고 생각했지예. 이제는 자기 건강을 지키기 위해 마이 사러 옵니더. 매스컴에서 말하는 것을 많이 찾는데 딱 맞아서 좋다고 찾는 사람도 있고 사람 따라 많이 찾습니다."

최홍식(70) 아재는 영천, 안동, 금산 등 좋은 물건이 있는 곳이면 직접 가서 구입한다.

"짚신쟁이 헌신 짓는다고 좋은 보약이 이리 많아도 정작 돈 생각하고 먹을 여가가 없습니더. 제일 먼저 마음을 편히 갖는 게 보약입니다. 그 다음 몸을 돕는 약재를 먹는 건데 우리집 약재는 깨끗하고 가격도 좋습니다. 많이들 오이소."

/ 최흥식 아재·고려홍삼

"저녁 장사 쏠쏠해서 11시까지 영업하지예"

"북부시장에서 하다가 그곳이 죽는 바람에 영 장사가 안 돼 이쪽 남부로 이사 왔어예. 여름이 비수기라 지금 조금 한산하지만 여기는 장사가 비교적 됩니더. 북부 쪽은 사람이 없습니다. 남부시장은 지금도 장날에는 시장 길이 밀립니다. 오전 장, 오후 장이 서는데 좀 있다 오후 5시 지나 저녁장이 설 때면 또 왕창 바빠집니더."

한기환(41) 아재는 횟집을 14년째 하고 있지만 남부시장에서는 4년째 하고 있는 중이다. 경남횟집은 시장 안 식당이 저녁이면 문을 닫는 것과는 달리 평일에도 11시까지 영업을 한다. 오후 7시부터 11시까지 저녁장사가 제법 잘된다. 아무래도 점심시간에는 회덮밥 등 간단한 메뉴를 많이 찾는다. / 한기환 아재·경남횟집

양산시 즐기는 법

양산시는 영남의 알프스라 불리는 가지산, 영축산, 신불산, 천태산, 토곡산, 오봉산 등이 접하고 있고 영남의 젖줄 낙동강의 정취를 한껏 느낄 수 있는 곳이다. 공단이 들어서고 개발바람이 불고 있어 남아있는 자연 환경이 더욱 소중하게 느껴진다.

원동자연휴양림

울창한 숲, 토곡산 중턱의 물풍지폭포 등이 장관이다. 기암괴석과 계곡의 맑은 물을 따라 산림욕을 즐기며 산행하여 토곡산 정상에 오르면 굽이굽이 흐르는 정취를 한껏 느낄 수 있다.

위치 경상남도 양산시 원동면 내포리 665-3 (늘밭로 64)

내원사

천성산 기슭에 있다. 내원사는 신라 선덕여왕 때 원효대사가 창건한 사찰로 6.25때 불탄 것을 1958년 수옥비구니가 재건하였다 한다. 현재 70여 명의 비구니가 상주 수도하는 명찰이다. 절 아래 4Km정도 뻗어 있는 계곡은 소금강이라 불리울 만큼 경치가 아름답다고 한다.

위치 경상남도 양산시 하북면 용연리 291 (내원로 207)

배내골

가지산 고봉들이 감싸고 있으며 태고의 비경을 그대로 간직한 곳으로 알려져 있다. 산자락을 타고 흘러내리는 맑은 계곡물이 모여 한 폭의 그림을 연상하게 하는 곳이다.

맑은 계곡 옆으로 야생 배나무가 많이 자란다 하여 이천동梨川洞, 우리말로는 '배내골'로 부른다. 통도사, 내원사, 홍룡폭포와 함께 1일 관광코스로 각광받고 있다.

위치 경상남도 양산시 원동면 대리

봄바다의 설렘이 한 마리 광어처럼 펄떡대는 곳

삼천포 용궁수산시장

삼천포 용궁수산시장의 제맛은 '내가 골라서 먹는다, 포장해서 집으로 가져간다'라고들 말한다. 이곳의 수산물은 제수용이든, 활어회든, 건어물이든 전국 각지로도 배달되고 있다.

멀리 광포만으로는 봄 볕살이 실비단처럼 펼쳐지고 있었다. 삼천포항으로 이어진 3번 도로는 몇 년 전 확장되면서 사천톨게이트에서 삼천포항까지 40분 걸리던 것을 20분으로 줄여놓았다.
일찍 핀 꽃들로 산과 들은 울긋불긋, 야단법석인 듯했지만 정작 봄은 삼천포 앞바다에 와 있었다. 먼 바다 끝으로부터 달려온 봄은 항구에서 숨을 돌리고 있었다. 정박한 어선들은 느긋하고, 여린 봄볕은 갑판 위 말끔히 손질해 놓은 그물에 걸터앉아 있다. 바다의 봄은 좀 더 사실적이고 구체적이라 뭉근히 끓는 불덩어리를 안고 있는 듯했다. 봄은 오래된 항구를 지나 성큼성큼 시장 안으로 걸어 들어갔다.

삼천포 용궁수산시장.
이곳은 삼천포서부시장, 삼천포어시장 등 여러 명칭으로 불리다가 2010년에 삼천포수산시장, 다시 2013년 6월에는 '삼천포 용궁수산시장'으로 정식 발표했다. 대한민국 대표 수산시장으로 거듭나겠다는 계획이었다. 남해 진기한 특산품이 가득한 용궁과도 같은 시장으로 만든다는 의지를 담은 것이다.
이곳은 오래된 작은 배들이 정박하던 물양장, 삼천포항의 역사 속에서 자연스럽게 형성되어 이미 전국적으로 알려진 유명한 시장이기도 하다.
"옛날부터 진주, 하동 오만 데서 사람들이 마구 왔었지예. 관광객들도 요기 와서 자기가 직접 수족관에서 고기를 골라가꼬 회를 떠서 그 자리에서 먹는 맛에 홀딱 반해서 자꾸 오게 된다고 하데예."
많은 관광객들은 용궁수산시장의 제맛은 '내가 골라서 먹는다, 포장해서 집으로 가져간다'라고들 말한다. 이곳의 수산물은 제수용이든, 활어회든, 건어물이든 전국 각지로도 배달되고 있다. 물론 이건 포장 기술과 운송수단이 발달하면서 더욱 활기를 띠게 된 것이다.
삼천포 용궁수산시장은 삼천포대교가 개통되고, 유람선 사업이 점점 활기를 띠면

삼천포 용궁수산시장 옛모습. 소문난 어시장이었지만 2013년 5월까지는 시설 노후화로 어려움을 많이 겪었다. / 사진 사천시

서 전국에서 많은 관광객이 몰려들어 수년간 호황을 누리는 곳이기도 하다. 다른 업종들보다 이곳에서는 수산물인 활어, 선어, 어패류, 건어물이 대세다.

"우리나라에 이런 시장이 있나 싶지예. 요새 같으모는 우리도 장사 할 맛이 납니더."

시장 골목에서 만나는 상인들은 어느 때보다도 활기찼다. 사실 그동안 협소한 장소와 시설 노후화로 말 못 할 어려움을 겪기도 한 그들이었다. 그러다가 2012년 시작한 시설 현대화 사업으로 모든 게 확 달라졌다. 거기에다 2013년 3월에는 중소기업청으로부터 '2013년 문화관광형시장'으로 선정됨으로써 다양한 시도가 이뤄지고 있다.

4월 중순 찾아간 삼천포 용궁수산시장에는 봄 바다만큼 설렘이 있었고 봄꽃만큼 한껏 기대로 부풀어 있는 듯했다.

새로 단장한 삼천포 용궁수산시장 외관. 2012년 시작한 시설 현대화 사업으로 모든 게 확 달라졌다. 거기에다 2013년 3월에는 중소기업청으로부터 '2013년 문화관광형시장'으로 선정됨으로써 다양한 시도가 이뤄지고 있다.

다른 업종들보다 이곳에서는 수산물인 활어, 선어, 어패류, 건어물이 대세다.

횟감을 직접 사서 '양념식당'으로 가이소

"아이고, 저리 가입시더. 6명이라꼬예? 6만 원어치 회 떠가지고 저쪽 식당으로 가서 1명당 6000원 정도만 더 내면 밥, 매운탕 다 묵을 수 있습니더. 내가 연락해 주지예. 그라모는 퍼뜩 와가지고 식당 사람이 회 뜬 걸 가져갑니더."
아지매는 수족관 안에 뜰채를 집어넣더니 펄떡대는 고기를 건져냈다. 광어 큰 놈이 퍼덕대는 바람에 수족관의 물이 사방으로 튄다.
"어이구, 이놈 힘도 좋네. 묵꼬나모는 기운이 펄펄 하겠십니더."
회칼을 내리치는 아지매의 너스레에 놀라 뒷걸음치는 손님들도 한바탕 크게 웃는다.
5분이 채 되었을까. 인근 식당에서 사람이 와서 다 손질한 회를 작은 배달통에 넣고 손님들을 식당으로 안내했다. 손님이 활어가게에서 횟감을 사오면 초장과 밑반찬을 마련해주고 매운탕을 끓여 내는 이른바 '양념식당'이다. 활어가게와 양념식당의 나름 '원스톱 서비스 시스템'이다. 이 방식은 30년 넘게, 다른 수산시장보다 훨씬 오래전부터 이어온 삼천포용궁수산시장 내 활어시장의 특색이기도 했다.

"지역마다 먹는 방식이 달라예. 서울 사람들은 뼈를 완전히 발라 살만 묵꼬, 요기 갱남 사람들은 뼈째 오독오독 묵는 걸 좋아허지예. 물론 뼈가 너무 억시모는 안되고. 참말 삼천포 고기가 맛있는데 값은 또 마이 싼 편이라예. 바가지 이런 거는 절대 없십니더. 한두 번 장사할 것도 아이고, 상인들 의식이 인자 우리 용궁수산시장 전체 이미지를 생각해예."

상인들은 수족관을 들여다봐도 무슨 고기인지 잘 모르는 사람들은 그냥 주인한테 믿고 맡기라고 한다. 몇 명이 먹을 것인지, 어느 정도 예산인지만 말하면 최대한 싸

현대화한 상가형 시장 건물 내부. 2013년 새로이 개장한 이후 사천시의 주요 문화관광자원으로 단단히 한몫을 하고 있다.

빨간 멍게는 6월까지, 그 이후 날이 따뜻해지면 돌멍게가 좋다. 이곳 삼천포 용궁수산시장에서는 싱싱한 열기를 꾸득꾸득 말린 것도 언제든지 살 수 있다.

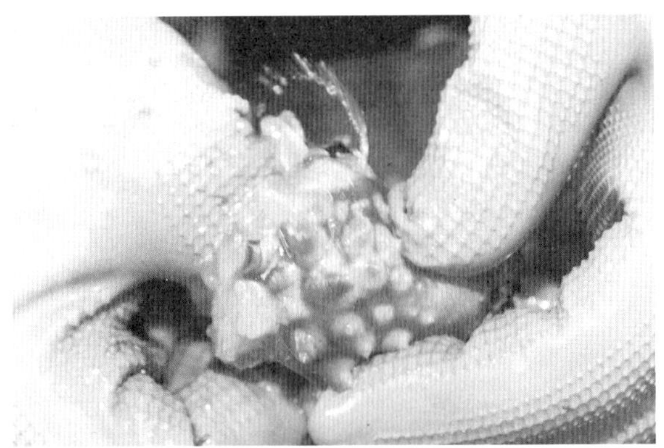

고 맛있게 양도 넉넉히 해서 준비해준다고 자신 있게 말한다.

"봄 도다리는 지금은 뼈가 물러 먹을 수 있지만 5월 넘어가모는 뼈째 먹기는 부담스럽지예. 빨간 멍게는 6월까지, 날이 따뜻해지면 돌멍게가 좋습니더. 볼락은 우리 지역에서는 최고로 좋은 것으로 치는데 1년 사철 나옵니더. 개불은 삼천포개불이 최고라는 거는 다 알고 있는 사실이고. 개불은 12월부터 5월까지 맛있습니더. 날씨 변화에 따라 다르지만 그래도 꾸준히 나옵니더. 요서 나는 털게가 대게보다 맛있다는 건 알고 있지예. 좋은 놈은 한 마리 3만 원 하는 것도 있어예."

오감만족 100%, '삼천포에 빠지다'

삼천포 용궁수산시장은 수산물이 90%다. 점포상·노점상 합해 400여 명 되는 수산물 상인들은 크게 제수용과 반찬용 생선을 취급하는 선어 상인, 죽방렴 멸치·쥐치포·마른 미역·김 등을 파는 건어물 상인, 대합·홍합 등 어패류 상인, 그리고 이곳 시장의 상징인 활어 상인으로 나누고 있다. 활어시장은 새벽 4시 경매가 시작되면 전국 각지에서 밤새 달려온 활어 운송 차량들로 문전성시를 이룬다.

사천시는 '오감만족 삼천포'라는 콘셉트에 따라 용궁수산시장의 고유한 문화와 특성, 그리고 스토리텔링을 개발해 다양한 먹을거리와 즐길 거리, 볼거리, 살거리, 체험거리를 조성해나가고 있다.

사천시가 개발한 '이순신바닷길' 중 삼천포대교에서 남일대해수욕장까지인 5코스 '삼천포코끼리길'의 한가운데가 삼천포 옛 항구에 있는 삼천포 용궁수산시장이다. 이곳은 자동차로 5~10분 거리에 아름다운 보물들을 품고 있었다. 코끼리바위로 이어지는 호젓한 바다 산책로와 동백꽃 붉은 옛이야기가 깃든 노산공원, 그리고 삼천포에서 지낸 유년 시절을 아리게 그려내었던 박재삼 시인의 문학관, 초양도·늑도로 이어지는 삼천포대교, 바다에 떨어지는 일몰이 아름답기로 유명한 실안해안도로….

해마다 4월이면 바다를 건너온 봄바람은 시장 아지매들의 손등처럼 거칠지만 따뜻하고, 정박해 있는 수십 척의 고깃배들은 한껏 출항을 기다리며 춘심에 들떠 있다. 또 5월이면 삼천포대교가 이어지는 초양도·늑도는 노란 유채꽃이 흐드러지게 피어 노란 꽃배처럼 바다에 떠있을 게다.

이 모든 것들을 한가운데 품은 곳이 여기 삼천포 용궁수산시장이다.

삼천포 용궁수산시장 경상남도 사천시 동동 485-2 (어시장길 64)

•• 크기는 작아도 상어같이 생겼네

"어어, 엄마. 저것 봐. 고기가 밖으로 나올 것 같아."
수족관의 물고기가 펄떡펄떡 힘이 넘친다. 수족관 바닥에서 물 위로 요동치는 게 수족관을 뛰어넘을 것 같았다. 금방이라도 바다로 도망갈 기세다.
"이건 상어야, 상어."
아이가 툭 던지듯이 말한다.
"아이구, 얘. 저렇게 작은 상어가 어딨어? 아니야."
시장을 둘러보던 엄마와 아이의 대화를 들었나보다.
수족관 앞에 있던 아지매가 뜰채로 고기를 잡아 올리더니 아이의 눈앞에 갖다 준다. 고기는 뜰채 안에서도 요동을 친다.
"이놈 말이지예? 개상어요. 개상어!"
"어, 니 말이 맞네. 어떻게 알았어?"
"상어처럼 생겼잖아. 귀엽지?"
아이와 엄마의 대화를 엿들으며 생김새를 찬찬히 들여다보니 길쭉한 상어 모양에 연한 갈색 무늬가 얼룩덜룩하다.
"근데 아주머니, 저건 어떻게 먹어요? 처음 봤는데, 회로 먹는 거예요?"
"아이구 무신 소리라예. 이거 사람들이 올매나 잘 먹는데예. 뼈가 연하고 꼬소해서 횟감으로도 좋고 회무침으로 묵어도 좋고 무시 써리넣어가꼬 매운탕으로 팔팔 끓여 묵어도 좋고."
내륙 사람들에겐 생소한데, 삼천포 사람들은 즐겨 먹는다는 이것, 개상어!

개상어.

•• 바위에 붙어 있다는

아지매가 펼쳐 놓은 좌판 위에는 조개 등 어패류에서 파래, 돌미역, 미역줄기, 톳 등 바다냄새 가득한 해조류가 여러 가지이다.

석모.

근데 이거는 뭐지? 파래하고는 다르다. 매생이, 함초하고도 다르다. 수북이 쌓아 놓은, 녹색 실뭉치 같은 게 여러 덩어리다.

"석모라 캅니더. 파래 종류라예. 요서는 마이 나는데…. 바위에 붙어 있는 걸 따는데 완전 자연산이라예."

"우찌 묵으모는 되는데예?"

"식초에 무쳐 묵는다아입니꺼. 이거 사 가이소."

아지매가 뭉쳐놓은 작은 덩어리는 3000원, 큰 덩어리는 5000원이었다.

석모!

•• 도다리냐 광어냐

"이기 먼줄 압니꺼? 이기, 참 귀헌 기라예."

"광어? 아이다, 도다리라예?"

대답을 빨리 못하고 헤매었다.

"옴도다리라예."

도다리와 광어를 구별하기도 힘든데 도다리 중 옴도다리라니. 도다리와 광어 구별법으로 고작 알고 있는 건 '좌광우도'? 내려다 볼 때 눈이 왼쪽으로 있으면 광어, 오른쪽이면 도다리라는 정도. 그런데 옴도다리라니!

"도다리보다 훨씬 연하고 달고 맛있습니더. 시세에 따라 다르지만 kg당 7만~8만 원 합니더. 일반 도다리보다 마이 비쌉니더."

도다리보다 얼룩덜룩하고 조금 두꺼운 것 같기도 하다. 줄이 있는 것 같기도 하다.

옴도다리!

옴도다리.

친환경·현대화시설 완료, 이젠 '대박'만이

김원환·삼천포 용궁수산시장 상인회 회장

삼천포 용궁수산시장은 중소기업청이 주관하는 '2013년 문화관광형시장 육성사업'에 선정돼 2년간 최대 10억 원의 국비와 10억 원의 시비를 지원받고 있다.

"새 건물 이주 후 전용 공연무대도 설치, 토요일마다 문화공연을 유치하고, 관광객 편의시설 등을 설치해나가고 있습니다. 상인대학도 운영하고예. 우선 순위를 따져 중요한 것부터 해나가고 있지만 용궁수산시장은 확실한 문화관광형시장으로 변모해나가고 있습니더."

상인회 김원환 회장은 시장 현대화 사업 추진이 한창일 때 임시시장 대책위원장을 맡으며 2012년 2월 상인회 회장으로 선임됐다. 300여 상인회원들의 전폭적인 지지와 신뢰를 받고 있다.

"삼천포 용궁수산시장은 시장이 형성된 지 40여 년 됐습니더. …아직도 타 지역 사람들은 '삼천포어시장'이라 하지만 이제는 용궁수산시장으로 거듭났지예."

김 회장은 상인들은 물론 시장 분위기가 다른 지역과는 달리 매우 활기차다고 말했다. 그 이유는 단순했다. 사람들이 많이 찾고 그만큼 장사가 잘되기 때문이라 말했다.

"지역 주민들과 인근 진주, 사천 등 상인들에게나 잘 알려져 있던 우리 수산시장에 관광객들이 들어오면서 더 호황을 누렸습니더. 좀 더 정확히 말하면 2003년 삼천포대교 완공, 대진고속도로 완공 이후입니다. 실제적으로 관광객이 유입되는 걸 상인들이 체감할 수 있을 만큼이지예. 좌판만 벌이면 돈이 되는 것 같았

현대화 사업으로 지어진 삼천포 용궁수산시장. 지역 주민보다 90%가 관광객이고 연간 매출이 800억~1000억 원 정도로 추정되고 있다.

으니까요. 삼천포 용궁수산시장은 연간 매출이 800억~1000억 원 정도 되는 것으로 추정하고 있습니더. 최근에는 더 늘었고요. 경남에 등록된 시장에서 용궁수산시장보다 더 많은 매출을 올리는 데는 없는 것 같습니더."

김 회장은 삼천포 용궁수산시장이 앞으로 두 가지를 잡으면 된다고 했다.

"지역 주민보다 90%가 관광객입니더. 또 예전에는 시장 안에서 젊은 층을 찾아보기 힘들었는데 지금은 오히려 젊은 층이 많네예. 시설이나 문화적인 면에서 젊은 층이 올 수 있는 시장이 된 거지예. 시장이 잘되려면 젊은 층을 잡아야 한다는데 우리는 관광객과 젊은 층, 다 잡고 있는 겁니더."

지역과 함께하는 '글로벌 수산시장'으로

황현충 · 사천시 지역경제과 주무관

"관광객을 유치할 수 있는 프로그램, 문화적인 테마, 삼천포 유람선, 2016년 설치될 국내 최초 해상케이블 연계 등…. 삼천포 용궁수산시장은 입지 조건과 주변 여건이 완벽합니다. 2012~2013년 상반기까지 시설 현대화를 위해서 상인들이 임시 시장에서 장사했는데 고생을 많이 했지요. 상인들에게 아주 민감한 부분인데 적극적으로 함께 해주었기 때문에 가능했습니다."

황현충(사천시 지역경제과) 주무관은 미래 경쟁력을 위해서라도 좀 더 쾌적하고 해외 관광객 유치를 위한 시설이 절실했음을 강조했다.

"삼천포 용궁수산시장은 서부시장으로 불리어 오다가 2005년 중기청 등록, 2010년 '삼천포서부시장'을 '삼천포수산시장'으로, 다시 스토리텔링을 해서 '삼천포 용궁수산시장'으로 명칭을 확정했습니다. 시설 현대화 사업이 완료됐는데, 시장이 마치 수산물종합유통센터가 된 것 같지요. 국제적인 수산시장으로 자랑할 만합니다."

2013년 사천공항은 국제공항으로 승격됐다. 중국 전세기 취항, 일본과 러시아 노선 취항을 계획하면서 해외 관광객 유입이 증가할 것으로 보고 있다. 삼천포 용궁수산시장이 국제적인 관광 명소로 거듭날 수 있는 기회를 맞이하게 된 것이다.

"앞으로 '명품 국제수산시장'으로 자리 잡을 것입니다. 상인들과 지역민들에게 기대효과, 파급효과가 클 것입니다. 우리 슬로건이 '어와 동동, 오감만족 삼천포에 빠지다'입니다. 누구나 즐길 수 있는 온갖 매력이 있는 데가 삼천포 용궁수산시장입니다."

사량상회 박은경 아지매.

신선도 100% 회를 집에서 맛보이소~!

사량상회 · 갑을횟집

갑을횟집 김선자 아지매.

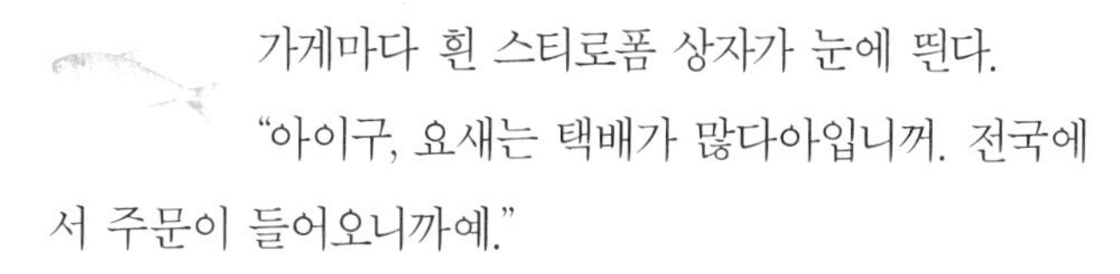

가게마다 흰 스티로폼 상자가 눈에 띈다.

“아이구, 요새는 택배가 많다아입니꺼. 전국에서 주문이 들어오니까예.”

사량상회 박은경 아지매의 손은 쉴 틈이 없었다. 칼질이 거듭될 때마다 바구니에서 펄떡이는 횟감들은 깨끗이 손질되어 먹기 좋은 크기로 스티로폼 상자에 채워졌다.

갑을횟집 김선자 아지매도 수족관에 있는 광어를 뜰채로 들어올리고 있었다. 아지매의 도마 옆에 놓인 큰 스티로폼 상자 바닥엔 금방 얼음으로 가득 채워졌다.

“한 상자는 보통 얼맙니꺼?”

“이거는 30만 원인데 고기 종류에 따라 달라예. 보통 단체 주문에 도미 같은 비싼 고기는 못하지만. 작은 상자는 보통 10만 원 이하, 큰 상자는 20만 원 이상이라예. 단체 주문은 산악회나 동창회, 마을 잔치 등인데 그리 큰 모임 아니더라도 서너 명이서 먹을라꼬 주문하는 것도 많고예.”

선자 아지매는 퀵서비스와 택배 업체가 많이 생기면서 먼 데서도 싱싱한 회를 맛볼 수 있는 시대가 됐고 거래물량 중 주문배달이 제법 비중을 차지한다고 말했다.

“언제든 주문하이소. 싱싱하고, 싸고, 많이 드립니더. 그기 삼천포의 인심이라예.”

"고데구리배, 경매도 한밤중에 했다아이가"

최금엽 할매

최금엽(77) 할매는 생선장수 생활만 51년째라고 했다. 진주로 시집 갔지만 친정이 있는 삼천포에서 물건을 받아 진주중앙시장에서 팔았다고 한다.
"여기 시장이 처음에는 허가도 없는 데였다아이가. 고데구리배라고 들어봤나? 고데구리배가 고기를 잡아오면 한밤중에 경매가 있었던 기라. 몰래 해야 되니까. 까닥하다간 잡혀가니까 그랬제."
고데구리는 어부들이 타는 소형 기선저인망으로 당시는 불법 어로가 성행을 했던 것이다. 당연히 경매는 비밀리에 이뤄졌다.
최금엽 할매는 삼천포항에서 시장이 어떻게 처음 서게 되었는지 죄다 알았다.
"얼라를 업고 요기 와서 물건을 떼어 트럭 타고, 우짤 때는 자리가 없어 뒤칸에 타기도 허면서 진주 시장에 갖꼬가서 팔았다아이가. 그러다가 당최 힘들어서 수년 만에 아예 친정 동네인 삼천포로 이사왔다. 옛날에는 요기가 팔포라 했제."
배 타는 남편은 한 번 나가면 몇 달씩 부재였고, 그것도 '돈 떨어지모 겨우시 배 타는' 정도였다 하니 고생이 많았을 텐데 할매는 말투가 자분자분한 새댁 같았다.
"옛날에는 파라솔 겉헌 거 하나 있으면 제법 잘나가는 장사꾼이었다아이가. 소내기라도 한 바탕 오면 장사는 공치고. 그러다 90년 넘어가꼬 천막을 치고 그랬나. 밥때가 오딨노? 리어카에서 콩물이나 한 그릇 묵꼬 허기만 면했제."
금엽 할매는 이제 어렵던 시절을 환하게 웃으며 말하고 있었다.
"참 마이 좋아졌지. 이리 좋은 데서 장사하게 될 줄 우찌 알았것노? 손님들도 놀랄 끼구만. 다들 구경 마이 오라쿠소."

"말리는 것도 싱싱한 고기를 써야 제맛"

차효열 아지매

차효열(62) 아지매를 두고 옆 사람들이 '참말 부자'라고 했다. 인심이 좋고 손도 크고 물건 보는 눈도 좋아 삼천포 안에서는 물론이고 전국 각지에서 제수용 생선 주문이 많아 단골만 해도 엄청나다고 했다.

"수산시장 터가 물양장이라꼬 항만부지였어예. 건물도 없이 소방도로에서 장사한 거지예. 그래도 자체적으로 상인회가 있어서 혼잡하지 않고 질서있게 해나왔습니더. 항만청에 땅 임대료만 주고, 건물은 사천시 껀데 임대료가 없어예. 대신에 들어올 사람을 공고해서 뽑지예."

효열 아지매는 따로이 정기휴일이 없다고 했다.

"시장 안 활어 상인들은 2주일에 한 번씩 번갈아가며 쉬는데 선어 상인들은 쉬는 날이 정해지지 않았어예. 설이나 추석 대목장 지내고 나면 한가하니까 한 10일씩 쉬는 사람이 많지예."

허리를 쉴 새 없이 굽혔다 폈다하며 효열 아지매는 채반에다 도미, 민어를 가지런히 널었다.

"아침부터 3~4시간 말리모는 꾸득꾸득 묵기 좋을 만해져예. 주문받아서 작업하는 것도 있고, 주문 없어도 구색을 갖춰놔야 허니까 미리 말려놓는 것도 있고 그렇지예. 이리 말리는 고기도 찌끄러기 고기가 아입니더. 갓 경매받은 싱싱헌 걸 해야 고기 맛이 있지예. 우리 시장 고기를 사람들이 마이 찾는 이유가 그런 점입니더."

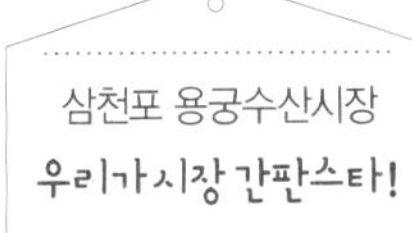

"용궁수산시장이 되고서는 대박 행진이라예"

… (상략) …
울 엄매의 장사 끝에 남은 고기 몇 마리의
빛 발(發)하는 눈깔들이 속절없이
은전(銀錢)만큼 손 안 닿는 한(恨)이던가

울 엄매야 울 엄매,
별밭은 또 그리 멀리
우리 오누이의 머리맞댄 골방 안 되어
손 시리게 떨던가 손 시리게 떨던가,
…(하략)…

삼천포 옛 항구와 바다가 보이는 노산공원 박재삼문학관에 가면 벽면 가득 박재삼 시인의 '추억追憶에서'라는 시가 있다. 시구마다 삼천포항과 생선장수 어머니를 기다리는 시인의 유년시절 추억들이 눈물처럼 얼룩져 있다.
이제 삼천포 용궁수산시장으로 거듭난 이곳에는 어려웠던 시절을 옛이야기처럼 풀어내고 있다.

"내 아들딸 손자 같은 손님이지예"

"이제 전국 어디에 내놔도 자랑할 만한 시설이 되니 상인 의식도 적극 개선해나가야 하지예. 옛날 이미지 가지고는 안 됩니더. 좋은 물건, 친절 서비스는 기본이고 눈도 즐겁고 귀도 즐거워 우리 시장에 오면 보약 먹는 것처럼 힘을 얻을 수 있게 해얍니더.

우리가 다른 시장보다 젊은 상인들이 많다고 하는데 우리도 상인들 중 60대 이상이 60%가 넘습니다. 젊은 상인들이 마이 들어오모는 좋지만 나이 든 상인들한테는 또 우리 어머이, 할무이 같은 구수한 인정이 있잖습니꺼."
권정모 아재는 상인들이 젊은 손님들을 내 아들딸 손주라 여기고 살뜰히 챙기니 이게 전통시장의 매력이라고 말했다. / 권정모 아재 · 갑을횟집

"싱싱한 회 언제든지 배달 주문 받습니더"

"먼 데 사람들이 요기 와서 회를 먹는 건 다른 데보다 맛있고 싸고 분위기 좋기 때문이라예. 삼천포대교 생겼을 때 호황이었지예. 그러다가 남해 창선대교 밑에 횟집시장이 생기데예. 걱정을 마이 했지예. 근데 1년 안에 다시 손님이 돌아오더라고예.
거가대교 생길 때도 우짜노 싶었는데 금세 다 이쪽으로 돌아오데예. 솔직히 삼천포 오면 놀고 보고 먹고 다 된다아입니꺼. 글타고 부산이나 이런 데처럼 배잡은 것도 아이고. 이곳으로 오는 전국 각지의 관광객들이 먹기만 허는기 아이고 주문도 합니더. 택배나 퀵서비스로 전국 배달되니까 걱정허지 말고 주문하이소. 우리 시장 상인들은 멀티시스템이 됩니더. 하하." / 이점자 아지매 · 가영상회

"삼천포 쥐포 아직 인기 많아예"

"예전엔 '삼천포 쥐포'라면 없어서 못 팔았다아입니꺼. 그거 가지고 삼천포 사람들이 묵고살았다데예. 요즘은 쥐치 어획량이 줄어들어 힘듭니다. 가격이 마이 비싸졌지만 그래도 찾는 사람은 많습니더. 여전히 잘 팔리는 게 멸치인데 등급별로 가격 차이가 있지만 예전보다 가격이 비싸지예. 관광객이 오면 어떻게 할 것인가, 고민을 마이 하지예. 마진 안 남긴다는 장사꾼 말은 3대 거짓말이라는데 정말 최소한의 마진으로 팔려고 합니더. 첫걸음했던 손님이 단골이 되길 바라는 마음이지예." / 조병철 아재 · 금하건어물

사천 가자!

사천시 즐기는 법

사천시는 165㎞의 긴 해안선을 따라 47개의 크고 작은 항구가 있다. 삼천포항은 이 항구들 중 가장 중심 항으로 유람선은 물론 고깃배들이 활발하게 드나드는 곳이다. 또 오랜 역사를 가진 항구에는 도심과 상권이 들어서있고 갓 잡아 올린 싱싱한 활어들을 마음껏 맛볼 수 있 활어회센터들이 즐비하다. 항구 옆 박재삼 문학관이 있는 노산공원에 오르면 바다와 삼천포항을 한눈에 구경할 수 있다.

창선·삼천포대교

창선·삼천포대교는 사천의 대방과 남해군의 창선을 연결하는 연륙교이다. 남해군 사이 3개의 섬인 늑도, 초양도, 모개섬을 잇는 창선대교, 초양대교, 삼천포대교, 단항교, 늑도대교 등 5개의 다리를 말한다.

2003년 4월에 완공하여 개통하였다. 창선·삼천포 대교는 대한민국의 아름다운 길로 선정됐다.

대방진 굴항*

대방진 굴항은 '대방진에 있는 굴곡진 항구'를 말하는데 경상남도 문화재 자료 제93호이다. 왜적들 몰래 배를 숨겨두거나 태풍 때 고깃배를 안전하게 이동시켜 놓을 수 있는 작은 항구이다. 삼천포 시내에서 해안도로를 따라 가다보면 대방동에 있는데 마을 안에 자리하고 있어 외부에서는 잘 보이지 않는다. 주변 노거수와 함께 어우러진 풍경이 규모는 작지만 일품이다.

위치 경상남도 사천시 대방동 250

BUS